함정공학개론

해군사관학교 기계조선공학과
서주노 · 이기영 · 정연환 · 김기준
백재우 · 조병구 · 구상모 지음

도서 A/S 안내

당사에서 발행하는 모든 도서는 독자와 저자 그리고 출판사가 삼위일체가 되어 보다 좋은 책을 만들어 나갑니다.

독자 여러분들의 건설적 충고와 혹시 발견되는 오탈자 또는 편집, 디자인 및 인쇄, 제본 등에 대하여 좋은 의견을 주시면 저자와 협의하여 신속히 수정 보완하여 내용 좋은 책이 되도록 최선을 다하겠습니다.

채택된 의견과 오자, 탈자, 오답을 제보해 주신 독자 중 선정된 분에게는 기념품을 증정하여 드리고 있습니다. (당사 홈페이지 공지사항 참조)

구입 후 14일 이내에 발견된 부록 등의 파손은 무상 교환해 드립니다.

저자 e-mail : kylee@hanmail.net
도서출판 성안당 e-mail : cyber@cyber.co.kr
홈페이지 : http://www.cyber.co.kr
전화 : 031)955-0511
독자상담실 : 080)544-0511

PREFACE

'나의 집은 배란다.'

해군의 군가 중 '바다의 사나이'라는 노래의 한 구절이다.

필자들은 미래 대양해군의 주역으로서 해군장교로 근무하게 될 생도들에게 함정공학개론 수업을 시작하면서 위 구절을 항상 인용한다. 위 구절처럼 해군장교는 함정을 운용하는 입장에 있으며 또한 대부분의 생활을 배에서 보내기 때문에 배를 집처럼 생각한다. 그런데 배를 운용하고 또 배에서 생활을 하는 사람들이 자신들의 '집'에 대해서, 즉 '배'가 어떻게 만들어지고 대체 어떤 원리에 의해 수천 톤이나 무게가 나가는 큰 함정이 바다 위에 떠서 빠른 속도로 항진해 나아갈 수 있는 것인지 잘 모른다면, 과연 그 사람들이 정녕 해군장교로서 소양이 충분한 사람인가 하는 의구심이 들 수 있을 것이다.

그런 관점에서 해군장교로서 가져야 할 함정에 관한 기본소양을 습득하고 또 함정의 운용과 관리에 요구되는 논리적이고 합리적인 사고를 할 수 있는 '공학적 마인드'를 배양할 수 있도록 본 책은 그런 필요성에 의해 출판되었다. 또한 본 교재는 해군사관학교 생도들에게 개설된 '함정공학개론' 수업과정에 맞추어 편찬되었으며, 따라서 생도들로 하여금 함정에 대한 이해도를 높이고자 함정에 관련된 전반적인 조선공학적 지식의 제공을 목적으로 하고 있다.

교재의 내용은 총 여덟 개의 장으로 구성되어 있다. 1장에서는 배의 정의와 특성, 역사, 분류, 미래 발전방향 등을 소개하고 있다. 2장에서는 배의 각 부분의 명칭과 치수, 그리고 용어 등에 대해 다루고 있으며, 3장은 배가 어떤 구조로 되어 있고 또 어떻게 엄청난 무게와 파도를 이기고 그 구조를 유지하고 있는지에 대해 소개하고 있다. 4장에서는 배가 어떻게 뜰 수 있고 또 기울어졌을 때 오뚝이처럼 다시 일어설 수 있는 이유에 대해 설명하고 있으며, 5장은 배의 운동특성과 그에 대한 조종은 어떻게 이루어지는가에 대해서, 6장은 배가 물의 저항을 이겨내고 항진해 나아갈 수 있는 원리와 추진기 전반에 대해서 다루고 있다. 7장과 8장은 선박이 어떻게 설계가 되어서 건조가 되고 있는지에 대해 설명하고 있다.

모든 용어는 가능하면 한문이 아닌 한글화된 전문용어를 사용하도록 하였고, 약어와 영문명칭을 괄호로 표시해 두었다. 국제단위계를 채용하여 국제적인 조류에 따랐으며, 일부 한글화가 어려운 용어는 원어를 그대로 사용하였다. 그리고 가능한 한 가장 최신의 사진자료를 최대한 첨부하여 보고 이해할 수 있는 내용으로 교재를 구성하였다.

본 교재의 전체적인 구성은 생도들의 한 학기 강의시간인 17주 강의에 적합하도록 구성되어 있다. 필자들은 본 교재를 함정공학개론 수업시간에 강의하면서 이런 내용은 꼭 생도들이 알았으면 좋겠다고 생각했던 강의내용들과 조선소, 해군실무 현장경험 등을 바탕으로 기초소양이 될 만한 부분이라 판단되는 내용들로 편찬하려고 노력하였다. 또 기존의 교재들이 이과 생도들에게는 한자 용어를 많이 써서 다소 어렵게 느껴지고 또 문과 생도들에게는 너무 조선공학 측면에서만 심도있게 다루어 거리감이 있었다는 것을 알고, 그러한 문제점을 해결하는 데 포인트를 두어 편찬하였다.

하지만 변변치 못한 재능과 학식이 부족한 필자들로서는 수년간의 짧은 시간 동안 본 교재를 완성하였기에 책의 내용이 미흡한 점을 많이 발견할 수 있었다. 앞으로 이러한 문제점들에 대해서는 강의를 통하여 지속적으로 수정하고 보완하여 교재의 편찬 의도를 살리고자 노력할 계획이다.

끝으로 본 교재가 해군사관생도 및 해군장교뿐만 아니라 함정에 종사하는 분들에게 소양과 기술을 연마하는 데 빛과 소금의 역할을 할 수 있기를 기원하며, 본 교재를 편찬함에 있어서 참고한 여러 참고문헌들의 원저자들과 성안당 식구들, 그리고 이러한 기회를 부여해 준 해군사관학교에 심심한 감사를 드린다.

2010년 8월

옥포만 원일관에서

저자 일동

CONTENTS

Introduction to Naval Architecture

CONTENTS

Chapter 07 선박의 설계

Chapter 08 선박 건조

Chapter
01

선박의 개요

Chapter >>> 01 선박의 개요

1.1 배의 정의와 특성

(1) 배의 정의

배는 일반적으로 사람이나 화물을 싣고, 물에 떠서 물 위로 이동할 수 있는 구조물이라고 정의할 수 있다. 이러한 배는 부양성, 적재성, 이동성의 세 가지 특징을 구비해야 한다. 일반적인 선박의 세 가지 특징과는 별도로 함정은 부양성, 자항성, 임무달성능력의 세 가지 특징을 구비해야 한다.

그리고 배의 크기에 따라 주(舟)·정(艇)·선(船)·박(舶) 등의 글자를 붙이고, 군용인 배에는 함(艦)이라는 글자를 붙인다. 따라서 소형의 배는 주정(舟艇)·단주(端舟)·단정(端艇) 등으로 쓰며 'boat'라고 하고, 대형의 배는 선박(船舶, Ship), 대형·소형을 포함해서 통칭할 경우에는 선정(船艇, vessel), 그러한 군용의 것들을 함정(艦艇)이라고 부른다.

[그림 1.1] 화물선과 군함

(2) 배의 특성

배에는 자동차 등의 육상 교통수단, 비행기 등의 항공 교통수단과 구별되는 몇 가지 특징이 있다. 먼저, 배는 물 위, 그것도 바다 위의 열악한 환경에서 다닌다는 점이다. 불균일한 화물 분포와 불규칙한 파도 등으로 인해 선체 각 부분에서 불균일한 동적 힘을 받게 되어 변형이 일어나며, 파랑에 의한 충격이나 추진장치에 의한 진동 또한 크게 나타난다. 따라서 이러한 큰 외력을 이길 수 있는 강도와 탄성이 요구된다. 또한 염분으로 인해 부식이 잘 일어나고, 장비가 자주 고장을 일으킬 수 있다. 다음으로, 배는 크기가 크고 수리가 어려우면서도 수명이 길다는 점이다. 초대형 유조선의 경우 길이 380m, 폭이 68m, 깊이 34m로서, 축구장 3개가 넉넉히 들어가는 면적에 15층 아파트 높이에 조타실 높이까지 더하면 20층이 훨씬 넘는 높이가 된다. 대부분의 배는 20년 이상을 사용하면서도 주기관을 비롯하여 대부분의 장비와 배관 등을 교체할 수가 없다. 마지막으로, 대부분의 대형 선박은 육상 건축물과 마찬가지로 주문생산에 의해 만들어지며 시제품을 만들 수 없다는 점이다. 자동차나 비행기와는 달리, 배는 화물의 종류, 항로 및 항구, 선주나 화주의 취향 등에 따라 모두 다른 모양과 성능을 가지게 되므로, 동일 선주가 동일 항로에 투입하기 위해 만드는 경우 외에는 동일 모델이 없다고 보아야 할 것이다. 더구나 워낙 크고 비싼 제품이기에 시제품을 통한 성능 확인이 불가능하며, 주기관 등 주요 부품에 대해서는 성능이 미흡하다 하더라도 교체가 불가능하다고 볼 수 있다.

배가 가지고 있는 몇 가지 독특한 성능들은 다음과 같다.

① 부양성능(floatation capability)

배는 물 위에 떠서 다니는 구조물로서, 자체의 무게와 짐의 무게를 견디고 물에 뜨는 성능을 가지고 있어야 한다. 배가 크면 클수록 많은 짐을 실을 수 있기는 하나, 배가 커짐에 따라 구조물이 더욱 튼튼해져야 하고, 추진에 필요한 연료도 많이 싣고 다녀야 한다. 또한 항구의 크기와 항로의 특성에 따라 배의 크기는 제한을 받는다. 따라서 배는 그 용도에 따라 크기를 정하는 것이 필요하다.

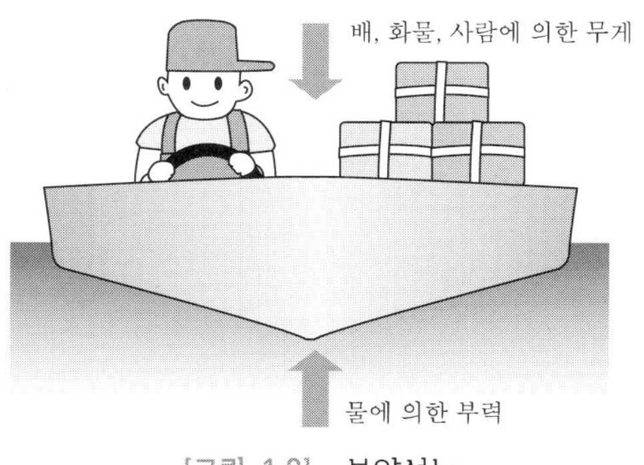

[그림 1.2] 부양성능

② 추진성능(propulsion capability)

배는 물에 뜬 상태에서 스스로의 힘으로 원하는 방향으로 갈 수 있어야 한다. 바지선과 같이 특별한 배는 자체의 추진성능이 없어 다른 배가 끌어주어야 하지만 대부분이 자체의 힘으로 움직이게 된다. 같은 크기의 배라 하더라도, 물에 잠긴 선체 부분의 외형을 잘 만들어야 물에 대한 저항이 적고 추진성능을 좋게 할 수 있다. 비록 물에 대한 저항보다는 적으나 배는 바람에 대한 저항도 생기는데, 이를 줄이기 위해서는 물 위에 드러난 부분의 모양도 잘 만들어야 한다. 또한 추진력을 일으키는 추진기관을 적절하게 정하고, 프로펠러도 배의 추진기관에 잘 맞도록 만드는 것이 필요하다.

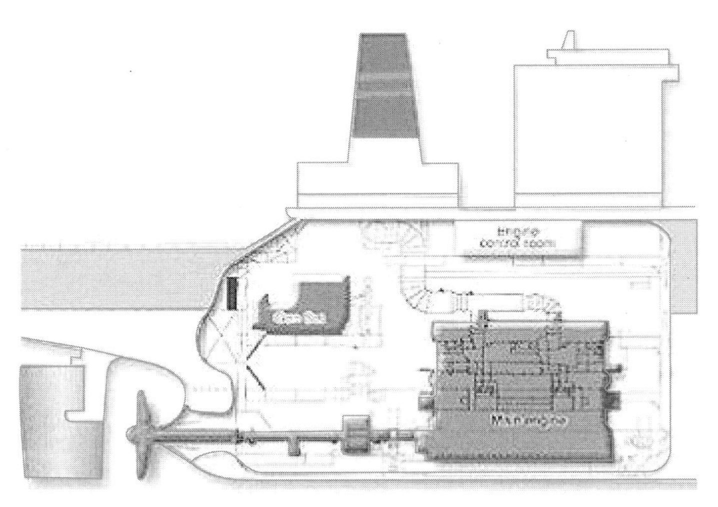

[그림 1.3] 추진성능

③ 구조강도성능(structural strength)

배는 튼튼한 그릇으로서의 역할을 해야 한다. 선체는 물이 새지 않아야 하고, 배에 실린 장비와 화물들을 튼튼하게 받쳐주어야 한다. 배가 움직일 때에는 추진기관 등에서 생기는 진동이 있고, 배에 실리는 각종 장비와 화물의 무게 그리고 파도에 의한 불균일한 힘이 선체에 가해지므로, 배는 튼튼하게 만들어져야 한다. 그러나 배를 튼튼하게 만든다고 지나치게 두껍게 하면, 무게가 늘어나서 그만큼 짐을 못 싣고 추진성능도 나빠지게 되므로, 가능한 한 적절한 강도를 유지하도록 해야 한다.

④ 복원성능(stability)

배는 물 위에 떠서 쓰러지거나 뒤집히지 않고 안전해야 한다. 물 위에 떠 있는 모든 물체는 한쪽으로 기울어지더라도 곧바로 원래의 상태로 돌아가려는 복원성이라는 특성이 있다. 그러나 배는 그릇같이 윗부분이 열려 있으므로 너무 많이 기울어지면 배에 물이 차거나, 복원성을 상실하여 뒤집혀서 가라앉게 되어 있다. 따라서 배가 크게 기울지 않도록 충분한 복원성을 확보하여야 한다. 그러나 기울어지는 것을 방지하기 위하여 지나치게 큰 복원성을 가질 경우 마치 오뚝이처럼 배가 너무 흔들려서 도리어 화물에 손상을 주거나 타고 있는 사람이 심한 멀미를 하게 되므로, 이 또한 적절한 크기의 복원성능을 가지도록 해야 한다.

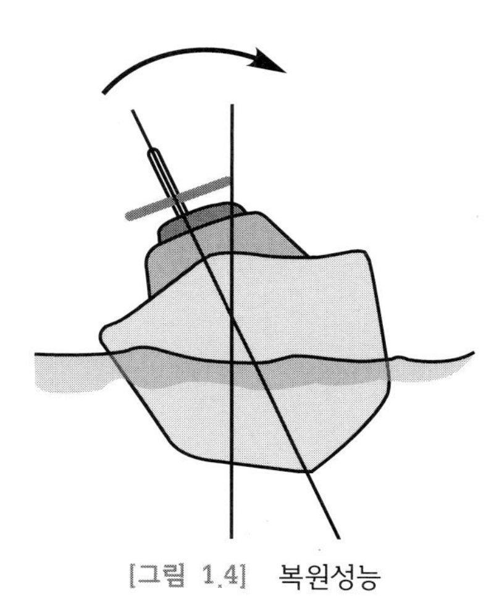

[그림 1.4] 복원성능

⑤ 내항성능(seakeeping capability)

배는 파도 중에서도 그 움직임이 안정되어야 한다. 배가 다니는 바다는 물론 강과 호수까지도 항상 크고 작은 파도가 있는데, 배가 파도 중에 움직일 때 상하운동이나 좌우운동 등이 없을 수는 없으나, 가능한 한 그 움직임이 작아야 큰 파도 중에서도 항해가 가능하고, 원하는 방향으로 빨리 움직일 수 있다.

⑥ 조종성능(manuverability)

배는 원하는 방향으로 조종하여 나아갈 수 있도록 해야 한다. 이를 위해서는 적당한 크기의 방향타를 설치하는 것이 가장 중요하지만, 물 속에 잠긴 배의 모양도 조종성능에 많은 영향을 미치게 되므로 배의 설계시 조종성능도 함께 고려되어야 한다. 배도 자동차와 마찬가지로 프로펠러가 정지 중에는 옆으로 갈 수 없으므로, 항구에서 접안하는 경우에는 다른 배가 옆에서 밀어주어 원하는 방향으로 조종하게 된다. 특별한 용도의 배에서는 방향을 자유자재로 바꿀 수 있는 추진장치가 사용되기도 하고, 배 앞뒤에 좌우방향으로만 작용하는 보조 추진장치가 설치되기도 한다.

1.2 배의 역사

(1) 원시의 배

그러면 이러한 배가 인류의 문명사에 등장한 것은 과연 언제일까? 처음으로 선박이 인류역사에 언급된 것은 성경에 나오는 '노아의 방주'와 그리스신화에 나오는 '아르고 선'일 것이며, 두 선박 모두 신화적 요소가 가미되어 정확한 연대를 알 수 없다. 배의 발달은 지식의 발달과 함께 하였으며, 따라서 배의 기원은 매우 오래되었다. 인류문화의 발상지인 고대 이집트 · 메소포타미아 및 인도 · 중국 등은 모두 큰 강 유역에 있고, 바다와 가까이 하고 있어 일찍부터 물의 혜택을 받았다. 기록된 그림이나 문서에 의해 전해진 고대의 배 가운데 가장 오래된 것은 이집트 고총에서 발굴된 도자기의 꽃병에 그려진 그림으로서 파피루스(papyrus)라는 풀을 엮어 만든 갈대배이다. 따라서 사증에 따른 배의 출현은 고대 오리엔트 사회가 생겨나고부터인 B.C. 5000년 무렵 이후의 일이 된다. 배의 양끝이 모두 휘어 올라간 모양의 이러한 배는 지금도 아프리카 내륙의 차드 호수에 남아 있으며, 지금의 배의 모양에도 그 원형이 남아 있다. 1970년 노르웨이의 인류학자이자 탐험가 헤이에르달(Thor Heyerdahl)은 이 파피루스 배의 현대판 타그세호를 재현하여, 대서양 횡단에 성공한 바 있다.

[그림 1.5] 파피루스(papyrus)와 이집트 도자기의 꽃병에 그려진 갈대배

[그림 1.6] 아프리카의 파피루스(papyrus)배

한 토막의 나무 조각을 배로 이용한 것을 배의 시초로 본다면 배는 인류의 역사만큼이나 오래되었다고 해도 과언은 아닐 것이다. 원시시대의 배는 강이나 호수의 물 위에 뜨는 부체에서 출발하였으며, 현재 세계의 각처에서 유물이 발견되고 있다. 그 계도를 보면 부목 · 벌주 · 통나무배 · 가죽배 · 꿰어맞춘배 · 쪽매배 · 구조선의 순으로 추정된다. 부목은 목재를 물 위에 띄운 것이고, 벌주는 나무나 풀을 엮어 부체로 만든 것으로서, 파피루스 배는 벌주에 속한다. 통나무배는 나무의 중앙부를 파낸 배이고, 가죽배는 에스키모족의 카약과 같은 짐승의 가죽으로 만든 배이다. 꿰어맞춘배는 나무판을 서로 붙여서 만든 배이다. 이러한 배는 모두 소형이고 약하며 물결이 없는 곳에서만 사용이 가능했다. 목재를 견고하게 짜맞추어서 우선 배의 골격을 만들고, 이것에 외판과 갑판을 붙인 구조선(조립선)이 출현한 것은 B.C. 15세기경으로 보인다.

현존하는 배의 유물 중 구조선 형태를 갖춘 최고의 것은 미국의 메트로폴리탄 박물관에 소장되어 있는 B.C. 2000년의 고대 이집트선의 모형으로 길이가 80cm 가량이며, 또한 성서에 나오는 노아의 방주는 길이 140m, 폭 23m, 높이 약 14m로 최근의 선박으로 비교한다면 대한민국 독도함의 크기와 비슷한 크기인 2만 톤급의 다목적 화물선으로 분류할 수 있다.

(2) 고대 · 중세의 배 – 구조선과 범선의 등장

배를 이용하는 것이 편리하다는 것을 알게 된 인류는 처음에는 사람의 힘만을 이용한 노선에서 바람을 이용한 범선을 만들게 되었으며, B.C. 3000년경 이집트에서는 20여 개의 노와 돛을 장비한 구조선이 출현하였고 로마, 페니키아, 그리스 등 여러 나라도 기원 전에 이미 노와 돛을 갖춘 거선을 건조한 것으로 알

려지고 있다. B.C. 15세기경부터 약 1000년 동안 지중해 안에서 활약한 해양민족 페니키아인은, 이 목선으로 물자교역을 위한 연안항해를 통해 크게 번영한 것으로 유명하다. 당시의 항해는 노에 의한 추진이 주로 사용되었고, 돛은 간혹 사용되었다.

[그림 1.7] 이집트의 구조선(B.C. 3000)과 페니키아의 군선(B.C. 700)

페니키아인에 이어, 이 지방은 그리스·로마시대를 맞이하면서 목선은 점차 크고 견고해져, 흔히 '지중해형선'이라고 불리는 것으로 발전하였다. 그 대표적인 것은 '갤리선'이라는 것으로써 선측에 많은 노를 달아서 배를 젓고, 대형인 것에서는 2단·3단의 갤리선이 출현하였다. 이 형태의 배는 폭이 넓고 갑판은 타원형이며, 외판은 평평하게 붙이는 것이 특징이었다. 이 지중해선과 대조적으로 북유럽에서는 8세기 중엽부터 덴마크·스칸디나비아 지방에 살던 노르만인이 북해형의 배를 만들어 북해에서 활약하였다. 이 형태로부터 발달한 것이 바이킹선으로, 선수미가 뾰족한 세장형의 선형을 하고 있으며, 외판은 비늘달기를 특징으로 하고 경쾌하게 범주하였다. 이 두 선형은 10세기경부터 전 유럽의 해상에서 서로 다투어 각각의 장점을 취한 배를 만들었고, 그 크기가 200~300톤인 것도 출현하였다.

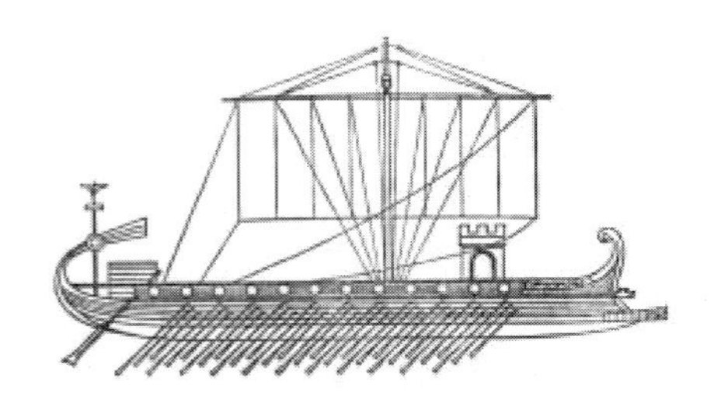

[그림 1.8] 그리스의 2단 노 갤리 군선(B.C. 600)과 로마의 2단 노 갤리선(B.C. 70)

[그림 1.9] 노르웨이의 'The Viking Ship Meseum'에 전시된 바이킹의 오스베르크 선(King Osberg Ship)

중세기에 들어오면서 배의 크기는 더욱 커지고 장거리를 항해할 수 있도록 발전되었다. 11~13세기 십자군전쟁 당시에는 해상수송을 통해 다수의 군사를 서유럽에서 팔레스티나로 옮기는 관계로 조선술·항해술이 발달하였다. 당시의 배는 선수와 선미에 높은 선루가 있고 그 밑을 거주구로, 중앙부를 화물창고로 하고 있었다. 2개의 돛대에 각각 큰 돛을 올려서 범주하였다. 특히 13세기 무렵부터는 노를 전혀 사용하지 않고 오직 바람의 힘만을 이용한 범선을 개발하여 바다를 개척하기 시작하였다. 이러한 범선은 15세기와 16세기의 대항해시대가 열리면서 급속도로 발달하였고, 19세기 초에 철선과 기선이 나올 때까지 수 세기 동안 전성기를 이루었다. 15세기 말에 콜럼부스의 '산타 마리아(SANTA MARIA)'호는 당시의 항양선의 한 예를 보여 주는 배이지만 전장 29m, 무게 233톤이며, 세 개의 돛대를 가진 횡범선에 불과하였다. 한편 16세기 말의 우리나라 거북선은 선체길이 28m, 폭 8.7m 가량의 목조범노선이었다.

[그림 1.10] 베니스의 군선(13세기)와 콜럼부스의 산타마리아호(15세기)

17~18세기는 영국 · 프랑스 · 네덜란드에 의한 해양탐험의 황금시대이지만, 그때 사용된 탐험선도 수백 톤을 넘지 못하였다. 원래 목선은 재료를 입수하기가 어려운 점이나 선체의 강도가 약한 점에서 길이 60m, 1000톤 이상의 것은 건조하기가 곤란하였다. 목선으로 최대의 기록을 가진 배는, 1859년 미국에서 건조한 아드리아틱호(108m, 3670톤)가 유명하다. 이와 같은 목조범선은 철선과 기선이 출현할 때까지 수 세기 동안 선박의 주류를 이루었다. 당시 넬슨 제독의 기함인 VICTORY호는 전장 70m, 전폭 15.7m, 포 갑판만 해도 3층이고 승무원은 850명이었다. 또한 수면 밑을 동판으로 보호한 피복선으로서 범선의 규모를 웅변하고 있다.

대항해시대의 선두주자였던 스페인과 포르투갈이 차차 쇠퇴하고 17~18세기에는 영국, 네덜란드 등이 새로운 세계 강국으로 등장하여 바다의 주도권을 놓고 치열한 경쟁이 시작되었다. 또한 영국에서 산업혁명이 일어난 17세기부터 18세기에는 무역규모가 급증함에 따라 바다의 주도권을 잡기 위하여 각국에서 군함과 대형범선의 건조가 경쟁적으로 이루어졌다. 인도무역에 종사하던 상선의 대부분이 400톤 정도의 화물을 적재할 수 있는 규모였으나 18세기에는 1200톤의 무역선이 등장함으로써 범선의 전성시대를 이루게 되었다.

[그림 1.11] 네덜란드의 헤르드라윗드호(17세기)와 영국의 워른해스팅호(18세기)

(3) 산업혁명 이후의 배 – 철구조선과 기선의 등장

한편, 인간이 기계를 이용하여 바다를 항해할 수 있게 된 것은 18세기에 와서 증기기관이 발명되고 19세기 초에 이 증기기관을 장치한 기선이 나오고부터이다. 18세기 말경에 증기기관의 발명으로 선박에도 증기기관을 이용하려는 노력이 이루어졌으며, 드디어 1807년 미국의 과학자 로버트 풀턴(Robert Fulton)은 증기기관과 외륜차를 탑재한 클러먼트(Clermont)호를 만들어 허드슨강에서 뉴욕과 알바니를 항해하는 데 성공함으로써 기선은 곧 세계 도처에 번져나가게 되었다. 철구조선과 기선은 거의 비슷한 시기에 출현하였다. 선박을 만드는 재료에서 보면, 1783년에 영국의 헨리 코트가 새로운 제철법을 개발함으로써 이제까지의 나무로 만든 목선에서 드디어 철선이 등장하게 되었다.

19세기 초부터 목선에 이어 출현한 목철선 · 철선은 1860~1880년까지 약 20년간 사용되었다. 순수한 철선의 선두를 달린 배는 평수선으로는 1818년 영국의 발칸(Vulcan)호, 항양선으로는 1843년 영국의 그레이트 브리튼(Great Britain)호이며, 기선으로 최초의 철선은 1822년 영국에서 건조된 길이 36.6m, 폭 5.18m, 30마력의 아론 맨비(Aaron Manby)호였다. 19세기 말에 이르러 철선은 계속 증가하고 배의 크기와 성능도 향상되었는데 대서양을 횡단한 길이 97m, 폭 15m, 여객정원 4000명, 최대 속력 15노트의 그레이트 이스턴(Great Eastern)호의 출현은 대형 철선의 건조를 촉진하기에 이르렀다. 강선의 출현은 항양선으로서는 1879년 영국의 로트마하(Rotomahana)호로, 이후 급속히 철선으로 바뀌어 현대의 강선시대를 맞이하게 되었다. 배의 추진장치는 유사 이래 돛에만 의존하는 시대가 오래 계속되어 19세기 말까지도 대형기선에 병용되어 오다가 20세기 초에 막을 내렸다. 배에 증기기관이 처음으로 이용된 시기는 1801년이고, 기선의 선조 풀턴의 외륜선 클러먼트(Clermont)호가 허드슨강을 달린 것은 1807년이다. 1819년에는 미국의 기범선 서배너(Savannah)호가 증기기관으로는 처음으로 대서양을 횡단하였다. 스크류 프로펠러를 처음 장착한 철선은 1846년에 건조된 영국의 사라산드(Sarasand)호이다. 1881년에는 비로소 2축선이 탄생하였다. 석탄연료의 왕복동기관뿐이었던 배의 기관은, 1894년에 증기터빈기관이, 1905년에 디젤기관이 발명되어 점차 선박용 기관으로 채택하게 되었다. 그러나 1914~1918년의 제 1차 세계대전까지는 상선이나 군함이 모두 구식인 왕복동기관선이 대부분을 차지하였으며, 본격적인 터빈 · 디젤선 시대는 1930년대부터 시작되었다.

[그림 1.12] 미국의 풀턴이 만든 세계 최초의 기선 클러먼트호(1807년)

(4) 현대 선박의 발달 – 강선의 출현과 조선 산업의 발달

그 후 제 2차 세계대전까지의 조선기술이 비약적으로 발전하여, 수천 톤의 우수한 화물선이 바다를 누볐고, 호화여객선이 영국 · 미국 · 프랑스 등지에서 건조되어 취항하였다. 북대서양에 군림한 여객선으로는 총톤 수 8만 톤급의 노르망디(Normandie)호[프랑스] · 퀸 메리(Queen Mary)호[영국] · 퀸 엘리자베스(Queen Elizabeth)호[영국] 등이 있다. 이와 같이 19세기 후반까지는 항양선의 대부분이 수백 톤의 목조범선이었지만, 20세기는 수천 톤에 달하는 대형의 강제기선(鋼製汽船) 시대가 되었고, 목선은 연안의 소형선에만 한정되게 되었다. 배의 속력은 일반화물선이 20kts(시속 37km) 전후에 달하고 있다. 주기관은 석탄연료의 왕복동기관이 완전히 그 자취를 감추고, 중유연소의 고마력을 자랑하는 디젤기관 또는 증기터빈기관이 주로 사용되며, 1축(軸) 또는 2축선이 대부분이다.

[그림 1.13] 영국의 Great Britain호(1843년)와 City of Paris호(1888년)

1960년경부터 배의 합리화 · 전용선화 · 에너지 절약화 · 고성능화가 기도(企圖)되어 그 결과, 대형 · 초대형의 유조선 · 광석운반선이 잇달아 건조되어 초고속의 컨테이너선이 질주하게 되었다. 이들은 어느 것이나 불과 30명 정도의 승무원으로 가동할 수 있는 자동화선이다. 컨테이너선은 화물을 컨테이너에 넣고 수송하는 배로서, 하역시간을 대폭 단축할 수 있고 화물의 해륙 일관수송에 편리한 경제성을 가지고 있다. 경제적으로 보아서 20만 톤급의 유조선, 수만 톤급의 광석운반선, 2~3만 톤급의 컨테이너선이 현대의 대표적인 화물선이다. 한편, 군함에 있어서는 제 2차 세계대전 후에 상황이 일변해서, 전함 · 순양함을 주체로 하는 대함거포시대는 사라지고, 이를 대신하여 항공모함 · 잠수함 · 대잠함정이 주역이 되었으며, 더 나아가서 미사일 장비, 원자력 추진 함정 등이 새로 등장하였다. 또 어선에 있어서는 여전히 총톤수 100톤 미만의 연안소형선이 다수를 차지하고 있지만, 원양어선은 총톤수 200~300톤 이상의 중형 강선이 증가하였으며, 그 중에는 총톤수 1100톤을 넘는 어선도 있다.

1.3 배의 분류

1 사용 목적에 의한 분류

선박은 사용목적에 따라 상선, 군함, 어선 및 특수작업선으로 크게 구분할 수 있다. 상선은 여객 또는 화물을 운반하여 운임수입을 얻는 것을 목적으로 하는 선박을 말하며, 이것을 다시 화물선, 여객선(화객선)으로 구분한다.

(1) 화물선

화물선은 화물의 운송을 목적으로 하는 선박으로 거주설비를 간소화하고 선창을 크게 하여 하역설비에 중점을 두어 한 번에 대량의 화물을 안전하고 신속하게 운반할 수 있도록 설계되어 있다. 또한, 화물선은 운송화물의 종류에 따라 크게는 원유와 석유화학물 등을 운송하는 유조선과 철광석 · 곡물 등을 운송하는 건화물선, 두 가지 화물을 동시에 운송할 수 있는 겸용선으로 분류할 수 있다. 유조선의 종류에는 원유를 운송하는 원유운반선(crude oil tanker), 정유한 석유제품을 운송하는 정유운반선(product carrier), 특정 화학제품을 운송하는 화학제품운반선(chemical tanker), 가스류를 액화시켜 운송하는 가스운반선(gas carrier) 등이 있다. 가스운반선은 LPG(Liquefied Propane Gas), 에틸렌, 액화암모니아 등을 주로 운송하는 배이다. LNG(Liquid Natural Gas)를 운반하는 배는 특별히 전용선으로 만들게 된다.

① 원유운반선

원유운반선은 천연의 가공하지 않은 원유를 용기에 넣지 않은 상태로 배에 직접 실어서 수송하는 배이다. 이제까지 유조선의 선체구조는 화물창 벽이 곧 선체 외판이 되는 단일 구조였으나, 1983년부터 발효된 '선박으로부터의 해양오염을 방지하기 위한 국제협약(MARPOL)'에 따라 화물 탱크의 보호적 배치가 취해지면서 바닥과 외판의 구조가 변하게 되었다. 또한 1989년 알래스카 연안에서 발생한 초대형 유조선 엑슨발데즈(Exxon Valdez)호의 좌초사고에 의한 대량의 기름 유출 이후, 1990년 미국 연안을 항해하는 유조선에 대해 이중선체화를 의무화시키는 법안이 제정되었고, 국제해사기구(IMO)에서도 새로 건조하는 유조선의 경우 이중선체구조 방식을 의무화하였다. 유조선은 제 2차 세계대전 당시만 해도 16000톤 정도의 원유를 싣는 선박이 가장 컸으나, 그 후 점점 커져 1968년 30만 톤급 유조선 VLCC(Very Large Crude Oil Carrier)가 등장하였고, 이제는 45만 톤급 유조선 ULCC(Ultra Large

Crude Oil Carrier)가 등장하였다. ULCC의 경우 전장 380m, 형폭 68m, 깊이 34m나 된다.

[그림 1.14] 대우조선에서 건조한 30만 톤급 VLCC

유조선을 비롯하여 대부분의 화물선에서는 조타실과 거주구, 기관실이 모두 배 뒤쪽에 있다. 전방과 중앙부에는 화물 탱크들을 배치하고, 이 화물구역의 최전방과 최후방에는 안전상 코퍼댐(cofferdam)을 설치하거나 빈 공간을 만들어 다른 구역과 격리시킨다. 선수부에는 창고, 밸러스트 탱크 등을 배치하고, 선체 중앙부에는 전용 밸러스트 탱크를 배치하여 만재시 선체의 굽힘모멘트를 감소시키고, 공선 항해시는 이 탱크에 바닷물을 채워 필요한 흘수를 얻으며, 또한 선체의 굽힘모멘트를 줄인다. 화물구역은 보통 종격벽에 의해서 3열로 나누어져 중앙의 센터 탱크열과 좌우의 윙 탱크열로 구분되고, 이들 탱크열은 다시 몇 개의 횡격벽에 의해 구획되어 각각 독립된 센터 탱크들과 윙 탱크들이 된다. 화물용 펌프는 대개 2～4개를 가지며, 이들은 총 합계능력이 만재 화물유를 20시간 내외에 하역할 수 있는 대형 펌프들이다.

유조선은 수송화물의 청결도에 따라 원유나 중유를 수송하는 더티 탱커(dirty tanker)와 가솔린, 경유 등을 수송하는 클린 탱커(clean tanker)로 구분하기도 한다. 또한 유조선은 운항해역에 따라 내항 유조선과 외항 유조선으로 분류하기도 한다. 내항 유조선은 정제유 및 화공약품의 연안 수송에 사용되는 수백 톤급의 작은 것이 많고, 외항 유조선은 원산지에서 소비지로 수송되는 원유·정제유 등을 대량으로 실어나르는 것으로써 그 크기는 수천 톤급에서 수십만 톤급에 이른다.

[그림 1.15] 대우조선에서 건조한 적재용량 78,500m^{3}인 LPG 운반선

② 가스운반선

액화 암모니아, LPG, 에틸렌 등을 운송하는 가스운반선은 가스를 비등점 이하의 온도로 낮춰서 액화하여 운송하는 배이다. 암모니아의 비등점은 −33℃, LPG의 비등점은 −42℃, 에틸렌의 비등점은 −104℃이므로 이보다 낮은 온도를 유지하기 위해 여러 가지 장치가 필요하다. 이러한 가스를 보관하는 탱크는 저온에 강한 니켈강을 쓰게 되며 완벽하게 용접해야 하고, 큰 냉동기와 보온설비도 필요하다. LPG선은 석유가스를 액화시키는 방법에 따라 저온식 LPG선과 가압식 LPG선이 있다. 가압식은 선체에 설치된 압력용기에 상온의 가압된 액화석유가스를 수송하는 것으로 연안수송에 이용되며, 수천 톤 이하의 소형선에 이용된다. 저온식은 대기압과 거의 같은 압력에서 냉각시켜 수송하는 것으로 대량 수송에 적합한 방식이다. 오늘날 6만 톤 정도의 수송능력을 가진 저온식 LPG선이 많이 취항하고 있으며, 대형화되고 있다.

③ LNG운반선

LNG선은 천연으로 생산되는 비석유계 천연가스를 액화한 것을 운반하는 배이다. LNG는 메탄 성분이 90% 이상을 차지하며, 메탄은 비등점이 −162℃이기 때문에 냉각하여 액화한 메탄을 운반한다. 액화가스를 배 안에 설비된 초저온 탱크 안에 저장해야 하므로, 탱크 주위를 두꺼운 방열재로 보호해 주어야 한다. 따라서 LNG선은 만들기가 어려운 선박 중의 하나이다. LNG선에서 액화가스를 저장하는 화물창의 종류에 따라 모스(moss) 형식과 멤브레인(membrane) 형식이 있는데, 모스 형식은 직경 40m 가량의 둥근 공 모양의 탱크를 두꺼운 알루미늄으로 별도로 만들어 배 위에 설치하는 형태이다. 멤브레인 형식은 별도의 탱크를 만드는 것이 아니고, 화물창 벽에 보온을 잘한 후 그 보온 표면에 특수한 금속판을 붙이는 것이다. 다음의 그림은 모스 형식과 멤브레인 형식의 LNG운반선을 비교하고 있다. 탱크를 알루미늄 등 특수 소재로 만드는 것은 극저온 상태에서는 일반 금속의 취성(깨어지는 성질)이 크게 증가하므로 이를 피하기 위한 것이다. 탱크가 선체와 연결되는 지지대나 배관에도 큰 온도차로 인한 수축과 팽창이 우려되므로 잘 만들어야 하며, 이로 인한 균열과 파손도 충분히 고려되어야 한다.

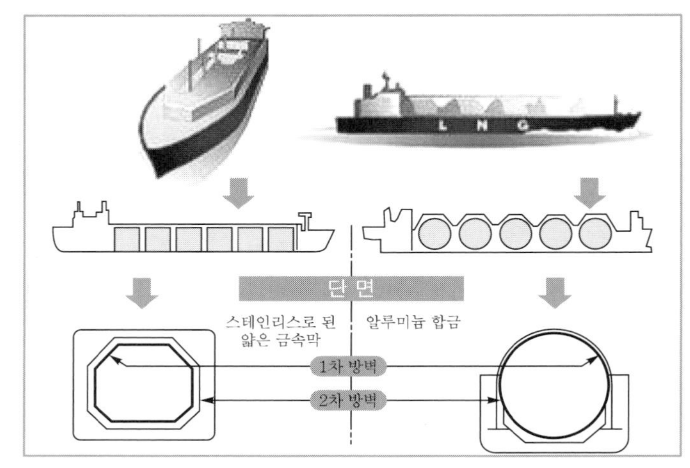

[그림 1.16] 멤브레인 형식(왼쪽)과 모스 형식(오른쪽) 비교

[그림 1.17] 모스 형식(왼쪽)과 멤브레인 형식(오른쪽)의 LNG 운반선

건화물선 종류에는 곡물이나 광석 등의 비포장된 건화물을 운송하는 산적화물선(bulk carrier), 여러가지 물품을 함께 운송할 수 있는 일반화물선(general cargo carrier), 적하역 작업을 보다 편리하고 신속하게 하기 위하여 화물을 컨테이너에 넣어 운송하는 컨테이너선(container ship), 각종 건화물과 컨테이너를 함께 운송할 수 있는 다목적 운반선(multi purpose cargo carrier) 외에 차량운반선(pure car carrier), 냉동선(reefer vessel) 등 각종 특별한 목적의 배들이 있다.

④ 산적화물선

산적화물선은 화물을 포장하지 않은 채 그대로 싣고 수송하는 화물선이다. 기름을 싣는 배를 산적 액체화물선이라고 부르기도 하나 이는 일반적으로 유조선이라 부르고, 대부분의 경우 산적화물선이라 하면 곡물과 광석 등을 싣는 건화물선만을 산적화물선이라 부르고 있다. 보통의 배에서는 하층의 화물이 짓눌리지 않도록 중갑판으로 사이를 막지만 벌크 화물선에는 칸막이가 없고 땅딸막한 형태를 한 것이 특징이며, 따라서 그만큼 배의 가격도 싸다. 또한 원료운반이 주요 임무이기 때문에 수송비를 낮추기 위해 경제속력으로 항행하며, 선체가 점차 대형화되고 있다.

대부분의 산적화물선은 곡물, 광석 또는 석탄 등의 화물을 함께 취급한다. 예를 들어 곡물의 경우 연중 일정한 화물이 나오지 않고 수확시기에 따라 변동될 수밖에 없으므로 전용선을 가질 수 없다. 따라서 한 종류의 특정화물에 한하지 않고 다양한 산적화물의 물동량에 맞추어 운송한다. 화물의 특성에 따라 싣고 내리는 장치 등을 특별히 설치해야 한다. 그러나 광석의 경우 비중이 크므로 화물의 중심이 낮아져서 동요주기가 짧게 되기 때문에 배의 형상과 강도 면에서 특수한 구조로 건조하는 경우도 있으므로 전용선을 두기도 한다. 또한 공선항해의 비율을 낮추기 위해 편도는 원유, 나머지 편도는 광석을 운반하는 광석 · 원유겸용선(ore/oil carrier) 등의 겸용선도 있다. 한 예로는 쿠웨이트에서 석유를 유럽으로 운반하고, 배를 아프리카로 회항시켜 철광석을 싣고 한국으로 운반하는 경우와 같은 것이다. 철광석, 석탄, 곡물 등의 산적화물과 원유를 실을 수 있는 다목적 겸용선으로 광석 · 산적 · 원유겸용선(ore/bulk/oil carrier, OBO선)이나 자동차와 각종 산적화물을 함께 실을 수 있는 자동차 · 산적겸용선(car/bulk carrier)이 출현하기도 하였다.

[그림 1.18] 현대중공업에서 건조한 172000톤급 산적화물선

⑤ 컨테이너선

컨테이너선은 주어진 선박의 갑판 아래와 갑판 위에 컨테이너를 적재하여 수송하는 배이다. 1960년대 후반부터 대규모로 발전한 수송방식으로서 당초에는 주로 미국의 시랜드(Sealand)사와 매트슨 내비게이션사에 의하여 개발되었는데, 해상수송의 혁명이라고까지 불리고 있다. 하역시간을 단축하고 하역비용을 절감하기 위하여 잡화 또는 소포를 넣은 규격용기, 즉 컨테이너를 수송할 수 있도록 한 배이다. 컨테이너선의 종류로는 컨테이너를 전문으로 수송하는 특수한 구조의 풀 컨테이너선과 선창의 일부를 컨테이너 전용으로 만든 세미 컨테이너선의 두 종류가 있다. 컨테이너를 싣는 방법에 따라서 적재한 차량이 선박의 측면 또는 선미에 설치한 현문을 통해서 선내로 들어와 짐을 부리는 RO/RO(roll-on/roll-off) 방식의 선박과 컨테이너를 선박 또는 안벽에 장치한 기중기로 들어서 배에 싣는 LO/LO(lift-on/lift-off) 방식의 선박으로 나뉜다.

RO/RO 방식의 배에서는 최상갑판을 포함한 전 선창이 다층 갑판으로 이루어져 트레일러나 컨테이너를 실을 수 있는 공간으로 이용되고 있다. 컨테이너는 트레일러나 포크 리프트에 의해 육상과 해상을 연결하는 램프를 통하여 수평으로 하역된다. 이 선박의 결점은 재래정기선보다 많은 공간을 필요로 한다는 것이다. 그러나 근거리 운송에서는 하역시간의 단축이나 하역비의 절감으로 이러한 결점을 상쇄할 수 있어 오래 전부터 많이 사용되고 있는 방식이다.

LO/LO 방식의 배에는 컨테이너가 전후좌우로 움직이지 못하도록 컨테이너의 네 귀퉁이에 수직으로 레일이 장치되어 컨테이너가 그 안에 격납되도록 설계된다. 또한 갑판상에도 컨테이너를 적재할 수 있는 구조로 건조된다. 이러한 구조의 배에는 자체 크레인이 없으므로 육상의 크레인으로 적하역을 하게 된다. 컨테이너선의 크기를 나타내는 단위로 TEU를 쓰는데, TEU(Twenty-Feet Equivalent Unit)란 길이 20피트짜리 컨테이너 박스를 뜻한다. FEU (Forty-Feet Equivalent Unit)는 길이 40피트짜리 컨테이너 박스를 말한다.

[그림 1.19] 현대중공업에서 건조한 9500TEU급 컨테이너선

(2) 여객선

여객선은 정기항로 여객선과 일반 관광선이 있다. 여객의 안전과 안락한 분위기 조성을 위하여 여러 가지 설비를 갖추고 있으며, 만일에 대비하여 구명설비도 완비되어 있다. 특히 여객이 이용하는 시설과 공간을 흘수선보다 위에 두기 때문에 상부구조가 대단히 크다. 여객선의 설계 및 건조에는 높은 수준의 조선기술이 요구된다. 일반적으로 여객만을 수송하는 객선, 여객과 화물의 수송을 함께하는 화객선, 여객과 객차를 함께 수송하는 카페리가 있다.

① 객선

주로 여객을 태워 나르는 배로서 사람 외에 부수적으로 소량의 특수 화물과 우편물을 적재하는 설비를 갖추고 있다. 일반적으로 여객선이라 함은 객선을 말한다.

여객선에는 정기여객선과 관광여객선으로 나뉜다. 정기여객선은 항상 같은 구간을 정해진 시간표에 따라 운항하는 배이고, 관광여객선은 세계 또는 어느 지역의 관광 수역을 두루 돌며 운항하는 배이다. 제 2차 세계대전 전까지는 해외도항의 수단이 선박이었기 때문에 고속 정기여객선이 취항하는 정기항로망이 발달하였으나, 항공산업이 발달한 오늘날은 정기여객선 운항은 쇠퇴하였다.

여객선은 선내 서비스를 포함한 거주성과 외관에 특색이 있다. 여객의 안전과 신속한 운송에 중점을 둬야 하기 때문에 여객설비 외에, 이중저 수밀격벽 구조와 방화설비, 화재경보장치 및 소화설비 등 선체의 안전과 인명안전을 위하여 높은 기준의 선체구조와 설비가 필요하다. 거주성의 특색으로는 각종 쾌적한 객실을 갖추고, 흔들림을 막는 장치를 갖추는 것도 일반화되어 있다.

또한 배 안에서의 생활을 즐겁게 하기 위해서 각종 오락 프로그램과 일류 요리사에 의한 다채로운 메뉴 등도 마련된다. 외관에도 많은 신경을 써서 비교적 고급스럽고 맵시있는 형태를 취하고 있다.

우리나라의 정기여객선은 육지와 인근 섬을 연결하는 소형 여객선이 대부분이다. 전에는 선체가 조악하고 설비도 빈약한 것이 많아서 승객사고가 자주 일어났지만, 최근에는 안전하고 쾌적한 객선이 많다. 배 하부에 날개를 붙여서 배가 앞으로 나아갈 때 날개가 받는 양력으로 배를 띄워 나아가게 하는 수중익선(hydrofoil ship), 배 아래쪽 전체를 빙 둘러 유연한 고무 덮개인 스커트로 감싸고, 그 안에 공기를 채워 배를 띄운 후 전진하는 공기부양선(Air Cusion Vehicle ; ACV), 공기를 채워 띄우되 앞뒤에만 스커트가 있고 양쪽 옆에는 단단한 판을 댄 표면효과선(Surface Effect Ship ; SES) 등이 소형 여객선에 많이 적용되고 있다.

[그림 1.20] 15만 톤급 초호화 여객선 퀸 메리 2호

② 화객선

여객과 화물을 동시에 운반하는 배이다. 수면부분 이하의 선창에는 화물을 적재하고, 그 이상의 중갑판 및 상갑판의 선루에는 여객용 설비를 갖추어 여객을 탑승시키는 선박이다. 여객설비는 대체로 대형의 전용여객선에 비하여 호화스러움보다 편안함을 위주로 하며, 여객용 공간의 전후도 화물창으로 되어 있는 것이 보통이다. 화객선이라고 해도 화물수송이 운항의 주목적이며 세계의 각 해역들을 항해하는 정기선으로 취항하고 있다. 객선 및 화객선은 항구에서 우선적으로 부두를 사용할 수 있기 때문에 통행이 많은 항로에는 화객선을 중심으로 하여 정기항로를 유지하기도 한다.

③ 카페리선

여객과 자동차를 함께 싣고 운항하는 배이다. 배와 육지를 잇는 램프를 설비하고, 차량갑판이 있으며 운전자가 직접 자동차를 배에 싣고 내리게 되어 있다. 자동차 교통의 발달과 함께 보급되기 시작하여 미국과 유럽에서는 해협, 만구, 하천 등의 도선에 일찍부터 도입되었다. 장거리 트럭 수송과 연계하여, 선박이 지니는 대량수송성과 저렴성에 자동차가 지니는 신속성과 기동성을 조화시킨 수송형태로 발전하고 있다. 현재 우리나라에서도 부산~제주 간 카페리가 운항되고 있다.

[그림 1.21] 현대미포조선에서 건조한 국내 최초 대형 카페리선 성희호(부산-시모노세키 간)

(3) 군함

군함은 크게 수상함과 잠수함으로 나눌 수 있다. 잠수함도 그렇지만 특히 수상함은 다양한 임무에 적합하도록 무기와 장비, 인원, 연료 등을 탑재해야 하기 때문에 크기가 다르게 건조된다. 수상함에서 소형함은 항구 또는 기지에 대기하면서 항만방어, 기습공격 등 짧은 기간 동안 제한된 작전을 수행하기 위해 만들어진 함정으로 연안 경비함과 고속정 등을 들 수 있다. 중형함은 선단 호위, 해역 및 연안초계 등 연안작전과 제한된 대양작전을 하기 위해 내항성과 항속성을 고려하여 만들어진 함정으로 호위함과 초계함 등을 들 수 있다. 대형함은 복합적인 작전능력과 함께 지휘통제 능력을 보유하고, 대양에서 장기간 작전이 가능하도록 내해성과 항속성, 복합전 수행능력을 고려하여 만들어진 함정으로 구축함, 순양함, 항공모함 등을 들 수 있다.

① 항공모함(Aircraft Carrier)

항공모함(multi-purpose aircraft carrier)은 외국 주둔 기지 없이 세계 전역에서 독자적인 전력을 확보하기 위한 군함으로, 전쟁 억제와 분쟁시 공격

거점으로서의 역할을 수행하는 군함이다. 항공모함을 최초로 개발한 국가는 영국이다. 영국은 1917년 22700톤인 전함 Furious함의 갑판을 개조하여 시험비행에 성공하였고, 이후 상선을 개조한 세계 최초의 전통 갑판형 항공모함 Argus함을 건조하였다. 영국의 항공모함 개발 성공을 관심있게 지켜보던 미국도 곧바로 항공모함을 건조하였으며, 일본도 1921년에 7470톤의 경항공모함을 취역시켰다.

항공모함은 제 2차 세계대전을 전후로 하여 다양하게 개발되었는데 대체로 2만 톤 전후의 배수량에 20~30대의 항공기를 탑재하였다. 당시는 프로펠러 항공기용 항공모함이었으나 오늘날은 제트기까지 운용하고 있으며, 추진방식도 증기 추진에서부터 디젤 추진 및 원자력 추진으로 발전하였다. 그 크기도 헬기와 수직 이착륙기만을 탑재하는 2만 톤 이하의 경항공모함부터 90대 이상의 한개 비행단을 탑재하는 니미츠(Nimitz)급 대형 항공모함까지 다양하다. 최근에는 비행갑판 및 격납고를 대형화함으로써 이착륙시 상호 간섭을 최소화하고, 상부구조물 형상을 작게 하는 등 스텔스 기술을 적용하고 있다. 스텔스란 상대방의 레이더를 피하기 위해 전투기나 군함의 형상을 특별히 만들고 표면에 특수한 소재를 칠하는 것이다. 한편 우리나라는 2005년 7월 12일 국내 최초이자 아시아 최대 규모의 대형 수송함(LPX)인 독도함(무게 18800톤/길이 199m)을 진수시켰다. 독도함은 상륙작전을 위한 병력과 장비의 수송, 해상 기동부대나 상륙부대의 지휘함 기능 등의 임무를 수행한다.

[그림 1.22] 미국의 니미츠급 항공모함(왼쪽)과 대한민국의 독도함(오른쪽)

② 순양함(Cruiser)

순양함(cruiser)이라는 이름은 독자적인 전투능력과 충분한 군수품을 적재하여 대서양을 왕복 항해하면서 작전할 수 있는 순양능력을 갖춘 것에서 기인되었다. 순양함은 1만 톤 이상의 대형 전투함으로, 러시아의 Kirov급 순양함은 28000톤으로써 웬만한 경항공모함보다 더 크다. 러시아 순양함은 수상 전투임무나 대잠수함전 혹은 두 가지 임무를 수행하기 위한 전투함으로 구상되었으나, 미국 순양함은 항모 전투단이나 호송선단 보호임무를 수행하기 위한 것이었다. 현재 미국의 순양함은 대규모 항공위협에 대응하기 위하여 이지스 전투체계와 대량의 대공 미사일을 탑재하며, 고속으로 기동할 수 있도록 핵 추진 체계를 갖추고 있다. 이지스 전투체계란 표적을 정확하게 탐지 및 추적하여 그 정보를 지휘결심 시스템으로 전송하고, 이 정보를 이용하여 공중표적을 정확하게 요격시킬 수 있는 미사일 등을 갖춘 총체적인 대공 방어시스템이다.

[그림 1.23] 미해군 Ticonderoga급 미사일 유도 순양함 USS Vella Gulf(CG 72)호

③ 구축함(Destroyer)

구축함(destroyer)은 대잠전, 대공방어, 항공모함 및 선단호위, 해상교통로 보호, 대잠초계, 해상구조 등 다양한 임무를 수행하기 위한 군함이다. 구축함이라는 이름은 'Torpedo Boat Destroyer'라는 어뢰정 구축함에서부터 시작되었는데, 1892년 영국은 당시 어뢰정의 공격으로부터 대형함인 전함이나 순양함들을 보호하는 것이 매우 중요한 임무였다. 제 1차 세계대전을 거치면서 구축함은 4.7인치 함포와 5인치 함포를 탑재하고 34~36노트의 고속을 낼 수 있도록 되었고, 배수량은 1800톤급에서 3000톤급까지 대형화되었다. 오늘날의 구축함은 대잠, 대공, 대함전 전투능력을 고르게 갖춘 중소형 전투함으로서 3000톤에서 10000톤의 배수량을 갖는다.

우리나라가 보유하고 있는 구축함은 광개토대왕(KDX-I)급, 충무공 이순신급 구축함(KDX-Ⅱ), 세종대왕급 구축함(KDX-Ⅲ)이 있다. 광개토대왕(KDX-I)급은 만재배수량 3900톤, 길이 135m로 대공전, 대잠전, 대함전 등 입체적 임무를 수행할 수 있는 명실상부한 다목적 구축함이다. 대공방어를 위해 최신형 미사일을 장착하고 있으며, 대잠무기는 함정에 장착된 소나로 잠수함을 탐지하여 공격하는 어뢰를 보유하고 있고 헬기를 실을 수 있다. 주포로는 127mm 함포가 함수에 장착되어 있는데, 대함 및 대공목표에 분당 45발을 발사할 수 있으며 최대 사정거리는 약 23km이다.

충무공 이순신급 구축함(KDX-Ⅱ)은 만재배수량 4200톤, 길이 149.5m로 광개토대왕급에 비해 월등한 무장으로 대함전, 대공전, 대잠전 등 입체적 작전 수행은 물론 전투전단 대공방어 능력까지 갖췄다. 무장은 함대함 유도탄인 하푼미사일, 중거리 함대공 유도탄 SM-Ⅱ, 대유도탄 방어유도탄 램(RAM), MK-41 수직발사 시스템, 근접방어무기체계(CIWS) 골키퍼, 5인치 함포 1문, 슈퍼 링스 대잠헬리콥터 2대 등이다. 대함 · 대공 · 대잠 작전 등 입체적인 현대전 수행능력과 중거리 대공 방어능력을 지닌 구축함으로, 한국 해군의 원해 작전능력을 높인 구축함으로 평가받는다. 특히 함대공 유도탄은 사정거리가 185km에 달해 중장거리에서 가해 오는 적의 항공 위협으로부터 구축함 자체는 물론 함대까지도 방호할 수 있다. 그 밖에 지휘통제 및 사격통제 장비, 무장 및 탐지장비 등 모든 자료를 상호 공유해 작전상황에 따라 신속하게 조치할 수 있는 실시간 자동화 시스템도 갖추고 있다. 이순신급 구축함은 기본적으로 전투체계가 자동화되어 있고, 지휘통제 장비와 사격통제 장비, 무장 및 탐지장비 등 모든 자료를 상호 공유, 실시간 처리할 수 있다.

세종대왕급 구축함(KDX-Ⅲ)은 이지스함으로 만재 배수량 10000톤, 길이 165m이며, 세종대왕함을 진수함으로써 한국은 미국 · 일본 · 스페인 · 노르웨이에 이어 5번째 이지스함 보유국이 되었다. 세종대왕함은 미국의 주력 이지스함인 알레이버크급 구축함보다 10%나 크고, 일본의 최신형 아타고급보다 조금 더 크다. 성능도 미국의 이지스 구축함을 제외하고는 가장 뛰어나다. 알레이버크급이나 아타고급의 수직발사기(Vertical Launching System ; VLS)는 96개인데 비하여, 세종대왕함은 이보다 32개 많은 128개를 갖추고 있다. 여기에는 함대지 크루즈 미사일 '천룡(天龍)' 32발과 대잠 미사일 '홍상어' 16발 등 국내에서 개발한 한국형 수직발사기 48개가 포함된다. 최대 장점은 이지스 레이더와 각종 미사일, 기관포로 강력한 3중 방공망을 구축하였다는 것이다. 미국 록히드 마틴에서 만든 스파이-1D 이지스 레이더는 사면에 고정되어 전방위 360도를 감시한다. 이 레이더는 탄도 미사일 추적 요격

능력을 갖추고 있으며, 최대 1000km 떨어져 있는 항공기 약 900개를 동시에 찾아내고 추적할 수 있다. 레이더가 찾아낸 목표물은 SM-2 블록Ⅲ 함대공 미사일이 최대 170km 밖에서 1단계로 요격하고, 이를 통과한 적 항공기나 순항 미사일은 램(RAM) 미사일이 2단계로 요격한다. 3중 방공망의 마지막 수문장 격인 기관포 '골키퍼'는 1분당 4200발의 기관포탄을 목표물에 퍼부어 파괴한다.

(a) 광개토대왕함(KDX-Ⅰ)

(b) 충무공이순신함(KDX-Ⅱ)

(c) 세종대왕함(KDX-Ⅲ)

[그림 1.24] 한국형 구축함

④ 호위함(Frigate)

호위함(frigate)은 주로 대잠전에 운용되나, 대함전이나 대공전 또는 상륙부대나 해상 보급부대의 선단 호송임무도 수행한다. 호위함이라는 이름을 가장 최초로 사용한 국가는 프랑스였다. 이 함정은 소형으로서 빠른 속력과 경무장을 하므로 하나의 갑판에 모든 무장을 탑재한다. 경무장이므로 대양에서 최전선 전투임무 수행보다는 최전방 해상전을 수행하는 대형함의 작전을 지원하는 정보수집이나 관측함의 역할이 주 임무였다. 이제는 잠수함 킬러, 대공전, 레이다 전초, 항공기 유도 등의 임무를 맡는 가장 보편화된 전투함으로 배수량 2000톤~4000톤이 주류를 이루고 있다. 특히 오늘날의 호위함은 한 가지 주요 임무를 수행하기에 적합하도록 특별히 설계되기도 한다. 우리나라의 울산급 호위함은 1978년 기본설계가 완료되었고, 1981년 취역하였다. 선체는 철제이고 상부구조물은 알루미늄으로 되어 있다.

[그림 1.25] 한국형 호위함(울산함)

⑤ 초계함(Patrol Combat Corvette ; PCC)

초계함(PCC)은 호위함에 비하여 취약한 대잠전 및 대함전 능력을 갖추고 연근해의 초계임무 수행을 목표로 한 배수량 1000톤 내외의 군함이다. 함포와 함대함 미사일을 주 무장으로 하며 특수한 경우 함대공 미사일이나 76밀리 중구경포와 기타의 소구경함포 및 여타 임무용 무장을 탑재한다. 어뢰발사관을 보유하는 등 배수량에 비해 강력한 무장을 탑재하는 형도 있고, 헬기를 탑재하는 중무장형도 등장하고 있다. 초계함은 대체로 연안경비 및 초계임무를 수행하며 해상상태가 비교적 평온한 상태에서만 작전할 수 있다. 미국은 이런 유형을 거의 운용하지 않으며, 중소형 해군국 및 방어적 해양 전략을 채택하는 대륙국가에서 운용하는 함형이다.

[그림 1.26] 한국형 초계함(제천함)

⑥ 고속정(Patrol Killer Medium ; PKM)

고속정(PKM)은 연안방어 및 항만 방어용으로 운용되는 군함이다. 현재 세계에 취역 중인 고속정은 1820여 척이며, 해군력을 갖추기 시작하는 신흥 해군국의 실질적인 주력함이다. 고속정은 유도탄정 외에도 대잠정, 초계정, 함포정, 어뢰정 등 다양한 유형이 있으며, 속력을 내기 위해 선형은 활주형, 배수량형, 수중익선, 표면효과선(SES), 해면효과선(WIG) 등 여러 형태로 개발되고 있다. 연근해용으로 200~250톤, 연안용으로 500톤 정도이지만 구소련에서는 중무장을 탑재한 700톤 이상의 초계함급 고속정도 개발되었다. 고속정은 속도가 우선이며, 보편적인 최고속도는 30~40노트이나, 50노트 이상도 있다. 대잠 탐지 및 공격무기체계 탑재로 대함·대공 방어능력을 보강한 신형함을 개발해 가고 있는 추세이다.

최근 대한민국은 노후화된 고속정의 대체전력을 확보하기 위한 차기고속정사업(PKX)의 결실로, 만재배수량 570톤인 윤영하함을 2007년 6월 28일에 진수시켜 보유한 바 있다. 기존 참수리급 고속정은 레이더와 함포가 단순 연결된 사격통제 시스템으로 표적까지의 거리, 위협 우선순위 등 대부분을 지휘관이 판단해야 했을 뿐만 아니라 대공 표적을 인식할 수 있는 센서가 없어 대공전 능력이 제한되었다. 윤영하함은 국방과학연구소(ADD)가 독자 개발한 전투체계를 바탕으로 대함전뿐만 아니라 대공전, 전자전 및 함포지원 능력을 갖췄다.

전장 63m, 전폭 9m, 최대속력 40노트인 윤영하함은 76mm 함포 1문과 대함유도탄 등으로 무장하고 있으며 선체 방화벽과 스텔스 기능을 갖추고 있을 뿐만 아니라 지휘 및 기관통제 기능을 분산토록 해 생존성이 획기적으로 보강되었다. 특히 탐색레이더는 거리와 방위각뿐만 아니라 높이까지 표시되는 최신형 '3차원 레이더'로, 100여 개의 표적을 동시에 탐지할 수 있으며 위성을 통해서 자동으로 적에 대한 정보와 위협을 수집, 분석하고 이를 무장체계와 연결해 대함(對艦), 대공(對空), 전자전 등을 수행할 수 있다. 또한 76mm 및 40mm 함포는 물론, 사거리 140km 이상의 한국형 대함 미사일 KSSM 유도탄도 장착돼 장거리 표적에 대한 공격이 가능하다. 아울러 적 함정 수척과 동시에 교전을 할 수 있으며, 미사일을 따돌리기 위한 '체프' 발사장치와 연동해 적의 유도탄을 기만할 수도 있다.

[그림 1.27] 한국형 참수리급(PKM) 및 윤영하급 고속정(PKG)

⑦ 상륙함(Amphibious Ship)

상륙함(amphibious ship)은 상륙부대의 병력과 장비를 수송하고 전투를 위한 상륙작전을 시작하는 군함이다. 본격적인 상륙전은 제 2차 세계대전을 통하여 발전되었다. 상륙작전은 적이 장악한 지역에 부대를 투입하는 것이므로 사전에 상륙지역에 대한 공중 및 지역해상 그리고 인근 육상에 대한 충분한 방어 및 방어계획이 확보되어야 한다. 따라서 다양한 인원과 장비를 수송할 수 있는 상륙함이 만들어져야 하는데, 상륙정을 목적지까지 운반하여 인근 해안에서 부대나 중장비를 양륙시키거나 함 자체를 해안에 접안하도록 고안된 LST형 상륙함, 고속 상륙정을 함 내에 탑재하여 발진시키는 도크형 상륙함, 헬기에 의한 입체 양륙을 목적으로 하는 돌격 상륙함, 복잡한 상륙전을 일사불란하게 지휘할 수 있도록 설계된 상륙 지휘함 등이 있다.

[그림 1.28] 한국형 상륙함(성인봉함)

⑧ 기뢰함(Mine Warfare Ship)

기뢰함(mine warfare ship)은 기뢰부설함과 소해함으로 구분된다. 기뢰는 폭발장치에 따라 음향, 자기, 접촉 및 복합기뢰 등으로 구분되며, 이러한 기뢰를 부설하는 함정을 기뢰부설함, 부설된 기뢰를 탐색하고 소해하는 함정을 기뢰탐색함 또는 소해함이라 부른다. 기뢰함의 발달은 기뢰의 개발과정과 함께 발전되어 왔다. 기뢰가 처음 사용된 것은 1776년 미국의 독립전쟁 때이며, 제 1차 세계대전 이후 기뢰전이 대규모화되어 통상적인 파괴전에 이용되었다. 기뢰함은 기뢰 발전에 대응하기 위하여 각종 부설, 소해, 탐색장비를 탑재 운용하며, 필요시 원해작전도 가능하도록 대형함을 개발하고 있는 추세이다.

[그림 1.29] 한국형 기뢰부설함(원산함)

⑨ 지원함(Auxiliary Ship)

해상에서 장기간 작전하는 전투함을 지원하기 위하여 다양한 지원함(auxiliary ship)이 필요하다. 유류・탄약・청수・기타 군수물자를 지원하는 함정과 사고함정을 구조하고 수리하는 함정, 해양 및 적의 정보를 수집하는 함정, 기타 특수임무를 수행하는 함정 등 매우 다양한 지원함이 필요하다. 우리나라의 3150톤 청해진급 구조 · 수리함은 잠수함 도입과 함께 1992년에 건조한 것으로, 잠수함의 비상시 구조 및 정비 보급 임무를 지원하는 다용도 구난함이다. 특히, 1999년 3월에는 150m 수심에 침몰된 북한 반잠수정을 찾아내어 인양에 성공하는 등 뛰어난 성능을 과시한 바 있다. 탑재장비는 잠수함 구조정을 바다에 옮기기 위한 대형 크레인과 잠수정을 조종하기 위한 11800마력의 견인력을 갖춘 엔진이 있으며, 해난구조용 잠수정을 갖고 있다. 여기에는 3명의 구조요원이 탑승하며 한 번에 9명까지 잠수함 승조원을 구조할 수 있다.

[그림 1.30] 한국형 잠수함 구조함(청해진함)

⑩ 잠수함(Submarine)

잠수함(submarine)은 적의 잠수함을 탐색하여 공격하고, 기동 전투전대 외곽에 배치하여 적의 수상함을 정찰하고 공격하며, 전략 핵무기를 탑재하여 중요한 전략 임무를 수행하기도 한다. 잠수함은 수면 아래 숨어 자신의 위치를 노출시키지 않는다는 점(은밀성)에 가장 큰 장점을 가진 함정으로서 제 1, 2차 세계대전에서 군수품을 수송하는 상선을 공격대상으로 삼아 해상교통로 파괴, 전쟁수행능력 약화 등의 작전을 통하여 유용한 해군 전력으로 자리를 굳혔다. 제 2차 세계대전 이후 스노클(snorkel) 기술의 발전, 핵추진 기술 발전은 잠수함의 수중 작전시간을 증가시켜 새로운 가치를 인식시켰다. 특히, 핵추진 체계는 수상 기동부대와 동일한 속력으로 기동케 하였고, 무제한 잠수능력을 갖추어 진정한 수중무기체계로 발전시켰다. 일반 재래식 잠수함의 수중 최고속력은 20~25노트이나, 원자력잠수함은 30~40노트까지 가능하다. 앞으로 다양한 무장과 고성능 센서 그리고 각종 전자장비 탑재 요구로 대형화되고 수중속도를 고속화하며, 저소음 장비의 개발을 통한 은밀화, 통합 전투시스템 구성 등을 통해 자동화되는 추세로 발전하고 있다. 또한 재래식 잠수함의 잠수시간을 늘리기 위해 공기 없이 전기를 만드는 AIP(Air Independent Propulsion) 시스템이 개발되고 있다. 이는 연료전지를 이용해 전기를 생산하는 것인데, 연료전지란 수소와 산소를 가지고 다니다가 필요시 결합시켜 물을 만들고 동시에 전기를 생산하는 장치이다. 이렇게 생산된 전기를 배터리에 충전하면 잠수함은 상당 기간 디젤엔진을 돌리지 않아도 계속 잠항할 수 있다. 디젤엔진만 갖춘 잠수함은 3~4일에 한 번씩 부상해야 하나, AIP 추진체계를 갖춘 잠수함은 대략 15일에 한 번만 부상해도 된다. 대한민국 해군은 1970년대 후반부터 잠수함 확보를 추진하여 독일에서 건조한 209급 장보고함을 1992년 인수 후 국내로 도입하는 것을 시작으로 현재는 209급 9척, 214급 3척을 진수시켜 국내에서 운용 중에 있으며 돌고래급 잠수정은 3척을 운용하고 있다.

[그림 1.31] 209급 장보고함(위)과 214급 손원일함(아래)

(4) 어선

어선의 종류는 포획대상물에 따라 분류하거나 어업방법에 따라 분류할 수 있다. 그러나 대상물이 무엇이냐에 따라 어장이 미리 결정되고 그에 따라 어선의 크기와 규모 등이 정해지므로 대상물과 어업방법을 결합시켜 고등어 건착망 어선, 멸치 권현망 어선, 조기 안강망 어선, 명태 트롤 어선, 남태평양 다랑어 주낙 어선 등과 같이 분류하기도 한다. 한편 용도에 따라 독항선, 공모선, 망선으로 구분하기도 한다. 일반적으로 어선은 상선에 비하면 소형이면서도 외양에 장기 체류하면서 능률적으로 어로작업을 수행해야 하므로 내항성이 좋아야 하며, 크기나 모양은 수행하는 어업의 종류에 맞아야 한다.

① 독항선

선단 조업을 하는 경우 어로를 직접 담당하는 선박 중 단독 항해가 가능한 선박이다. 어선이 대형화되지 못했던 때에는 냉동가공시설을 갖추지 못했기 때문에 이를 갖춘 모선에 따라 어로선이 선단을 조직하여 조업을 해야 했으나, 오늘날은 대부분의 어선이 대형화되어 냉동가공시설을 갖추고 있으므로 독자적으로 조업을 하는 경우가 많다.

② 공모선

여러 척의 어선이 커다란 공선을 중심으로 조업하면서, 어획물을 공선에서 처리하고 가공하는 경우가 있는데, 이때의 공선을 모선(mother ship), 어로에 종사하는 배를 어로선(catcher boat)이라 하고, 이들 전체를 어선단이라 한다. 어획물의 종류에 따라서 고래 공선, 게 공선, 피시밀 공선과 송어, 연어 공선 등이 있다. 모선은 어획물을 제조하고 가공하며, 이들 제품을 저장하는 창고로도 이용된다. 공선은 보통 수천 톤급의 배로서 많은 작업자를 태우게 된다.

③ 망선

그물을 끄는 배를 말한다. 보통 본선이라고 하며, 그물을 끌어올리는 양망기와 윈치 등을 갖추고 있다. 빠른 속도로 고기떼를 그물로 둘러싼 다음, 다시 그물을 끌어올려야 하므로 대개 속력이 빠른 배를 이용한다. 고등어, 전갱이를 잡는 건착망 어업의 배는 100톤, 300~400마력의 그물배이며, 고기떼를 찾는 어탐선, 운반선, 소형 전마선 등과 함께 조업한다.

[그림 1.32] 멸치잡이 조업 중인 모선과 어로선(권현망선)

[그림 1.33] 참치잡이 조업 중인 참치선망선

참치선망선은 배의 크기가 800~1300톤 정도이며 그물을 사용해서 통조림용 참치를 어획한다. 대부분의 참치선망선은 어군탐지용 헬기를 탑재하고 있으며 인공위성을 통해 육상과 교신할 수 있는 통신장비 등 최신 첨단설비를 갖추고 있다. 참치선망선은 주로 남서 태평양에서 조업하고 있다. 헬리콥터는 본선을 중심으로 30마일 주변 어장을 선회하며 어군을 탐지, 발견하는 즉시 이를 무선으로 본선에 알리면 본선이 어군이 있는 곳으로 접근하여 탑재되어 있는 소형보조선을 투하시킨다. 이어 본선이 2.5km쯤 되는 대형 그물을 풀어내리며 참치떼를 둘러싸며 참치떼를 포위한 후 모선에서 그물을 조인다. 어획된 고기는 컨베이어 벨트를 타고 어창으로 옮겨져 초저온에서 급속 냉동된다.

(5) 특수작업선

특수작업선에는 해상의 각종 작업에 종사하는 예인선·준설선·소방선·해난구조선·쇄빙선·쇄암선·설표선·케이블선·기중기선·해양조사선 등의 작업선과 각종의 특수물자를 나르는 차량운반선·급수선·급유선·오물선·거룻배·흙 운반선 등의 운반선 그리고 해상의 순찰업무에 종사하는 순시선·경비선·등대 순시선·세관감시선 등의 단속선, 배와 육지와의 교통에 종사하는 통선 외에 파일럿선, 검역선, 진료선, 항해연습선, 탐험선 등이 있다.

① 쇄빙선

쇄빙선은 얼음이 덮여 있는 결빙 해역에서 얼음을 부수어 항로를 만들기 위해 사용되는 배이다. 수역에 따라 내해형과 대양형으로 나누거나, 선형에 따라 미국형과 유럽형으로 나뉘기도 한다. 대양형은 대형이며 러시아의 원자력 쇄빙선은 16000톤의 초대형이기도 하다. 미국형은 선수에도 추진기가 있어서 빙면 하부의 물을 배제해서 쇄빙을 용이하게 한다. 유럽형은 선수를 빙면 상에 올려서 쇄빙하는 것과 선수를 빙면에 충돌시켜 쇄빙하는 두 양식이 있는데, 추진기는 선미에만 있다.

쇄빙선은 결빙수에서 활동하므로 얼음에 봉쇄되어도 이탈이 가능하고 선체가 손상되지 않도록 둥근 형의 특수 선형을 이루고 있으며, 외판은 평활하고 용골도 붙어 있지 않다. 선체 구조도 쇄빙시, 유빙수면 항해시는 선체에 걸리는 큰 외력에 견디도록 수선면 부근의 외판을 두껍게 하고 늑골은 튼튼하게, 간격은 협소하게 하는 등 특수한 설계로 되어 있다. 쇄빙시와 결빙 이탈시를 위해서 선체를 전후로 경사지게 할 수 있도록 강력한 펌프와 물탱크를 갖추고 있다.

[그림 1.34] STX 조선의 쇄빙선

② 예인선

다른 배 또는 바지선을 끌거나 밀고 가는 배를 말한다. 운항수면에 따라 대양용, 연안용, 항내용, 하천용으로 나눈다. 가장 많은 것은 항내용인데 대형선의 접안, 이안 등에 사용되며, 일반적으로 100~300톤급이다. 대양용에는 1000톤급도 있고, 하천용에는 20톤 정도가 대부분이다. 선박의 형태는 폭이 넓은 둔중한 것이 많은데, 복원성이 좋고 건현은 일반적으로 낮다. 톤수에 비해서 강력한 기관을 가지며, 기관의 사용을 신속히 할 수 있고, 조타성능도 좋은 특징을 지니고 있다.

[그림 1.35] 바지선을 끌고 가는 예인선

[그림 1.36] 항구 내에서 대형선을 접안시키고 있는 터그(tug)선

③ 해양조사선

해양을 관측, 조사하는 배이다. 최근 들어 해양조사선의 기능이 매우 다양해지고 보유장비가 현대화됨에 따라 탐사기술에도 엄청난 변화가 일어나고 있다. 해양조사선은 일반 항로를 벗어날 뿐만 아니라 해역이나 계절과 관계없이 항해를 계속해야 하므로, 기후나 파도에 잘 견딜 수 있도록 설계되어야 하며, 선박의 항속거리도 일반선박에 비해 길어야 한다. 관측선, 탐사선, 연구선 등으로 다양하게 불리우는 해양조사선은 목적별로 기상관측선, 수로측정선, 지질조사선, 어업조사선, 쇄빙선(극지관측선)으로 나눠진다. 종합해양조사선은 해양물리, 화학, 생물, 지질, 환경 등 각 연구 분야별로, 또는 동시에 각 분야의 해양조사를 할 수 있도록 설계 · 건조된 조사선으로서, 전문적인 해양조사선의 기능을 고루 갖추고 있다. 우리나라의 경우 한국해양연구원의 종합해양조사선 온누리호(1422톤)와 이어도호(546톤)가 지난 1992년 초 취항함으로써 주변연안 해역은 물론 심해까지도 해양조사가 가능해져 해양조사능력이 크게 향상되었다. 온누리호는 해양 조사에서 사용되는 거의 모든

종류의 최첨단 장비를 갖추고 있으며, 현재 태평양 심해저 망간 탐사와 남극 연구에 이용되고 있다.

[그림 1.37] 우리나라 최초의 종합해양 조사선 온누리호

④ 준설선(Dredger)

준설선(dredger)은 강, 항만, 항로 등의 바닥에 있는 흙, 모래, 자갈, 돌 등을 파내는 시설을 장착한 배를 말한다. 강 · 운하 · 항만 · 항로의 깊이를 보다 깊게 하기 위한 준설작업, 물 밑의 흙 · 모래 · 광물 등을 채취하는 작업, 수중구조물 축조의 기초공사, 해저 폐기물을 끌어올려 제거하는 작업 등에 일반적으로 사용된다. 준설선에도 다음과 같이 여러 종류가 있다. 디퍼 준설선(dipper dredger)은 동력으로 작동되는 강력한 삽을 가지고 물 밑바닥을 파서 올리는 것으로, 바닥의 토질이 까다로운 바위가 아니면 어떤 것이라도 준설할 수 있는 특징이 있다. 그래브 준설선(grab dredger)은 그래브 버킷을 줄에 매달아 그래브를 벌린 채 물밑 바닥에 떨어뜨려 흙, 모래, 자갈 등을 퍼서 들어 올리는 것으로 깊이에 제한을 받지 않으며, 바닥이 흙이나 모래일 때 사용한다.

래더 준설선(ladder dredger)은 상향식 에스컬레이터와 같이 사다리를 물 밑까지 내리고 체인으로 연결된 많은 버킷들이 사다리 주위를 무한궤도로 돌게 하는 것이다. 빈 버킷이 사다리의 뒷면을 타고 내려와 바닥의 흙, 모래 등을 긁어 담아서 사다리의 앞면을 타고 올라간 후 최정점을 지나 내려오는 순간 이들을 활강로에 쏟으면 자연히 끌어 올린 진흙, 모래, 자갈 등이 선창으로 미끄러져 들어가서 모이게 된다. 하이드롤릭 준설선(hydraulic dredger)은 흡입식 준설선이라고도 한다. 원심력 펌프로 물 밑 바닥의 진흙, 모래, 자갈 등을 물과 함께 퍼올려 수면상에 설치한 파이프를 통해 폐기 장소로 보내는 것이다. 버킷 준설선(bucket dredger)은 해저의 흙, 모래, 자갈 등을 퍼올리는 준설 작업에 사용하는 선박을 말한다. 둥근 그릇 모양의 버킷(1개의 용량이 약 0.5m)을 약 70개 정도 연결시켜 원형으로 만든 것을 선체에서 해저를 향해 비스듬히 매달고 원동기로 돌려 해저의 토사를 떠올리는 구조인데, 비교적 딱딱한 지반의 준설에 사용한다.

[그림 1.38] 수심 16m급 하이드롤릭 준설선 VASCO DA GAMA호

⑤ 요트

요트는 항해, 경주, 유람 등을 위해 특별히 설계하여 만든 가볍고 작은 범선 또는 동력선이다. 요트는 갑판이 없는 작은 배부터 호화로운 대형 범선에 이르는 다양한 크기와 규모를 가지고 있으며, 배 안에 호화로운 시설을 갖추고 즐기기도 한다. 요트라는 말은 네덜란드어의 'yaght'가 영어로 관용어가 되어 'yacht'가 되었다고 한다. 영국에서 요트라는 말이 사용된 것은 1660년 네덜란드에 망명하고 있던 영국왕자 찰스가 왕정이 복고되자 귀국하여 찰스 2세가 되어 즉위했을 때 네덜란드인이 선물한 100톤급 야하트메리호가 들어와 영어로 요트(yacht)라 불리게 되면서부터이다. 19세기부터 요트는 영국과 미국이 중심이 되어 각각 다른 환경과 조건에서 특색있는 발전을 거듭하였다. 즉, 영국의 요트는 불리한 기상과 해상조건 때문에 내항성을 중시하여 흘수가 깊고 육중한 선형에 두터운 마직(麻織) 돛을 사용하여, 파도가 센 해양에서의 순항에 적합한 커터(cutter)양식이 발달하였다. 미국에서는 속력 위주로 수선장이 길고 흘수가 얕으며 예리한 선수와 편평하고 넓은 선미 선형에 얇고 가벼운 면직(綿織)의 돛을 사용하여, 평수에서 경쾌한 성능과 속력을 최대한으로 발휘할 수 있는 슬루프(sloop)와 스쿠너(schooner) 양식이 발달하였다. 추진방식에 따라 요트를 구분하면, 돛으로 항주하는 세일 요트, 기관에 의해

항주하는 모터 요트, 보조기관을 가지고 돛으로 항주하는 보조기관 요트가 있다. 사용목적에 따라 구분하면, 크루저(cruiser) 요트, 딩기(dinghy) 요트, 레이서(racer) 요트 등으로 나눌 수 있다. 크루저 요트는 숙박 및 휴식이 가능한 선실이 갖추어진 요트로 대양을 항해할 수 있으며, 크루저 요트로 치러지는 국제경기도 있다. 딩기 요트는 선실이 없이 1~3인 정도가 강이나 연안에서 타고 즐기는 소형 요트로서, 보통 레저 스포츠용으로 보급된 것이다. 레이서 요트는 아메리칸컵과 같은 각종 레이스에 맞춰 특별히 제작한 요트이다.

⑥ FPSO

FPSO(Floating Production Storage and Offloading)는 부유식 원유생산 및 저장설비로서, 해상에서 원유채굴부터 저장과 하역 등이 가능하고 이동이 자유로워 소규모 심해유전개발에 적합한 특수선이다. 고유가 시대에 접어들면서, 세계 각국의 석유 생산업체들은 원유가격의 추가 상승을 전제로 석유탐사 개발 프로젝트에 상당한 투자를 하고 있다. 이에 따라 해상유전 개발의 경제성과 편리한 이동으로 인해 기존의 고정식 석유시추선과는 다른 새로운 형태의 FPSO가 등장하게 된 것이다. FPSO의 기능은 그 이름이 나타내는 바와 같다.

㉠ Floating : 부유식 탱커 선박으로 자유로운 이동 가능
㉡ Production : 유전의 시험탐사 및 생산 가능
㉢ Storage : 석유의 저장
㉣ Offloading : 셔틀탱커나 기존의 유조선에 하역 가능

FPSO의 전체적인 모습을 보면, 일반 초대형 유조선과 비슷하게 생겼다. 다만 상부에는 원유정제, 가스압축, 원유하역, 해수주입, 자체발전에 필요한 설비들이 설치되어 있어 원유채굴에서부터 정제, 저장, 하역이 자체적으로 이루어진다.

[그림 1.39] 작업중인 FPSO

[그림 1.40] 대우조선해양에서 건조한 극지용 FPSO

2 해양법규에 따른 분류

선박법 및 관계 법령, 선박 안전법 및 관계 법칙, 그 밖의 법령에 있어서는 필요에 따라 여러 가지로 배를 분류하고 있는데, 그 중에서 중요한 것을 들어보면 다음과 같다.

(1) 용도에 따른 분류

선박 안전법 및 관계 법칙에서 배의 용도에 따라 여객선 · 비여객선 · 어선 등을 규정하고 준수 사항과 특례 사항을 정하고 있다. 예를 들면 여객을 13명 이상 태우는 배는 여객선으로 규정하고 여객선으로서의 설비를 해야 하며, 어선은 만재 흘수선 규정의 적용을 받지 않는다.

(2) 항해구역에 따른 분류

해운 관청은 배의 종류, 구조, 설비, 크기 및 용도 등을 고려하여, 평수 · 연해 · 근해 · 원해 등 항행 구역을 지정한다. 그 구역은 선박 안전법에 명시되어 있다.

(3) 선박설비규정에 따른 분류

선박설비규정에 있어서 선박은 제 1종선에서부터 제 5종선으로 구분되며, 그 종별에 따라서 각종 안전설비를 하기로 되어 있다.

3 선형(type of ship)에 따른 분류

주 선체를 구성하는 최상층의 전통갑판을 상갑판(upper deck)이라고 하고, 이것은 건현을 계산하는 기준이 되고 있는 건현갑판과 일치한다. 이 상갑판 위에 있으면서 한 현측에서부터 다른 현측에 이르는 구조물을 선루(superstructure)라고 한다. 상부구조물이라 함은 위에서 언급한 2가지, 갑판(deck)과 선루(superstructure)를 말하는 것이며 설치목적은 다음 4가지로 정리해 볼 수 있다.

① 채광과 통풍이 좋으므로 승무원이나 여객의 거주구가 된다.
② 조선하기 쉬운 장소가 되며, 선수루는 능파성을 좋게 한다.
③ 갑판상의 설비를 한 두 곳에 정리하여 하역을 편리하게 한다.
④ 기관실 윗벽을 에워싸서 기관실을 보호한다.

또한 갑판실(deck house)과 선루(superstructure)는 다음과 같이 구분할 수 있다.

[표 1.1] 갑판실(deck house)과 선루(superstructure)의 비교

갑판실(deck house)	선루(superstructure)
경구조	선체와 동일한 강력구조
측벽은 선측외판과 연결되어 있지 않다.	한편의 선측으로부터 반대편의 선측까지 달하여 측벽이 선측외판의 연장으로 되어 있다.
선체와는 완전히 독립되어 있다.	강도상이나 안전상의 점에서 선체의 일부로 본다.

선루의 배치방법에 따라서 『표 1.2』에서 보는 바와 같은 여러 가지 선형이 생긴다. 선루는 선미에 있는 것을 선미루(poop deck), 중앙에 있는 것을 선교류(bridge deck), 선수에 있는 것을 선수루(forecastle deck)이라고 한다. 평갑판선은 상갑판상에 선루같은 것이 없는 배로서 악천후일 경우, 갑판이 파도에 씻기기 때문에 항양선에는 부적합하다. 선루가 붙음에 따라 선수루붙이 평갑판선(frush decker with forecastle) · 오목갑판선(well decker) · 삼도형선(three islander)으로 되고, 선루가 전부 통로로 연결(전통)된 것은 차랑갑판선(shelter decker)이다.

차랑(shelter)은 햇빛을 가리거나 비오는 것을 막기 위해 처마 끝에 덧붙이는 좁은 지붕을 의미한다. 이 차랑이 설치된 창구를 감톤창구라고 한다. 이것이 감톤창구라고 불리우는 이유는 밖에서 보기만 하여서는 평갑판선과 똑같은 모양이지만, 제 2갑판을 상갑판으로 하여 흘수가 계산되므로 배의 깊이에 비하여 흘수가 작아지기 때문이다. 트렁크는 소형 유조선 등에서 안전성을 높이기 위한 선형이고, 저선미루선은 소형 화물선 등에서 후부 화물창이 협소해지므로 보다 용적을 늘려서 트림을 바로하기 위한 선형이다. 저선수루선은 소형 화물선이나 어선 등에서 조타실에서의 시계를 확보하기 위한 선형이다.

[표 1.2] 선형에 따른 선박의 분류

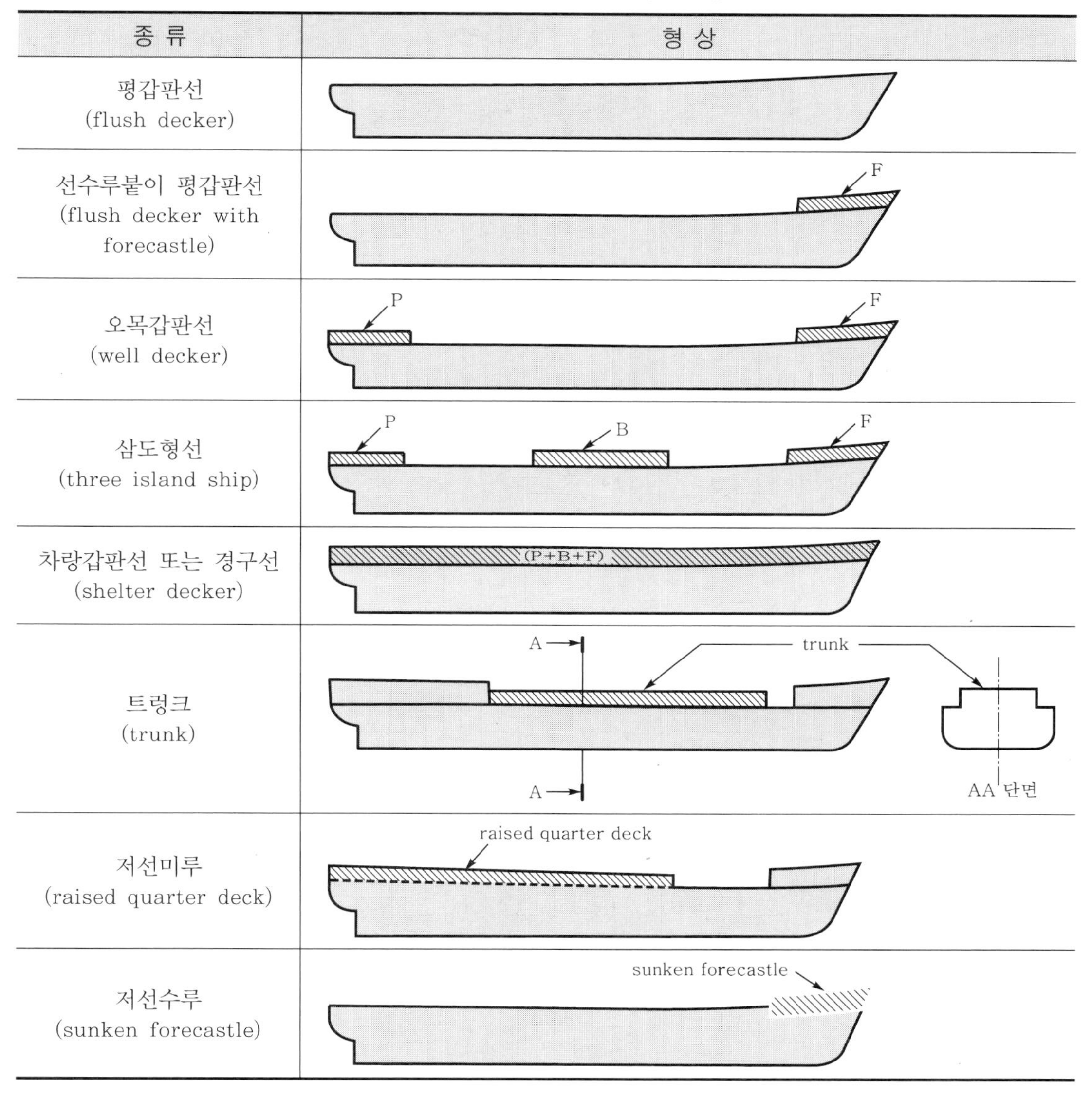

종 류	형 상
평갑판선 (flush decker)	
선수루붙이 평갑판선 (flush decker with forecastle)	F
오목갑판선 (well decker)	P, F
삼도형선 (three island ship)	P, B, F
차량갑판선 또는 경구선 (shelter decker)	(P+B+F)
트렁크 (trunk)	A, trunk, A, AA 단면
저선미루 (raised quarter deck)	raised quarter deck
저선수루 (sunken forecastle)	sunken forecastle

4 기관실의 위치에 따른 분류

기관실과 승조원의 거주구역인 갑판실(deck house)의 전후 위치에 따라서 배를 분류하여 보면 『표 1.3』과 같다.

[표 1.3] 기관실과 갑판실의 위치에 따른 선형 분류

Location ※ E.R(Engine Room) D.H(Deck House)	After E.R	Semi-after E.R	Midship E.R
Fore and After D.H	 D.H. E.R.	-	-
Midship and After D.H	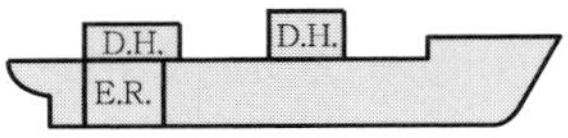 D.H. D.H. E.R.	-	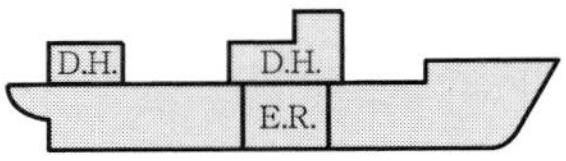 D.H. D.H. E.R.
Midship D.H	-	-	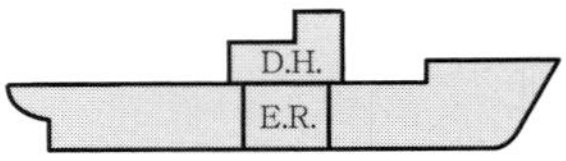 D.H. E.R.
Semi-after D.H	-	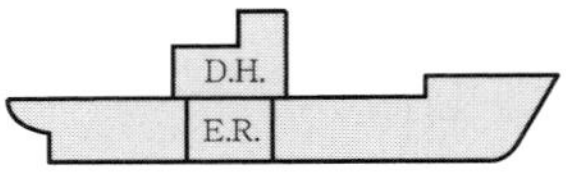 D.H. E.R.	-
After D.H	 D.H. E.R.	-	-

5 재료에 따른 분류

배는 역사적으로 목선(wooden ship)·목철선(wooden-iron ship)·철선(iron ship)·피복선(covered/coated ship)·콘크리트선(concrete ship)·강선(steel ship)의 차례로 발달해 왔다. 이 밖에 새로운 선종으로서 합판선(plywood ship)·경합금선·유리섬유를 사용한 FRP선이 있지만, 어느 것이나 모터보트 정도의 소형선종이다.

목철선은 배의 용골·늑골 등의 골격부분을 철재로 한 목선, 피복선은 목철선 또는 철선의 선저·외판에 강판을 덮어서 그 오손의 방지를 도모한 배이다. 콘크리트선은 제 1차 세계대전 중에 철재의 부족에 고심하여 미국이 항양기선으로서 시작(試作)한 배이지만, 현재는 명칭만이 남아 있을 뿐이다.

철선(iron ship)은 산업혁명의 영향으로 철골재의 대량생산이 가능해지자 출현한 배이다. 대량생산과 기계화에 힘입어 선박의 크기가 커졌으나 제강기술이 받쳐주지 못해 취성문제가 발생하여 타이타닉호가 침몰한 직접적인 원인이 되기도 하였다. 이후 제강기술이 발전하여 중량이 감소되고 부식도 잘 되지 않으며 강도가 강한 강선(steel ship)이 비로소 출현하게 된다.

한편 합판선은 목선의 일종으로 제 2차 세계대전 후, 성능이 좋은 접착제의 출현으로 튼튼한 합판이 탄생하였는데 이것을 맞붙여 만든 배이다. 합판선은 목선의 최대 결점인 약한 강도를 보완하였지만, 여전히 대형선으로 제조되기에는 강도가 크지 못해 소형선으로만 제작된다. FRP(Fiberglass Reinforced Plastic)선은 유리섬유를 이용하여 제조되며 강도가 크고 가벼워 요트, 어선, 소형 선박 등으로 제조된다. 또 자기에 감응되지 않는다는 큰 특징을 지니고 있어 자기감응기뢰를 소해하는 임무를 지닌 소해함으로 제조되기도 한다.

[그림 1.41] FRP 함정인 한국형 기뢰소해함(강경함)

현재 목선의 선령은 10~15년, 강선은 20~25년으로 간주된다. 단, 강선은 그 보수(補修)의 방법에 따라서 상당한 연명책이 강구될 수 있다. 강선에는 배의 종횡의 강력재의 배치양식에 따라 횡식구조선 · 종식구조선 · 종횡혼합식 구조선의 3종이 있다. 횡식선은 수많은 늑골과 이것을 연결하는 보에 의해 배의 횡강력을 주(主)로 하고, 종통재(縱通材)에 의한 종강력을 종(從)으로 한 양식의 배이다. 이 내용에 대해서는 3장에서 자세히 언급하기로 한다.

1.4 미래의 선박

1 선박의 발전과 미래

반만년 전부터 운송수단으로 사용되어 왔던 선박의 형상은 통나무에서 뗏목형태를 거쳐 점차 유선형으로 발전되어 왔다. 추진의 힘은 사람이 노를 젓는 방식에서 돛을 단 범선을 거쳐 증기기관으로 추진하는 증기선, 내연기관으로 추진하는 디젤선, 원자력으로 추진하는 원자력선 등으로 발전되어 왔고, 향후 초전도전자 추진선도 실용화될 것이다. 선박의 재료는 목선에서 강선으로 변해왔으며, 곧 신소재 특수재질의 선박도 출현할 것으로 예측된다. 향후 선박수요는 해상운송품목의 변화, 통신수단의 발달, 생활권의 광역화, 일일 교통권화, 첨단장비의 탑재 등 주변 여건의 변화에 부응하여 더욱 고급화, 다양화, 고기능화될 것으로 보인다.

선박의 크기와 속력은 선박의 발전과정의 주요 인자로서 크기를 크게 하면서도 가볍고, 속도를 높이기 위한 기술경쟁은 더욱 치열해지고 있는데 이런 관점에서 미래 선박은 다음의 몇 가지 방향으로 발전할 것으로 예측된다.

첫째, 대형화 · 경량화이다.

선박의 대형화는 화물의 대량수송을 통해 운항경비를 줄이기 위한 것이다. 시장의 세계화와 물동량의 증가로 소형선박에 의한 근거리 운송방식보다는 장거리 수송으로 채산성을 높일 수 있는 대형선박을 선호하고 있으며 이는 유조선(tanker), 컨테이너선(container ship), LNG선, 크루즈선 등에서 두드러지게 나타나고 있다. 대형화에는 선박의 구조강도와 대형선체로 인해 발생되는 문제들이 효율적으로 해결되어 원하는 속도와 안정성이 확보되는 것이 중요하다. 동시에 충분한 강도를 유지하면서 더욱더 가벼운 선박 건조를 통한 운송량을 증대시킬 수 있는 선박을 개발하려는 노력이 한창이다.

둘째, 고속화이다.

선박의 고속화는 사람의 힘에 의존하던 속도의 한계를 증기기관의 탑재로 극복하면서부터 시작되었다. 프로펠러 방식의 추진시스템이 개발되고 내연기관인 디젤기관이 선박에 채택됨으로써 속도는 눈에 띄게 빨라졌다. 그러나 일반 배수량형 상선에서 속도가 25노트 이상이 되면 디젤기관에 의한 프로펠러 추진방식은 한계에 봉착하게 된다. 이런 점에서 초전도전자 추진시스템, 원자력 추진시스템, 워터제트(waterjet) 추진시스템 등이 개발되고 있다. 선박의 형태도 재래식 선박과 같은 배수량 지지방식의 선형이나 소형 여객선이나 특수목적의 함정으로 개발된 공기부양선 및 수중익선 형태의 선체 지지방식의 선형으로는 고속화와 대형화의 실현이 어렵기 때문에 여러 가지 지지방식을 조합한 복합지지방식의 선형이 개발되고 있다. 현재 연안여객선이 40노트 수준이지만 2010년경에는 100노트 이상으로 고속화될 것으로 전망된다.

셋째, 전용화이다.

한 가지 전문 물품만 취급하도록 설계하여 하역능률을 높이고 고속운송에 기여하도록 전용화 선박이 개발되고 있다. 물에 떠서 자유로운 이동이 가능한 부유식 원유 생산용 선박인 FPSO(Floating Production Storage and Offloading)는 그 대표적인 예라고 할 수 있다. 또한 지구온난화로 북극해의 결빙기간이 단축됨에 따라 북극항로에서 운항될 수 있는 얼음을 깨뜨리거나 얼음에 견디는 성능이 향상된 쇄빙상선이 개발되고 있으며, 해양 석유자원을 개발하기 위한 Drill-FPSO, LNG-FPSO, LPG-FPSO 등의 해양자원 개발용 선박의 개발도 가속화되고 있다. 또한 심해저의 망간단괴, 망간각, 열수광상 탐사 등의 용도로 심해잠수정(Remotely Operated Vehicle ; ROV), 채굴용 복합선박 등이 개발되고 있으며 해상공항, 해양목장, 해중공원용 초대형 바지선형 구조물, 부유식 군사기지(mobile offshore base) 등에 대한 개발도 진행되고 있다.

[그림 1.42] FPSO(Floating Production Storage and Offloading)

넷째, 자동화이다.

선박의 운용기술의 변화는 자동화에서도 두드러지게 나타난다. 운항경비를 줄이기 위해 대양 운항 선박의 선원이 50여 명에서 15명 내외로 줄어든 것에서 알 수 있다. 이를 위해 선박의 자동운항설비와 각종 계측장비들이 더욱 현대화되어 왔다. 앞으로 조타실 무인항해장비, 주기관 자동제어장비, 화물하역 자동화설비 등의 성능 고도화로 자동화 항해기술은 더욱 발전될 것이고, 2020년에는 무인화 선박의 실현도 이루어질 수 있을 것이다.

다섯째, 친환경화 · 고부가가치화이다.

지구온난화가 가속되고 환경에 대한 중요성이 날로 증대되고 있는 지금, 환경친화적 · 고부가가치적인 새로운 형태의 추진시스템들이 개발되고 있다. 이에 따라 최소의 연료소모율을 갖는 최적의 경제속력선이 개발되고 있으며, 일본 Fukoka 대학에서는 태양열전지를 이용한 전기구동의 소형선박을 개발 중에 있다. 또한 사탕수수, 해조류 등을 연료로 쓰는 바이오 연료에 대한 개발도 활발히 진행되고 있다.

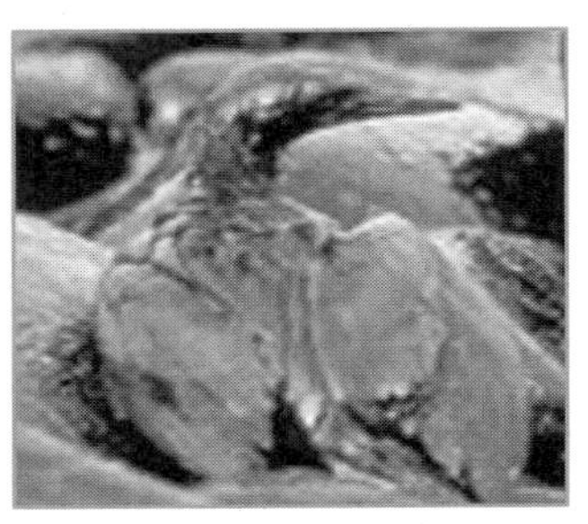

[그림 1.43] 유조선 기름 유출 사고

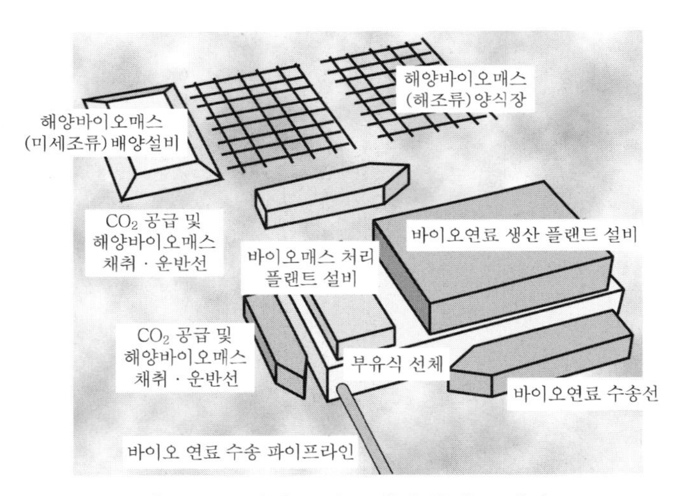

[그림 1.44] 바이오 연료 생산 플랜트 개념도

2 미래 복합지지 선형 선박

미래의 선박으로서 초고속선 선형은 매우 중요하다. 『그림 1.45』은 수송기관의 HP/WV와 V와의 관계도(Karman-Gabrielli 선도, 이하 K-G선이라 칭함)이다. 여기서 HP는 기관마력, W는 중량, V는 속도이다. 거의 모든 교통수단은 K-G선 부근에 위치해 있으며, 이 선에 가까워질수록 경제성이 좋다. 고속 해상 수송기관에 대하여 살펴보면 HP/WV가 2부근이라는 것을 알 수 있다. 이 값은 육상 수송기관(0.5)과 비교해 약 4배 정도의 수치이며 고속의 항공기에 비하면 더욱더 높다. 이것은 현재의 고속선이 경제성에 큰 문제점을 갖고 있다는 것을 뜻한다. 현재와 같은, 한 가지의 지지방식에 의한 선형으로는 경제성을 만족시키는 고속화와 대형화의 실현이 어렵기 때문에 여러 가지 지지방식을 가지는 복합한 선형을 생각하게 된다.

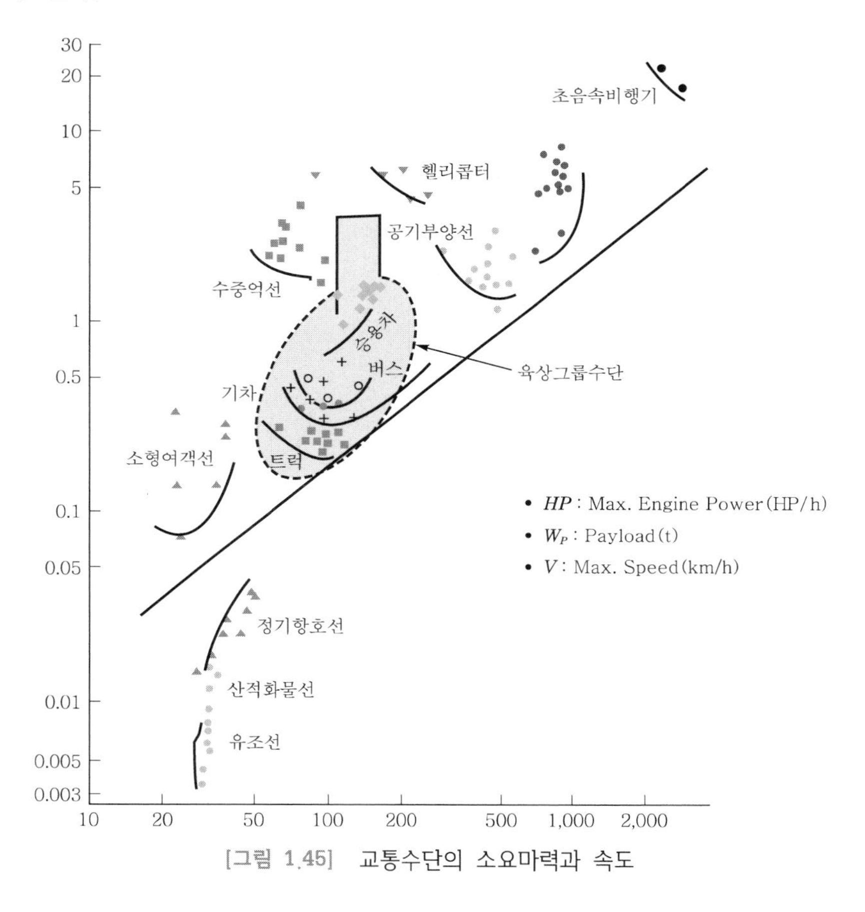

[그림 1.45] 교통수단의 소요마력과 속도

부력(buoyance) 지지방식은 수중에 잠겨있는 선체의 부력에 의해서 배의 중량을 지지하는 방식이며 일반 화물선과 여객선은 이 범주에 속한다. 배수량형(displacement type) 또는 유체정역학적 지지방식이라고도 하며, 이 지지방식에 속한 선박들의 종류에는 단동선과 다동선인 쌍동선(catamaran), 삼동선(trimaran), SWATH(Small Waterplan Area Twin Hull ship) 등이 있다. 이러한 선박들은 저속에서 저항이 적으며 대형화가 쉬운 것이 장점이다. 그러나 어느 속도 이상이 되면 저항이 급격히 증가한다. 15노트에서 30노트로 선속이 2배 증가하면 소요마력은 세제곱에 비례하여 8배 이상 증가한다. SWATH는 작은 수선면적을 가지는 쌍동선으로 조파저항을 감소시켜 높은 파도와 고속 항해 시에도 안정성을 가지고 운항할 수 있도록 설계된 배이다.

[그림 1.46] 다동선(쌍동선, 삼동선)

[그림 1.47] SWATH(Small Waterplan Area Twin Hull ship)

양력(dynamic lift) 지지방식은 항주시 선형이나 수중익으로부터 얻어지는 동적 양력으로 선체를 지지하는 방식이다. 유체동역학적 지지방식이라고도 하며, 이 지지방식에 속한 선박들의 종류에는 활주정, 수중익선 등이 있다. 전몰형 수중익선은 선체가 수면보다 위에 있으므로 파도의 영향을 크게 받지 않아 내항성능이 우수하며 침수표면적이 감소하게 되므로 물로부터 받게 되는 저항이 감소된다. 그러나 수중익의 양력은 제곱, 선체 중량은 세제곱에 비례하여 커지게 되어 대형화에는 난점이 있으며 안정성(stability)도 떨어지게 된다. 활주정은 선체의 바닥을 유체동역학적으로 설계하여 고속 항주시 바닥에서 양력을 발생시켜 부양하도록 설계된 선박을 말한다.

[그림 1.48] 부산-후쿠오카를 오가는 수중익선 코비(Kobee)호

[그림 1.49] Yamaha 社의 수중익형 인력선 Cogito

공기압(powered static lift) 지지방식은 공기압에 의해서 선체의 대부분을 수면상에 부상시켜서 항주하는 방식이다. 공기부양방식이라고도 하며 이 지지방식에 속한 선박들의 종류에는 ACV(Air Cushion Vehicle), SES(Surface Effect Ship), WIG(Wing In Ground ship) 등이 있다. ACV(Air Cushion Vehicle)는 공기쿠션을 유연성있는 스커트(skirt)로 에워싸서 80~100노트로 항주할 수 있는 선박이며 호버크래프트(hovercraft)라고 불리우는 LCAC(Landing Craft Air Cushion)도 이 선박의 종류에 속한다.

[그림 1.50] 한국형 공기부양정(LCAC) '솔개'

[그림 1.51] ACV, SES, WIG(위에서부터 차례로)

한편 대한민국 해군에도 보유하고 있는 공기부양정(LCAC)이 있다. 코리아 타코마에서 1989년 시험 건조한 국산 고속 공기부양정으로 '솔개'라는 별명을 갖고 있다. 비무장인 미국의 LCAC와는 달리 20mm 발칸포 1문을 전방 좌현에 장착하고 있으며, 길이 26.8m, 배수량 약 100톤, 속력 최고 65노트의 제원을 갖고 있다.

SES(Surface Effect Ship)는 SWH(Side Wall Hovercraft)라고도 불리우며 선체 주변에 물 속으로 잠기도록 설치된 판을 부착하여 공기소모를 방지하고 방향 안정성을 향상시킨 선박이다. WIG(Wing In Ground ship)는 WISE(Wing in the Ground Effect)라고도 불리우며 해면효과(지면효과)를 이용하여 부양하는 방식의 선박이다. 이러한 선박들은 물 속에 잠긴 부분이 적기 때문에 저항이 작아 고속화에 용이하다. 그러나 선체의 대부분이 수면부근에 있으므로 파도에 의한 영향을 많이 받는다. 또한 공기압의 효율을 증가시키기 위해 고정측벽을 이용하기도 하며 양력 지지방식보다는 대형화가 용이하다. 그러나 1000~1500톤이 대형화의 한계이다.

이러한 지지방식을 복합한 선형의 가능성은 『그림 1.52』에서 보는 바와 같다. Jewell's Triangle은 재래선형의 지지력인 부력, 공기부양선과 표면효과선의 지지력인 정적양력(static lift), 수중익선에서 사용되는 동적양력(dynamic lift)을 세 개의 극점으로 하고 있으며 이들을 적절히 복합함으로써 여러 종류의 새로운 복합선형을 만들어 낼 수 있다.

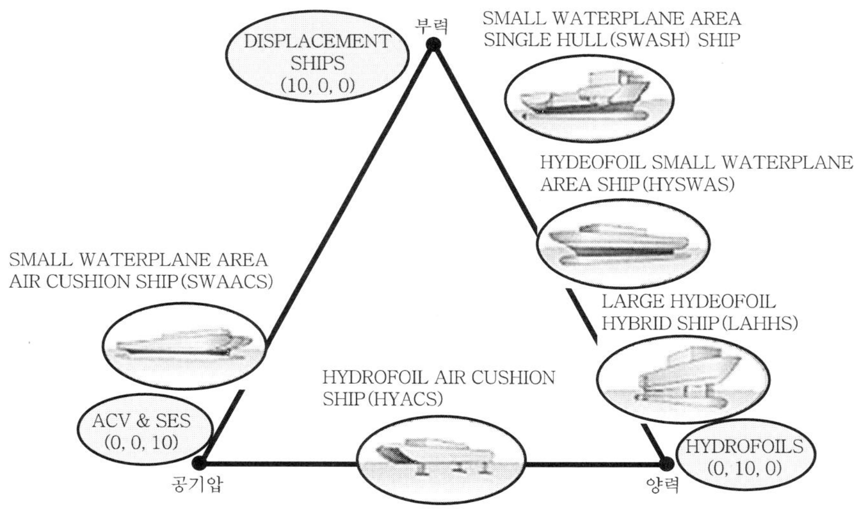

[그림 1.52] Jewell's Triangle

지지방식을 하나의 극점으로 할 때, 배수량형선(Displacement Ship)인 경우는 (10, 0, 0)으로, 수중익선(Hydrofoil)인 경우는 (0, 10, 0)으로, 공기압지지에 의한 표면효과선(SES)의 경우는 (0, 0, 10)으로 각각 표시된다. 예를 들면 부력 70%와 수중익 양력 30%로 지지되는 복합선형(7, 3, 0)으로서 Small Waterplane Area Single Hull(SWASH)이, 부력과 수중익 양력이 각각 50%인 복합선형(5, 5, 0)의 경우로는 Hydrofoil Small Waterplane Area Ship(HYSWAS)이, 부력 20%와 수중익양력 80%인 복합선형(2, 8, 0)의 경우로는 Large Hydrofoil Hybrid Ship (LAHHS)이 각각 고려될 수 있다. 또한 수중익 양력과 공기압이 각각 50%인 복합선형(0, 5, 5)의 형태로는 Hydrofoil Air Cushion Ship(HYACS)이 고려될 수 있으며, 공기압 80%와 부력 20%의 복합(2, 0, 8)된 형태로는 Small Waterplane Area Air Cushion Ship(SWAACS)이 고려될 수 있다. 이와 같이 세 가지의 지지방식을 복합하여 도출할 수 있는 새로운 개념의 복합지지선형은 다음과 같다.

(1) Catamaran + Submerged Body + Hydrofoil

쌍동선에 1개의 몰수체와 2쌍의 수중익을 결합한 선형으로 몰수체가 중량의 50%를 지지하며 수중익이 30%, 두 선체의 부력과 활주효과에 의하여 20%를 지지하도록 한다. 상부선체를 쌍동선으로 하여 중량의 일부를 지지하게 함으로써 저항성능과 내항성능은 다소 떨어지지만 저속 운항 및 정지 상태에서 안정성을 향상시키고 고속 운항 상태에서도 자세제어가 용이한 장점이 있다.

[그림 1.53] Catamaran with Hydrofoil and Submerged Body

(2) Monohull + Submerged Body + Hydrofoil

HYSWAS(Hydrofoil Small Waterplane Area Ship) 선형으로서 2개의 스트럿으로 상부 선체와 하부 몰수체를 연결한다. 스트럿의 크기는 저항과 내항성능을 향상시키기 위하여 가능한 한 작게 한다. 2쌍의 수중익 중에서 뒤에 있는 주 수중익을 크게 하여 소요양력의 90% 이상을 지지하도록 하며 수중익은 수중익의 유체역학적 특성보다는 구조강도에 중점을 두어 span보다 chord를 크게 하는 형상으로 한다.

[그림 1.54] Hydrofoil Small Waterplane Area Ship(HYSWAS)

(3) SES + Hydrofoil

공기부양선의 두 선체를 수중익으로 연결한 HYACS(Hydrofoil Air Cushion Ship) 선형으로서 부양공기 압력에 의한 중량 지지율이 60%, 수중익의 양력에 의한 지지율이 20%, 두 선체의 부력과 활주효과에 의한 지지율이 20% 되게 한 선형이다.

[그림 1.55] Hydrofoil Air Cushion Ship(HYACS)

(4) SES + Submerged Body + Hydrofoil

공기부양선에 수중익을 부착한 HYACS 선형과 몰수체를 부착한 SWAACS (Small Waterplane Air Cushion Ship) 선형을 합한 것으로 부양공기 압력에 의한 중량지지율이 40%, 몰수체와 두 선체의 부력에 의한 지지율이 40%, 수중익의 양력에 의한 지지율이 20%가 되게 한 선형이다. 정수 중에서 저항성능은 SES보다 나쁘지만 파랑 중에서의 저항, 내항성능은 보다 우수할 것으로 예상된다.

[그림 1.56] Small Waterplane Air Cushion Ship(SWAACS)

(5) Catamaran + Stepped Hull + Hydrofoil

Catamaran 선형의 바닥을 계단처럼 불연속 형상이 되도록 하여 고속 항주시 침수 표면적을 줄여 저항을 감소하고자 한 선형이다.

[그림 1.57] Catamaran with Hydrofoil and Stepped Hull

M.E.M.O

Introduction to Naval Architecture

조선공학의 기초

Chapter >>> 02 조선공학의 기초

2.1 기본 개념

선박은 3차원의 입체이므로 기본적으로 3개의 좌표축을 가지게 된다. 이러한 3개의 방향에 대하여, 선체의 길이방향을 나타내는 종방향(longitudinal direction), 선체의 폭방향을 나타내는 횡방향(transverse direction), 그리고 선체 주갑판을 중심으로 상하방향을 나타내는 연직/수직방향(vertical direction)으로 표현할 수 있다. 특히, 선박의 종방향으로 제일 앞쪽 부분을 선수/함수(bow), 제일 뒤쪽 부분을 선미/함미(stern)이라고 부르며, 선수방향을 기준으로 왼쪽에 해당하는 부분을 좌현(port)이라고 하며 오른쪽에 해당하는 부분을 우현(starboard)라고 부른다. 배의 좌현과 우현을 나누는 중심이 되는 기준선을 중심선(center line)이라 하고 배의 선저 중심에서 선수/선미 방향으로 기준이 되는 선을 기선(base line)이라 한다.

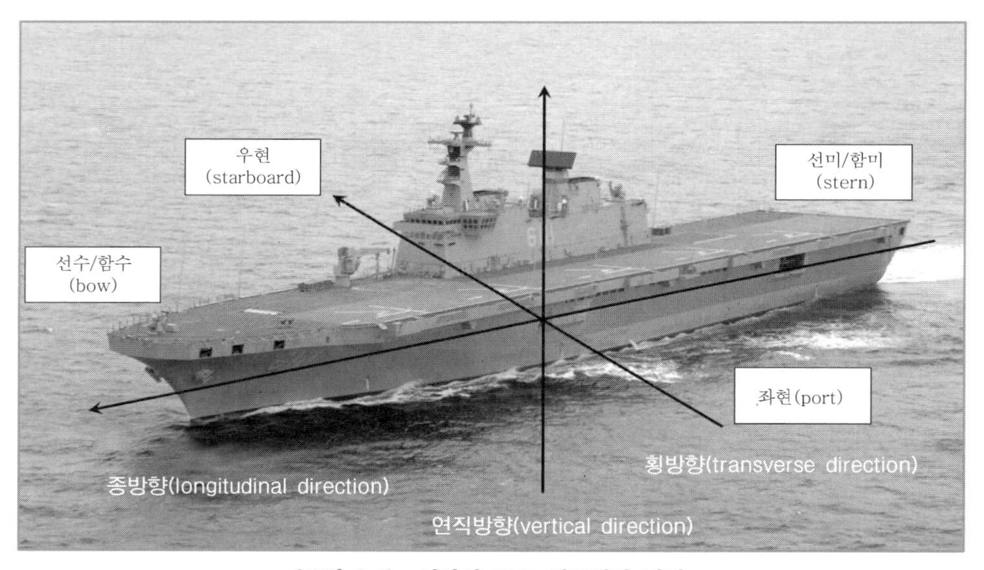

[그림 2.1] 선박의 주요 기준선과 방향

이 외에도 조선공학에서 많이 사용되고 있는 용어 중에서 기면(base plane)은 기선에 해당되는 기준 평면을 의미하며 중심면(center plane)은 중심선에 해당되는 기준 평면을 의미한다. 수선면(water plane)이라 함은 기면과 평행하며 중심면과 직각을 이루는 가상적인 절단면을 나타낸 선체의 형상이고 수선(water line)은 선체가 물 속에 잠긴 부분을 나타내는 선이다. 부심은 물 속에 잠긴 체적의 중심을 의미하고 부면심(center of flotation)은 수선면의 도심이다. 물과 접하고 있는 선체와 부가물의 표면을 침수표면이라 하고 그 면적을 침수표면적(wetted surface area)이라 하는데 선박의 마찰저항을 추정할 때나 선체에 칠하게 될 도료의 양 등을 추정할 때 주로 사용된다. 배에서 많이 사용되는 용어 중 트림(trim)은 배의 종방향의 경사를 의미하는데 선수/함수 쪽이 물에 더 잠기는 트림을 선수트림, 선미/함미 쪽 트림을 선미트림이라고 정의한다. 배의 횡방향의 경사는 횡경사(heel)이라 한다.

2.2 주요 치수

선박의 길이, 폭, 깊이, 흘수 등을 주요 치수라 한다. 이들 주요 치수들은 사용 목적에 따라서 그 계측 기준이 달라지는데, 예를 들어 건현을 계산하기 위한 길이, 선박원부에 등록하기 위한 길이, 선박의 정적특성 및 복원특성을 계산하기 위한 길이 등은 각기 그 계측 기준을 달리하고 있다. 조선공학에서 가장 널리 사용되는 주요 치수는 수선간 길이(length between perpendiculars), 수선 길이(waterline length), 형폭(moulded breadth), 형깊이(moulded depth), 흘수(draft) 등이 있다.

수선간 길이(수선간장, length between perpendiculars ; L_{BP}, L_{PP})는 선수수선과 선미수선 사이의 수평거리이다. 여기에서 선수수선(Forward Perpendicular ; F.P.)은 하기만재흘수선상에서 선수재의 전면에서 수선면에 수직하게 세운 선을 말하고, 선미수선(After Perpendicular ; A.P.)은 명확한 타주(rudder post)를 가지는 선박에서는 타주의 뒷면(trailing edge)과 수선면과의 교점에 수직하게 세운 선을 말하고 명확한 타주가 없는 선박에서는 타두재(rudder stock)의 중심선과 수선면과의 교점을 지나는 연직선을 말한다.

전체 길이(전장, length overall ; L_{OA})는 선체에 고정적으로 부착된 돌출물을 포함해서 선박의 가장 앞쪽 끝에서부터 뒤쪽 끝까지의 수평거리를 말한다.

수선 길이(수선장, waterline length ; L_{WL})는 선박의 계획만재흘수선상에서 선체의 선수부 및 선미부가 만나는 두 점 사이의 거리를 말한다.

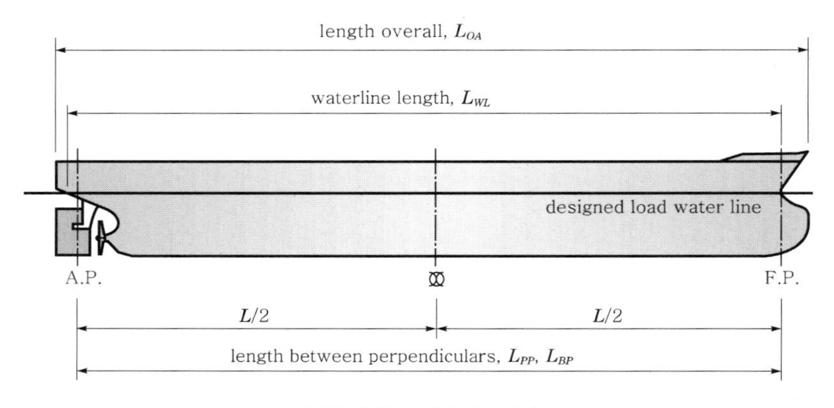

[그림 2.2] 선박의 길이

형폭(moulded breadth ; B_{mld})은 수선간 길이의 중앙점에서 선박의 외판을 제외한 늑골의 외곽선을 기준으로 계측한 선폭을 말하는데, 일반적으로 함정에서는 수선 길이의 중앙점에서 계측한다. 전폭(extreme breadth)은 선체 외면에서 가장 넓은 선폭을 말하며 선박의 외판이 포함된 폭을 의미한다.

깊이(depth)도 폭(breadth)과 마찬가지로 형깊이와 깊이로 구분할 수 있는데, 형깊이(moulded depth)는 선체의 중앙에서 용골의 상면(기선, base line)에서부터 갑판보(deck beam)의 현측 상면까지의 연직거리이다. 깊이(depth)는 용골의 하면으로부터 갑판보(deck beam)까지의 연직거리를 의미한다.

형흘수(moulded draft)는 선체가 물속에 잠겨 있는 부분을 말하며 기선(base line), 즉 용골의 상면으로부터 수선면까지의 수직거리를 말한다.

위의 형폭, 형깊이, 형흘수에서 '형'자를 생략하고 쓰는 경우가 많으므로 참고하기 바란다.

배의 운행의 안전상 허용되는 최대 흘수를 만재흘수(full load draft)라고 하고, 그 흘수선을 만재흘수선(load line)이라고 한다. 이러한 만재흘수선에서 건현갑판(freeboard deck)의 연장선과 외판의 외면과의 교점까지의 연직거리를 건현(freeboard)이라고 하는데 이는 그 선박의 예비 부력의 정도를 가늠할 수 있는 중요한 척도가 된다.

형흘수와 건현을 합하면 형깊이와 갑판의 두께를 합한 것과 동일하므로 일정한 배에서 만재흘수는 건현의 크기에 따라 좌우된다고 할 수 있다.

만재흘수선은 건현을 결정함으로써 지정되고, 건현은 선박 만재흘수선 규정에 따라 계산된다. 국제 항로에 취항하는 여객선에 한해서는 별도로 구획 만재흘수선(subdivision load line)의 지정을 받아야 한다. 구획 만재흘수선은 국제해상인명안전조약(safety of life at sea ; SOLAS)에 근거를 두고 정해진 것으로, 만약 선박이 어느 부분에 손상을 받아 침수될 때 그 부분의 수밀구획에 의하여 침수의 정도를 한정하여 수선(water line)이 일정한 한계선(margin line)을 넘지 않도록 흡수를 제한한 것이다.

2.3 주요 부위 명칭

『그림 2.3』은 선체의 횡단면에 관련된 주요 부위의 명칭을 보여주고 있다.

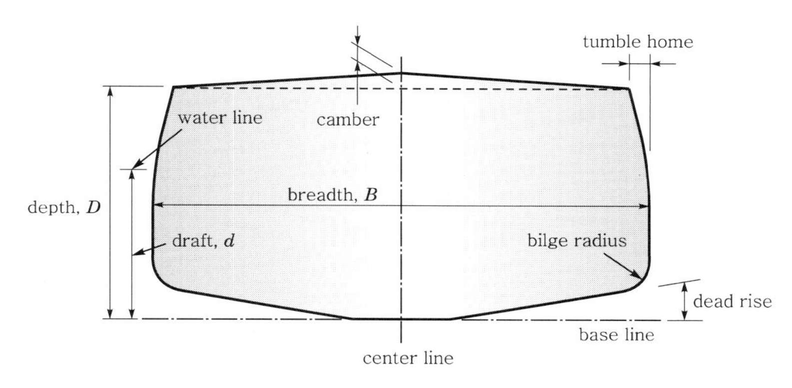

[그림 2.3] 선박의 횡단면 주요 부위

선저구배(deadrise 또는 rise of floor)는 선저에 있는 액체를 퍼내기 쉽게 하기 위한 목적으로 설계에 반영되기도 하며, 선저구배가 있는 선박에서는 건조 도크(dry dock)에 있을 때 선체 또는 용골블록(keel block)의 손상을 방지하기 위하여 일반적으로 사이딩(siding)을 두기도 한다.

빌지 반지름(bilge radius)은 선박이 트림(trim)된 상태로 항해할 때 선저로부터 현측으로 물의 흐름을 쉽게 하기 위해 고려되고 있다. 선박의 현측면이 안벽을 스치고 지나가거나 다른 선박의 현측과 맞대어서 묶어져 있을 때, 텀블 홈(tumble home)이 있는 선박은 집중응력에 의한 선체 현측 상부 귀퉁이의 손상을 방지할 수 있다. 텀블 홈과는 반대방향으로 현측 외판이 밖으로 향해져 있는 것을 플레어(flare)라고 하며, 선수부에서 갑판면적을 넓게 하거나 또는 파도가 갑판 위로 넘쳐 들어오는 것을 방지할 목적으로 이용된다. 최상층 노출갑판(weather deck)에서 물이 현측으로 쉽게 흘러내릴 수 있게 하기 위하여 선체중앙부에 폭의 약 2% 정도로 높이를 주는 캠버(camber 또는 round of beam)를 두고 있다.

선박을 측면에서 보면 갑판선이 선수와 선미쪽으로 갈수록 위로 휘어져 있다. 이것을 현호(sheer)라고 한다. 캠버가 있는 선박에서는 현측과 중심부에서의 두 가지 현호가 있다. 또 보통 현호곡선은 선체 중앙부에서 가장 낮고, 선수에서의 현호가 선미에서의 현호의 2배 가량 된다. 마스트나 선수재 등이 수직선으로부터 벗어난 것을 레이크(rake)라고 한다.

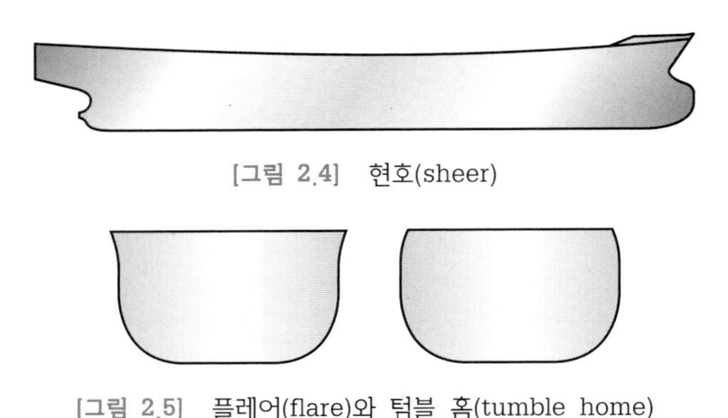

[그림 2.4] 현호(sheer)

[그림 2.5] 플레어(flare)와 텀블 홈(tumble home)

2.4 선형계수

만재흘수선 이하의 배의 형상(form)은 배의 유체역학적 특성과 밀접한 관계를 가지고 있다. 배의 길이, 폭, 흘수가 동일하더라도 이 형상이 다르면 같은 속력에 대해서 주기관의 마력도 달라진다. 따라서 배를 설계하는 데 있어서 이 형상의 결정은 매우 중요한 뜻을 지니게 된다. 여러 가지 배의 형상을 비교하는 데 다음과 같은 선형계수(form coefficient)가 사용되고 있다. 이들 선형계수는 형상의 비척도를 나타내는 것으로 비척계수(coefficient of fineness)라고도 한다.

(1) 방형계수

방형계수(block coefficient)는 물속에 잠긴 선체의 비만도를 나타내는 계수이며 『그림 2.6』에 나타낸 것과 같이 수선간 길이(L), 형폭(B), 형흘수(d)로 만들어진 직육면체의 용적에 대한 형표면(moulded line)으로 둘러싸인 선체의 형배수용적과의 비를 나타낸다. 일반적으로 기호로서는 C_B로 표현한다.

$$C_B = \frac{\nabla}{L \times B \times d} = \frac{\Delta}{\gamma \times L \times B \times d} \tag{2.1}$$

여기서, ∇ : 형배수용적(m^3), Δ : 형배수량(ton), γ : 비중량(ton/m^3)

C_B는 대략 0.5에서 1.0까지의 값을 가지며, 방형계수가 작은 배는 홀쭉한 배(fine ship)이고, 큰 배는 비대한 배(full ship)가 되며 속력이 큰 배일수록 방형계수가 작고 속력이 작은 배일수록 비대하여 방형계수가 크다.

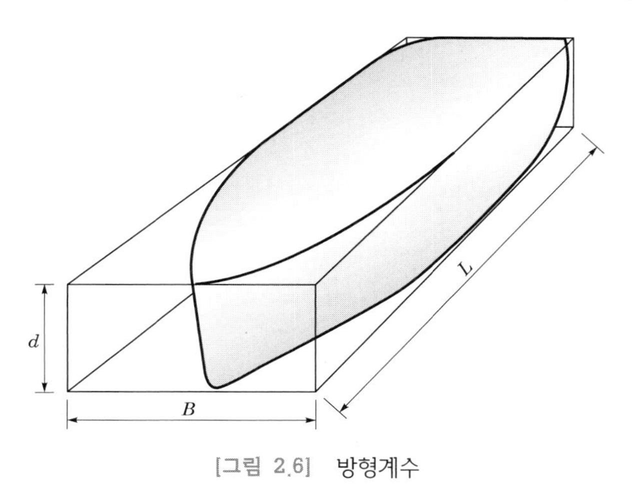

[그림 2.6] 방형계수

(2) 중앙횡단면계수

중앙횡단면계수(midship section coefficient)는 형폭과 형흘수로 만들어진 직사각형 속에 중앙부의 최대 횡단면적(A_M)이 어느 정도 차 있는가를 나타내는 계수이며, 보통 C_M으로 나타낸다.

$$C_M = \frac{A_M}{B \times d} \tag{2.2}$$

중앙횡단면계수의 값은 홀쭉한 배에서는 0.67 정도의 값을 가지는 것도 있으나, 화물선에서는 화물 적재의 편의상 너무 작게 할 수 없으며 0.96 정도가 보통이고, 비대선에서는 0.99 이상이 되기도 한다.

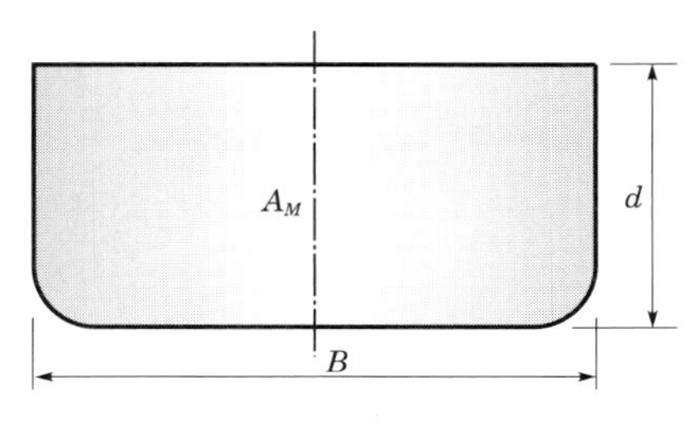

[그림 2.7] 중앙횡단면계수

(3) 주형계수

주형계수(prismatic coefficient)는 유체역학과 특별한 관계가 있는 계수로 종주형계수(longitudinal prismatic coefficient)라고도 한다. 『그림 2.8』과 같이 선박의 배수용적과 밑면이 최대횡단면이고 길이가 L_{BP} 또는 L_{WL}인 주상체의 용적과의 비이다.

$$C_P = \frac{\nabla}{L \times A_M} \tag{2.3}$$

주형계수 C_P는 방형계수와 중앙횡단면계수가 결정되면 그것들로부터 다음과 같이 유도될 수 있다.

식(2.2)로부터 $A_M = B \times d \times C_M$이므로,

$$C_P = \frac{\nabla}{L \times B \times d \times C_M} = C_B \times \frac{1}{C_M}$$

$$C_P = \frac{C_B}{C_M} \tag{2.4}$$

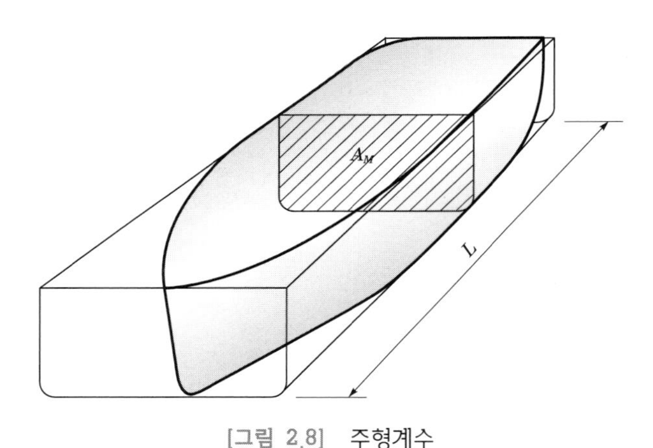

[그림 2.8] 주형계수

식(2.4)로부터 알 수 있듯이 C_P는 C_B보다 약간 큰 값을 가진다. 기선상에서 각 스테이션에서의 횡단면의 면적을 세로좌표로 하여 그린 곡선을 횡단면적곡선(sectional area curve)이라고 한다. 이 횡단면적곡선의 곡선 하부의 면적은 그 선박의 배수용적(∇)이고 곡선 하부의 도심의 위치는 선체 길이방향의 부심의 위치와 같으며 횡단면적 곡선의 비척계수가 바로 주형계수임을 알 수 있다.

『그림 2.9』에서 알 수 있듯이 배수용적이 동일한 선박의 경우 C_P값이 작은 선박의 횡단면적곡선에서는 중앙횡단면의 면적이 크고 선수미부의 면적이 작으며, C_P값이 큰 선박은 중앙횡단면의 면적이 작고 횡단면의 면적이 배의 길이방향으로 비교적 균일하게 분포되어 있는 것을 알 수 있다. 이를 통해서 주형계수는 배수용적의 선체 길이방향의 분포 상태를 나타내는 중요한 계수라는 것을 알 수 있다. 이 계수는 고속에서 배가 만드는 파와 관련이 깊으며, 추진 성능을 좌우하는 중요한 계수이다.

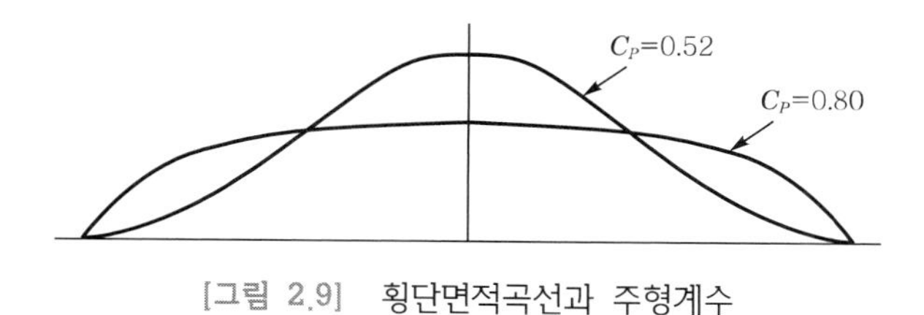

[그림 2.9] 횡단면적곡선과 주형계수

(4) 수선면적계수

수선면적계수(water plane area coefficient)는 수선간 길이와 형폭으로 이루어진 직사각형 속에 수선면이 어느 정도 차 있는가를 나타내는 계수이며, 보통 C_W로 표시한다. 식으로 표시하면

$$C_W = \frac{A_W}{L \times B} \tag{2.5}$$

여기서 A_W는 수선면적(m^2)이며, 일반적으로 설계흘수(designed draft)에서의 값이다.

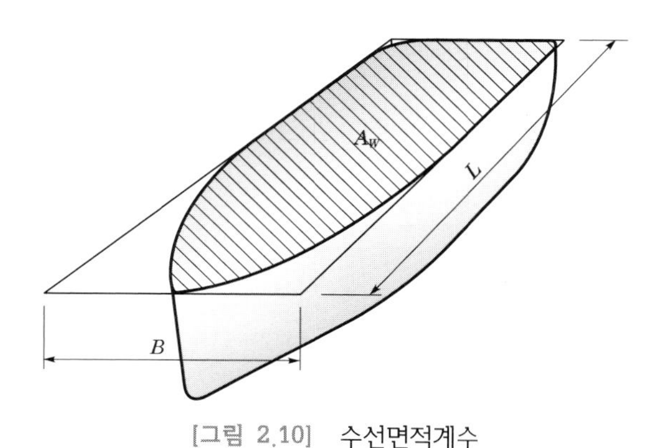

[그림 2.10] 수선면적계수

(5) 연직주형계수

연직주형계수(vertical prismatic coefficient)는 높이가 배의 형흘수이고 단면이 그 흘수에서의 수선면과 같은 연직주형체의 용적과 배의 배수용적과의 비를 말하며 C_{VP}로 표시한다. 즉,

$$C_{VP} = \frac{\nabla}{A_W \times d} = \frac{\nabla}{L \times B \times d \times C_W} = \frac{C_B}{C_W} \quad (2.6)$$

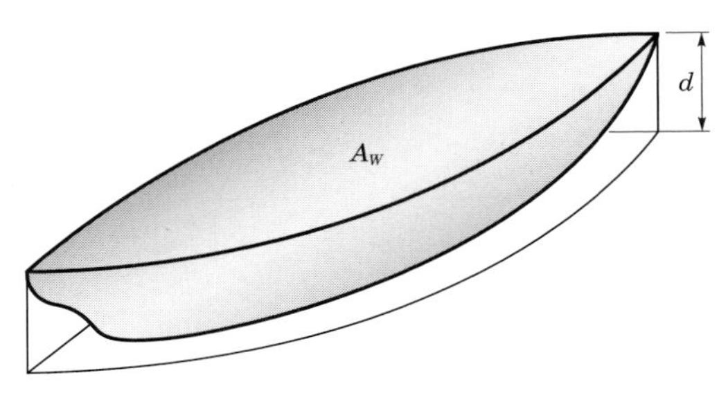

[그림 2.11] 연직주형계수

배수용적이 동일한 선박의 경우 C_{VP}가 작은 배는 수선면 근처에 배수용적이 집중되어 있어서 V형 횡단면을 가지게 되며 C_{VP}가 큰 배는 배수용적이 비교적 상하방향으로 고르게 분포되어 있어서 U형 횡단면을 가지게 된다는 것을 알 수 있다. 이를 통해서 연직주형계수는 배수용적의 선체 연직방향의 분포를 나타내는 중요한 계수라는 것을 알 수 있다.

또한, 선체의 수선 아랫부분의 여러 치수들의 비는 그 모양의 비례관계를 수치로 표시하기 위하여 사용하게 되는데, 길이–깊이 비, 길이–폭 비, 길이–흘수 비, 그리고 폭–흘수 비 등이 있다. 길이–깊이 비(L/D)는 구조설계시에 유용한 값이고, 길이–폭 비(L/B)는 조종성능을 판정하는 개략적인 척도로 사용된다. 길이–흘수 비(L/d)는 거친 해상을 항해할 때 슬래밍에 의한 선수 밑부분의 손상 가능성 여부를 판단하는데 사용되며, 횡복원력 및 조파 특성의 관계는 폭–흘수 비(B/d)와 관계가 있다. 또한, 주요 치수를 선정하는 데 있어서 L, B, D, d 모두 항만 설비나 수심, 운하 사정 등에 의해서 제약을 받는 일도 많다.

2.5 배의 톤수

배의 크기를 나타내는 톤수에는 다음과 같은 종류가 있다.

① 총톤수(gross tonnage ; GT)
② 순톤수(net tonnage ; NT)
③ 배수량(displacement)
④ 재화중량(deadweight ; DWT)

군함에서는 배수량만을 쓰고, 상선에서는 배수량 이외의 모든 톤수를 쓰지만, 화물선에서는 총톤수와 재화중량을, 유조선에서는 재화중량을 주로 사용한다. 이들 톤수의 내용은 각각 다음과 같다.

총톤수와 순톤수는 선박재화측도법과 선박재화측도규정(tonnage measurement rule)에 의하여 계산하며 용적을 기준으로 한 용적 톤수로 분류할 수 있다.

총톤수는 배의 전체 용적에서 상갑판상에 있는 기관실, 조타실, 취사실 등 선박의 안전, 위생 및 항해에 필요한 장소의 용적을 제외한 톤수를 말한다. $100ft^3$을 1톤으로 하며 관세, 등록세, 도선료 등의 각종 세금 및 수수료의 부과 기준이 된다.

순톤수는 총톤수에서 기관실, 선원실, 각종 창고 등 직접 상행위에 사용되지 않는 장소의 톤수를 제외한 톤수를 말한다. 즉, 순전히 상용으로 사용되는 화물이나 여객을 수용하는 장소의 용적을 톤수로써 나타낸 것이다. 톤세, 항세, 부표 사용료 등 각종 세금과 수수료의 부과 기준이 된다.

재화용적톤수(cubic capacity)는 톤수와는 뜻이 좀 다르지만 화물창의 용적을 나타내는 것으로 재화용량을 표시하는 grain capacity와 bale capacity로 나눌 수 있다. grain capacity는 입상의 화물을 기준으로 하며 화물창 내면의 전용적에서 보, 늑골 등 구조부재의 용적을 뺀 용적으로 표시되고, bale capacity는 화물창 내의 기둥(pillar), 갑판거더(deck girder), 브래킷(bracket) 등의 용적을 뺀 용적이다. $40ft^3$을 1톤으로 한다.

위에서 설명한 용적을 기준으로 한 용적 톤수 이외에 중량을 기준으로 한 중량톤수가 있는데 여기에는 배수량, 재화중량, 경하중량 등이 있다.

우선 배수량(displacement, Δ)이란 배의 전중량을 의미한다. 배가 물 속에 잠긴 부분이 밀어낸 유체의 중량을 의미하며 배가 떠 있는 수선까지의 물 속에 잠긴 부분의 용적을 배수용적(displacement volume, ∇)이라고 한다.

배에 화물이나 인원을 예정된 대로 만재하였을 때의 배의 무게를 만재배수량(full load displacement)이고 계획 만재흘수에서 배가 밀어낸 해수의 중량을 의미하며 만재배수톤수라고도 한다. 형배수톤수(moulded displacement)는 moulded line 안쪽 배수량으로 배수량에서 부가물 배수량을 제외한 중량을 말하고, 부가물 배수톤수(appendage displacement)는 외판, 빌지킬(bilge keel), 러더(rudder), 프로펠러, 2축선의 보싱 등이 밀어내는 해수의 중량을 말한다.

경하중량(lightweight), 경하배수톤수(light load displacement)라고도 불리는 경하배수량(light displacement)은 순전히 배 자신만의 무게를 표현한 것이다.

재화중량(deadweight ; DWT)은 계획 만재흘수에서 배에 실을 수 있는 화물의 최대중량을 말하며 만재배수량에서 경하배수량을 뺀 중량이다. 그러므로 이것은 배에 적재 가능한 중량이며, 여기에는 화물, 여객, 선원 및 그 소지품, 연료, 음료수, 밸러스트, 식량, 선용품 등의 일체가 포함된다.

중량톤수의 경우에는 1000kg 또는 2240lb를 1톤으로 한다.

2.6 선도(Lines)

선도(lines)는 선체의 형상을 나타내는 대표적인 도면이다. 『그림 2.16』은 110K Crude Oil Tanker의 선도이다. 선도는 『그림 2.12』에서 보는 바와 같이 정면도(body plan), 측면도(sheer plan 또는 profile), 반폭도(half breadth plan)의 3개의 도면으로 이루어져 있다.

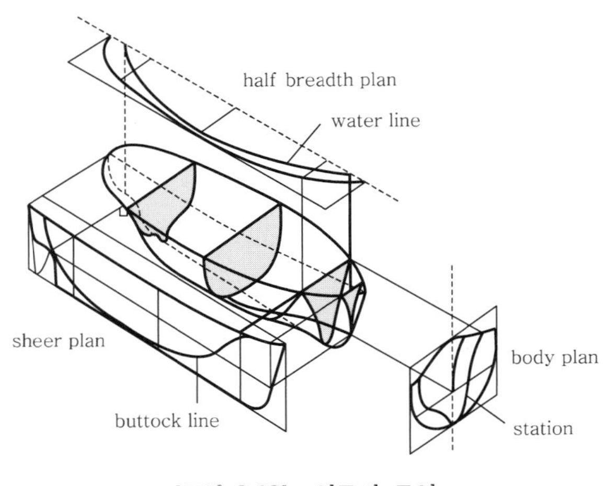

[그림 2.12] 선도의 구성

선도에서 배수량 계산을 위한 선체의 길이를 10개 또는 그 이상으로 등분하는 것이 보통인데, 이를 스테이션(station)이라고 하며 종선(ordinate)이라고도 한다.

스테이션(station)은 그 분할 점에서 수직으로 측면도와 반폭도에 세우게 된다. 이들 각 스테이션을 지나는 연직한 횡평면은 선체의 횡표면과 교차하며 곡선을 형성한다. 이 때 생기는 단면의 형상이 횡단면(transverse section) 또는 스테이션 단면이라고 한다. 이 단면의 진형상은 정면도에 표시된다.

선체의 종중심단면과 평행한 수직 평면을 버토크 면(buttock plane)이라 하고 버토크 면이 선체의 표면과 만나면서 생기는 곡선을 버토크 라인(buttock line) 또는 측면선이라고 한다. 버토크 라인도 일정한 간격으로 설정이 되며 선체의 형상변화가 급격한 부분에서는 1/2 간격을 두는 것도 있다.

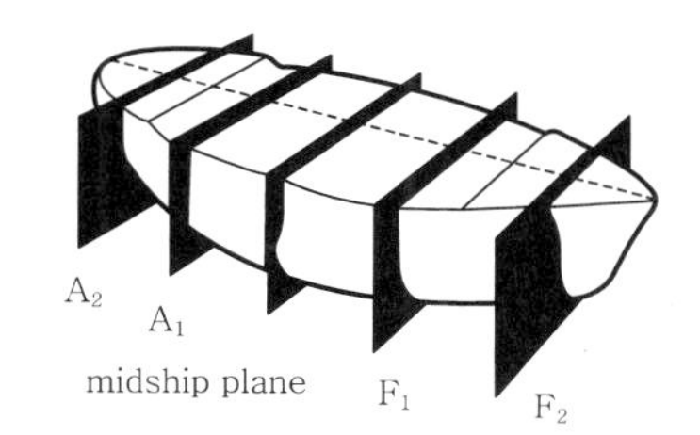

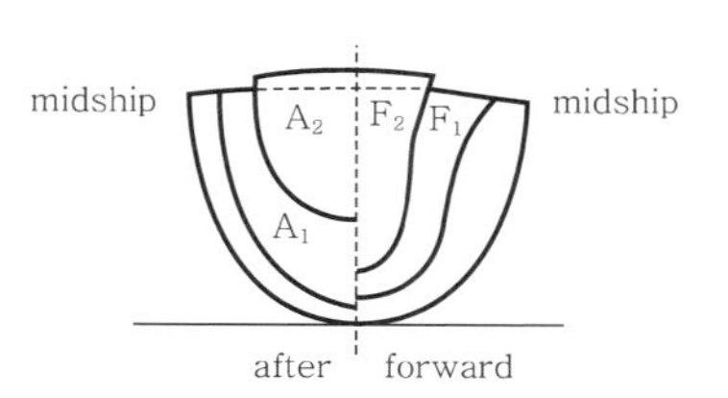

[그림 2.13] 정면도

선체를 계획만재흘수선(DLWL)에 평행한 수 개의 수평면으로 등분할 때 각각의 수평면을 수선면(water plane)이라 하며, 그 수선면과 선체가 만나서 생기는 곡선을 수선(water line)이라고 한다. 수선은 기호로 'WL'로 표시한다.

『그림 2.16』의 선도에서 제일 위에 있는 도면이 정면도이며 정면에서 본 선체의 형상을 표현한 것으로 연직횡단면들을 하나의 도면으로 그린 것이고, 선체의 중심면과 기면에 직각인 가상적인 절단면 위에 나타나는 형선체의 횡단면 형상을 그린 그림이다. 선체는 일반적으로 좌현(port)과 우현(starboard)이 대칭이므로 반쪽 단면만을 정면도에 나타내며, 선수부를 정면도의 오른쪽에, 선미부를 정면도의 왼쪽에 배치하는 것이 보통이다. 정면도에서는 스테이션(station)의 참형상이 표현되고 측면선(buttock line)과 수선(water line)은 위치만이 선으로 표시된다.

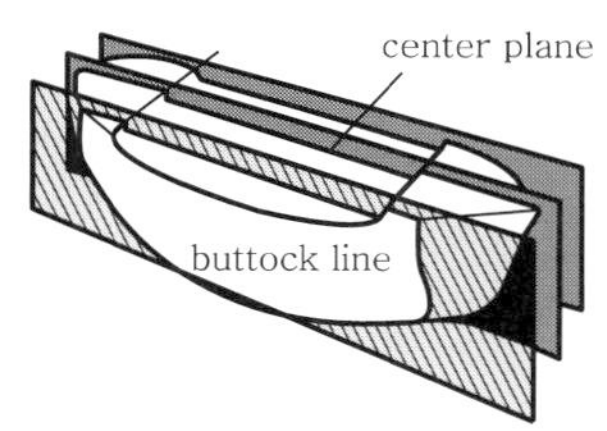

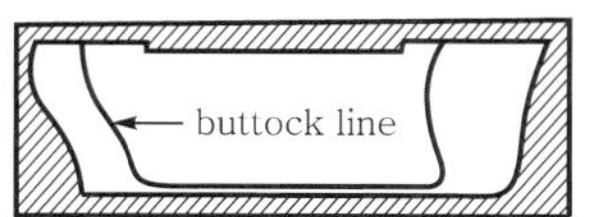

[그림 2.14] 측면도

가운데 있는 도면이 측면도로 선체를 옆에서 본 형상을 표현한 것이며 연직종단면의 모양을 그린 것이고, 횡단면 및 기면과는 직각을 이루고 중심면에 평행인 가상적인 절단면에 나타나는 형선인 측면선(buttock line)을 그린 그림이다. 측면도에서는 측면선(buttock line)의 참형상이 표현되고, 스테이션(station)과 수선(water line)은 위치만 선으로 표시된다. 선수부를 오른쪽에 배치하는 것이 관례이다.

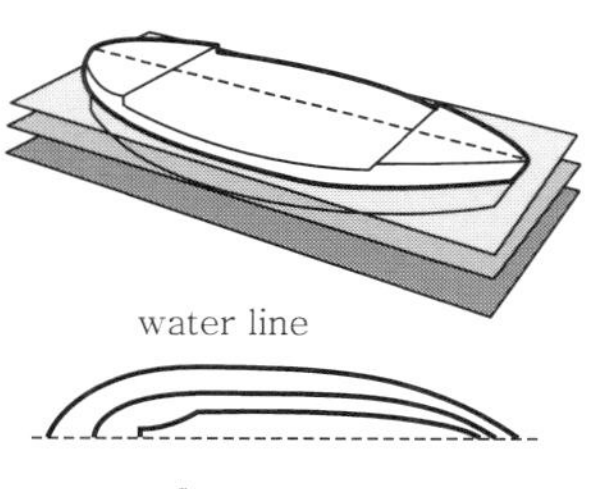

[그림 2.15] 반폭도

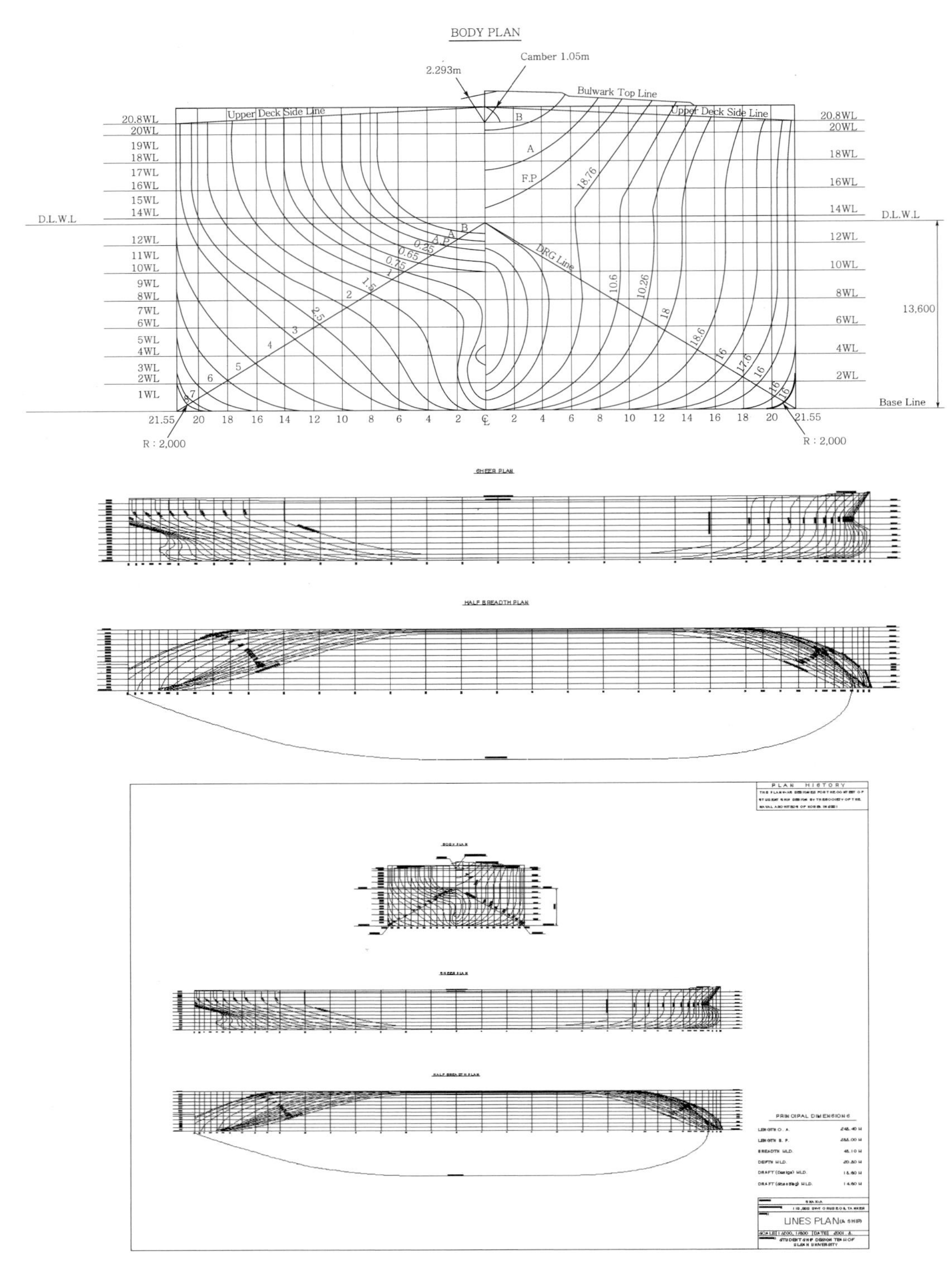
BODY PLAN
Camber 1.05m
2.293m
Bulwark Top Line
Upper Deck Side Line
Upper Deck Side Line
20.8WL
20WL
19WL
18WL
17WL
16WL
15WL
14WL
D.L.W.L
12WL
11WL
10WL
9WL
8WL
7WL
6WL
5WL
4WL
3WL
2WL
1WL
Base Line
13,600
DRG Line
F.P
A.P
21.55
R : 2,000
SHEER PLAN
HALF BREADTH PLAN
PLAN HISTORY
PRINCIPAL DIMENSIONS
LINES PLAN

[그림 2.16] 선도

그리고 가장 아래에 있는 도면이 반폭도이며 선체를 위에서 본 형상을 표현하였으며 수평단면의 모양을 그린 도면이다. 기면(base plane)과 평행하며 중심면과 직각을 이루는 가상적인 절단면에 나타난 선체의 형상인 수선(water line) 또는 수선면(water plane)의 형상을 그린 그림이다. 여기에서는 수선(water line)의 참형상이 표현되지만 스테이션(station)과 측면선(buttock line)은 위치만 선으로 표시된다. 측면도와 마찬가지로 선수부를 오른쪽에 배치하는 것이 관례이다.

선도는 목선을 제외한 모든 일반 선박에 있어서는 형표면(moulded surface)을 나타내는 것이 보통이다. 형표면이라는 것은 늑골의 바깥 선을 지나는 면을 말한다. 이것은 형표면이 매끈한 면이기 때문에 선도의 면으로 선택된 것이다. 목선에 있어서는 외판의 바깥 면이 매끈한 면이기 때문에 외판면으로 선도를 그리고 있다.

선도에 있어서 3개의 도면의 배치는 설계자의 선택에 따른 문제로서 임의로 정할 수가 있다. 측면도와 반폭도는 겹칠 수도 있고, 선수부를 우측에 그릴 수도 있으며, 좌측에 배치할 수도 있다. 그러나 보통은 선수부를 우측에 오게 그리는 것이 관례이다. 측면도는 배의 용골선(keel line)을 계획만재흘수선(Design Load Water Line ; DLWL)에 평행하게 놓아서 그릴 수도 있고, 선미 쪽으로 내려가는 경사를 주어서 그리는 일도 있다. 전자의 경우는 수평상태(even keel)라 하고, 화물선, 그 밖의 대형선과 수심의 제한을 받는 항로에 취항하는 선박의 선도에서 볼 수 있다. 후자의 경우는 설계 트림(designed trim, designed drag) 또는 초기 트림(initial trim)을 갖는다고 말하며, 어선, 예선 등의 선도에서 흔히 사용되고 있다.

배의 중앙 횡단면은 기호(⊠)로 표시하며, 그 위치와 형상이 중요하다. 일반적으로 현대의 거의 대부분의 선박에 있어서는 중앙 횡단면은 그 선박의 횡단면 중 가장 넓고 크며 F.P.와 A.P.의 중앙에 위치하고 있다. 옛 범선에서는 이 중앙 횡단면은 수선간 길이의 중앙보다 앞에 있었으나, 현대의 선박에 있어서는 고속선에서 수선간 길이의 중앙보다 약간 뒤에 위치하는 경우도 있다. 또 화물선, 대형 유조선 등에서는 중앙 횡단면이 중앙부의 상당한 거리에 걸쳐서 그 형상이 변화하지 않고 일정한 경우가 많다. 그와 같은 배에서 일정한 횡단면을 가지는 부분을 중앙평행부(parallel middle body)라고 한다. 『그림 2.16』의 배는 중앙평행부를 가지고 있어서 중앙부에서의 횡단면의 변화는 매우 적다.

선도의 참고면 중의 하나인 중심면(center plane)에서 수직하게 세운 종선(ordinate)을 따라 잰 거리, 즉 반폭을 오프셋(offset)이라고 하고 모든 스테이션(station)과 수선(water line)에서의 오프셋을 표시한 것을 오프셋 표(table of offset)라고 한다. 오프셋 표를 이용하여 직접 선도를 작성할 수도 있으며, 선도를 이용하여 오프셋 값을 계측하여 오프셋 표를 만들 수도 있다.

[표 2.1] 오프셋 표

110k DWT Class Crude Oil Tanker

Principal Dimensions							
L_{OA}	248.4 m	Depth	20.8 m	draft	13.6 m	LCB	7.327 m
L_{BP}	238.0 m	Breadth	43.1 m	C_B	0.8277	Speed	15.30 kt

Offset	B.L WL	0.5WL	1.0WL	2.0WL	3.0WL	4.0WL	5.0WL	6.0WL	7.0WL	8.0WL	9.0WL	10.0WL	11.0WL
A.P.	0.00	0.00	0.00	0.00	0.00	0.00	0.00	0.00	0.00	0.00	0.00	0.00	0.00
0.25 st	0.00	0.00	0.00	0.00	0.00	0.00	0.00	0.00	0.00	0.00	0.00	0.00	3.50
0.50 st	0.00	0.00	0.00	0.00	0.40	0.64	0.00	0.00	0.00	0.00	0.00	2.38	6.44
0.75 st	0.00	0.00	0.55	1.13	1.29	1.04	0.61	0.32	0.36	0.83	2.30	5.73	8.36
1.00 st	0.00	0.86	1.36	1.86	1.90	1.70	1.40	1.30	1.64	2.77	5.08	7.85	10.01
1.50 st	0.83	2.21	2.68	3.23	3.53	3.78	4.00	4.54	5.60	7.20	9.19	11.16	12.90
2.00 st	2.04	3.69	4.33	5.07	5.64	6.16	6.84	7.70	8.98	10.59	12.43	14.17	15.59
2.50 st	3.62	5.52	6.29	7.30	8.15	9.04	10.03	11.10	12.39	13.77	15.14	16.65	17.89
3.00 st	5.26	7.36	8.29	9.62	10.76	11.84	12.95	14.09	15.30	16.47	17.58	18.53	19.32
4.00 st	9.21	11.23	12.34	14.10	15.56	16.76	17.72	18.57	19.31	19.94	20.46	20.86	21.20
5.00 st	12.94	15.00	16.15	17.73	18.85	19.66	20.29	20.79	21.14	21.39	21.54	21.55	21.55
6.00 st	16.20	18.05	19.02	20.15	20.85	21.24	21.47	21.55	21.55	21.55	21.55	21.55	21.55
7.00 st	18.61	20.19	20.76	21.29	21.52	21.55	21.55	21.55	21.55	21.55	21.55	21.55	21.55
8.00 st	19.55	20.87	21.28	21.55	21.55	21.55	21.55	21.55	21.55	21.55	21.55	21.55	21.55
9.00 st	19.55	20.87	21.28	21.55	21.55	21.55	21.55	21.55	21.55	21.55	21.55	21.55	21.55
10.00 st	19.55	20.87	21.28	21.55	21.55	21.55	21.55	21.55	21.55	21.55	21.55	21.55	21.55
11.00 st	19.55	20.87	21.28	21.55	21.55	21.55	21.55	21.55	21.55	21.55	21.55	21.55	21.55
12.00 st	19.55	20.87	21.28	21.55	21.55	21.55	21.55	21.55	21.55	21.55	21.55	21.55	21.55
13.00 st	19.55	20.87	21.28	21.55	21.55	21.55	21.55	21.55	21.55	21.55	21.55	21.55	21.55
14.00 st	19.53	20.86	21.27	21.55	21.55	21.55	21.55	21.55	21.55	21.55	21.55	21.55	21.55
15.00 st	19.15	20.77	21.20	21.53	21.55	21.55	21.55	21.55	21.55	21.55	21.55	21.55	21.55
16.00 st	17.63	19.40	20.23	20.96	21.28	21.45	21.55	21.55	21.55	21.55	21.55	21.55	21.55
17.00 st	14.41	16.99	17.90	19.09	19.84	20.36	20.73	20.96	21.07	21.11	21.12	21.12	21.12
17.50 st	12.24	15.03	16.11	17.44	18.37	19.09	19.58	19.89	20.14	20.31	20.38	20.38	20.38
18.00 st	9.64	12.69	13.83	15.30	16.32	17.11	17.69	18.13	18.47	18.72	18.84	18.93	18.94
18.50 st	6.93	9.93	11.11	12.64	13.73	14.60	15.28	15.77	16.14	16.39	16.57	16.67	16.72
19.00 st	4.04	7.02	8.18	9.70	10.80	11.60	12.22	12.72	13.09	13.37	13.56	13.70	13.78
19.25 st	2.57	5.29	6.43	7.87	8.92	9.69	10.28	10.73	11.06	11.31	11.49	11.62	11.68
19.50 st	1.15	3.71	4.75	6.17	7.12	7.83	8.36	8.75	9.02	9.19	9.31	9.37	9.40
19.75 st	0.00	1.95	2.96	4.27	5.13	5.77	6.23	6.54	6.71	6.78	6.74	6.64	6.49
F.P.	0.00	0.00	1.17	2.37	3.10	3.67	4.08	4.34	4.45	4.45	4.32	3.99	3.37

Offset	12.0WL	13.0WL	13.6WL	14.0WL	14.6WL	15.0WL	16.0WL	17.0WL	18.0WL	19.0WL	20.0WL	20.8WL	Offset
A.P.	4.17	6.45	7.35	7.90	8.52	8.85	9.44	9.80	9.96	9.96	9.96	9.96	A.P.
0.25 st	6.48	8.30	9.11	9.57	10.11	10.40	10.93	11.25	11.39	11.39	11.39	11.39	0.25 st
0.50 st	8.62	10.08	10.81	11.17	11.62	11.87	12.35	12.64	12.79	12.79	12.79	12.79	0.50 st
0.75 st	10.23	11.58	12.19	12.52	12.96	13.18	13.61	13.90	14.07	14.11	14.11	14.11	0.75 st
1.00 st	11.68	12.97	13.57	13.94	14.42	14.65	15.08	15.26	15.37	15.37	15.37	15.37	1.00 st
1.50 st	14.24	15.29	15.80	16.10	16.54	16.76	17.14	17.45	17.58	17.58	17.58	17.58	1.50 st
2.00 st	16.82	17.79	18.23	18.50	18.81	18.97	19.25	19.37	19.43	19.43	19.43	19.43	2.00 st
2.50 st	18.82	19.48	19.77	19.94	20.15	20.25	20.42	20.48	20.49	20.49	20.49	20.49	2.50 st
3.00 st	20.01	20.55	20.77	20.89	21.02	21.10	21.24	21.32	21.33	21.33	21.33	21.33	3.00 st
4.00 st	21.44	21.54	21.55	21.55	21.55	21.55	21.55	21.55	21.55	21.55	21.55	21.55	4.00 st
5.00 st	21.55	21.55	21.55	21.55	21.55	21.55	21.55	21.55	21.55	21.55	21.55	21.55	5.00 st
6.00 st	21.55	21.55	21.55	21.55	21.55	21.55	21.55	21.55	21.55	21.55	21.55	21.55	6.00 st
7.00 st	21.55	21.55	21.55	21.55	21.55	21.55	21.55	21.55	21.55	21.55	21.55	21.55	7.00 st
8.00 st	21.55	21.55	21.55	21.55	21.55	21.55	21.55	21.55	21.55	21.55	21.55	21.55	8.00 st
9.00 st	21.55	21.55	21.55	21.55	21.55	21.55	21.55	21.55	21.55	21.55	21.55	21.55	9.00 st
10.00 st	21.55	21.55	21.55	21.55	21.55	21.55	21.55	21.55	21.55	21.55	21.55	21.55	10.00 st
11.00 st	21.55	21.55	21.55	21.55	21.55	21.55	21.55	21.55	21.55	21.55	21.55	21.55	11.00 st
12.00 st	21.55	21.55	21.55	21.55	21.55	21.55	21.55	21.55	21.55	21.55	21.55	21.55	12.00 st
13.00 st	21.55	21.55	21.55	21.55	21.55	21.55	21.55	21.55	21.55	21.55	21.55	21.55	13.00 st
14.00 st	21.55	21.55	21.55	21.55	21.55	21.55	21.55	21.55	21.55	21.55	21.55	21.55	14.00 st
15.00 st	21.55	21.55	21.55	21.55	21.55	21.55	21.55	21.55	21.55	21.55	21.55	21.55	15.00 st
16.00 st	21.55	21.55	21.55	21.55	21.55	21.55	21.55	21.55	21.55	21.55	21.55	21.55	16.00 st
17.00 st	21.12	21.12	21.12	21.12	21.12	21.12	21.12	21.12	21.12	21.12	21.12	21.12	17.00 st
17.50 st	20.38	20.38	20.38	20.38	20.38	20.38	20.38	20.38	20.38	20.38	20.38	20.39	17.50 st
18.00 st	18.94	18.94	18.94	18.94	18.94	18.94	18.94	18.95	18.97	19.07	19.18	19.18	18.00 st
18.50 st	16.73	16.73	16.73	16.74	16.75	16.75	16.78	16.88	17.05	17.22	17.42	17.42	18.50 st
19.00 st	13.82	13.83	13.83	13.83	13.84	13.84	13.98	14.23	14.56	14.93	15.27	15.27	19.00 st
19.25 st	11.73	11.74	11.74	11.73	11.76	11.80	12.07	12.43	21.81	13.24	13.68	13.68	19.25 st
19.50 st	9.41	9.41	9.42	9.43	9.45	9.50	9.84	10.33	10.87	11.46	12.02	12.02	19.50 st
19.75 st	6.36	6.28	6.23	6.20	6.31	6.41	7.06	7.80	8.53	9.27	9.97	9.97	19.75 st
F.P.	2.20	0.72	0.00	0.00	0.00	0.57	3.00	4.42	5.63	6.68	7.68	7.68	F.P.

선도 작성 시에 각 참고면에 나타난 점의 위치가 서로 잘 맞아야 하는데 점의 위치가 잘 맞도록 수정하는 작업을 순정(fairing)이라고 한다. 즉, 오프셋 표를 이용하여 선도를 작성할 때 임의의 한 점이 정면도와 측면도, 반폭도 상에 나타나는데 각각의 도면에서 특정 한 점의 상대적인 위치가 일치하지 않고 해당 곡선에서 튀는 경우가 발생하게 된다. 이렇게 곡선이 튀게 되면 선체의 형상이 부드러운 곡면으로 나오지 못하게 되므로 튀지 않고 부드러운 곡선으로 만들어주기 위해 각각의 도면에서 각각의 선을 수정하다보면 다른 도면에서의 점과 일치하지 않게 되므로 이러한 점의 위치를 맞추어가면서 각각의 도면에서의 곡선을 부드럽게 만들어 주는 과정을 순정이라고 한다. 보통 순정 작업은 한 번에 끝나지 않고 여러 번 반복해서 작업을 해야 완벽한 선도가 만들어지는 것이 보통이다.

오프셋 표에서 임의의 한 점의 값을 선도(Lines) 도면 위에 표현하는 방법을 안다면 선도(Lines)와 오프셋 표를 이해하는데 도움이 될 것이다. 그래서 오프셋 표에서 3번 스테이션(station ; ST), 8m 수선(water line ; WL)에 해당하는 점이 선도(Lines) 상에서 어디에 나타나는지 살펴보겠다. 이 점을 정면도(body plan)에서 찾기 위해서 우선 3번 스테이션을 찾은 후 3번 스테이션과 8m WL이 만나는 점을 찾으면 된다. 『그림 2.17』이 바로 정면도(body plan)에서 찾은 값이다. 오프셋(offset)이 중심면에서 종선을 따라 측정한 반폭의 값이므로 중심선에서 해당 점까지 수평거리가 바로 16.47m가 되고 오프셋 값과 일치하는 것을 볼 수 있다.

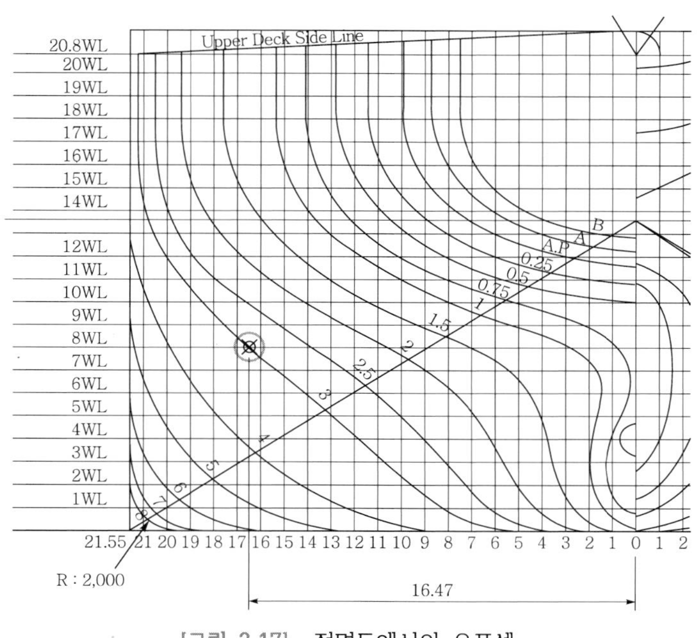

[그림 2.17] 정면도에서의 오프셋

이 점은 측면도 상에서는 『그림 2.18』와 같은 위치에 나타나고 있다. 즉, 3번 스테이션(station)과 8m WL이 만나는 점이다. 정면도에서는 오프셋 값을 도면에서도 확인을 할 수 있으나 측면도에서는 반폭 값을 측정할 수 없기 때문에 도면에서 오프셋 값을 확인할 수는 없다.

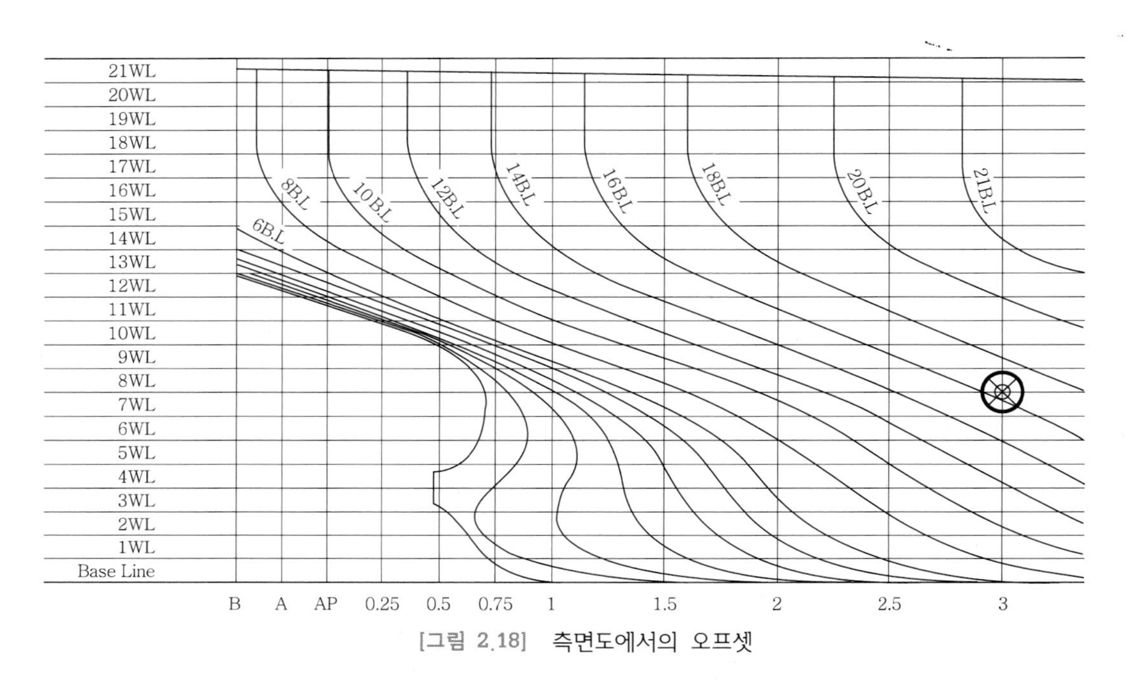

[그림 2.18] 측면도에서의 오프셋

반폭도에서 오프셋 표 상의 한 점은 『그림 2.19』에서 보는 바와 같은 위치에 나타나고 있다. 이 점을 찾으려면 우선 8m WL의 곡선을 찾은 후 3번 스테이션과 만나는 점을 찾으면 된다. 오프셋 값이 중심면에서의 반폭치수이므로 중심선에서 해당 점까지의 수직거리를 측정하면 그 값이 바로 오프셋 값과 동일한 16.47m가 된다.

정면도와 측면도, 반폭도 상에 나타난 이 점은 하나의 점을 각 도면에 표현한 것이므로 이 점들의 위치는 동일해야 한다. 즉, 정면도에서 중심면에서 이 점까지의 수평거리와 반폭도에서 중심면에서 이 점까지의 수직거리는 서로 일치해야 한다. 만약 일치하지 않는다면 배의 표면이 이 점 근방에서 순정하지 않다는 결과가 되므로 서로 일치할 때까지 점과 선을 수정해야 한다. 이렇게 점을 일치시키면서 곡선을 부드럽게 하는 과정을 순정작업(fairing)이라고 하는 것이다.

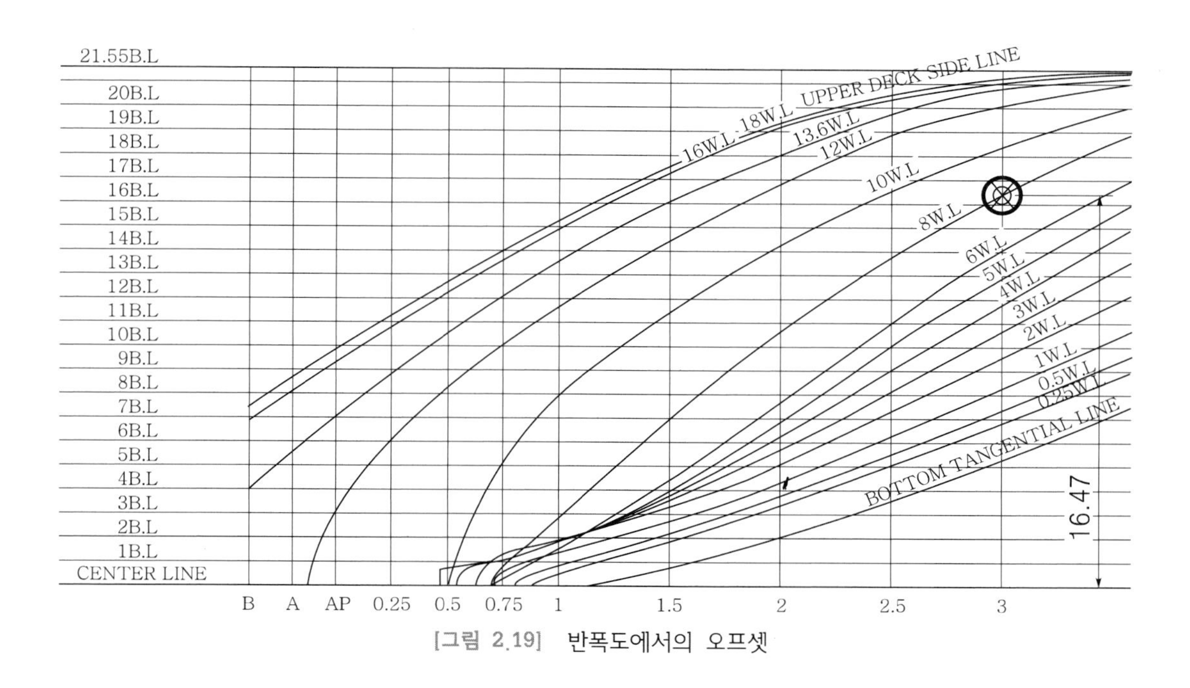

[그림 2.19] 반폭도에서의 오프셋

Chapter
03

선체 강도와 구조

Chapter >>> 03 선체 강도와 구조

배의 구조를 설계함에 있어서는 배에 어떠한 힘이 작용하고 있는가를 알아야 하며, 또한 이들 힘에 견딜 수 있는 충분한 강도를 확보하기 위하여 구조부재를 어떻게 배치할 것인가를 검토해야 한다. 더욱이 배의 구조는 충분한 강도를 확보해야 할 뿐 아니라 건조가 용이하고 가벼운 구조의 경제적인 배가 되도록 해야 한다. 이 장에서는 배에 작용하는 힘의 종류와 이들 힘에 대항하는 구조에 대해 알아본다.

3.1 보 이론(beam theory)

1 탄성 구조부재의 분류

일반적인 3차원 탄성매질[1)](elastic continuum)을 수학적으로 다루기는 매우 복잡하고 힘들다. 따라서 이를 수학적으로 비교적 쉽게 다룰 수 있도록 구조역학 분야에서는 탄성을 갖는 부재를 다음과 같이 분류하여 다룬다.

(1) 줄(string)

1차원 구조부재로 인장을 지지할 수 있고, 압축 및 굽힘은 지지할 수 없는 구조부재를 의미한다. 고무줄과 같은 부재가 이에 해당한다.

(2) 봉(rod)

1차원 구조부재로 인장 및 압축은 지지할 수 있지만, 굽힘은 지지할 수 없는 구조부재를 의미한다. 실제로 인장과 압축만 지지하고, 굽힘은 지지할 수 없는 봉(rod)의 성질을 갖는 부재는 존재하지 않지만, 인장과 압축에 대한 구조 안정성에만 관심이 있을 경우 구조부재를 봉으로 가정하여 구조안정성 해석을 한다.

1) 탄성매질(elastic continuum) : 힘을 주면 변형이 일어났다가 힘을 제거하면 변형 역시 제거되어 제자리로 돌아오는 성질을 갖는 매질

(3) 보(beam)

인장, 압축 및 굽힘을 지지하는 구조부재로, 일반적으로 세장비[2]가 비교적 큰 구조부재에 대하여 굽힘에 대한 구조안정성에 관심이 있을 때 부재를 보로 가정할 수 있다. 선박에 들어가는 대부분의 구조부재가 보에 해당하며, 실제 강도 해석시에 보를 가정하게 된다. 대표적으로 오일러 보(Euler beam)는 1차원 구조부재로 중립축[3](neutral axis)과 부재의 단면이 변형 전후에 항상 수직하다고 가정한 부재이다. 즉, 전단력에 의한 전단변형을 고려하지 않는다. 본 장에서 선박의 종강도 해석시에 배 전체를 하나의 오일러 보로 가정한다. 또, 티모센코 보(Thimoshenko beam)는 2차원 구조부재로 전단력에 의한 전단변형을 고려한다. 즉, 중립축과 부재의 단면이 일반적으로 수직하지 않으며, 오일러 보에 비해 세장비가 비교적 작은 부재에 대한 강도 해석시에 사용된다.

(4) 막(membrane)

2차원 구조부재로 확장된 줄이라고 생각할 수 있다. 즉, 인장만 지지할 수 있는 구조부재이다. 풍선, 귀의 고막, 대형 경기장의 지붕 등이 이에 해당한다.

(5) 판(plate)

확장된 보라고 생각할 수 있다. 인장, 압축 및 굽힘을 지지할 수 있는 구조부재로, 보와 마찬가지로 중립면(neutral plane)과 판 단면의 수직여부에 따라 오일러 판(Euler plate, classical plate)과 민들린 판(mindlin plate)으로 구분한다. 보와 마찬가지로, 오일러 판은 중립면과 판의 단면이 변형 전·후에 항상 수직임을 가정한 반면, 민들린 판은 전단력에 의한 변형을 고려하기 때문에 중립면과 단면이 일반적으로 수직이 아니다.

(6) 쉘(shell)

곡률을 가진 판으로 생각할 수 있다. 판의 경우 변형 전에는 곡률이 없다고 가정하지만, 쉘의 경우 곡률이 있다고 가정하기 때문에 판에 비해 일반적인 형상을 가진 구조부재에 대하여 해석을 할 수 있다. 실린더 형상 쉘(cylinderical shell)이 대표적이다.

2) 세장비(Slenderness Ratio) $\equiv \dfrac{\text{구조부재의 길이}}{\text{단면적의 특성 길이}}$

3) 중립축(Nuetral Axis) : 보(Beam) 단면의 중심을 통과하는 축으로, 부재의 변형 전후에도 길이가 변하지 않는 축을 말한다.

2 전단력과 굽힘모멘트

3장에서 다루게 되는 보이론은 오일러 보에 대한 이론으로, 앞에서 설명한 바와 같이 전단력에 의한 전단변형을 고려하지 않는 1차원 구조부재에 대한 이론이다. 다시 말하면, 중립축과 구조부재의 단면이 변형 전후에 항상 수직인 구조부재에 대한 이론을 다루게 된다. 여기서는 먼저 보에 작용하는 힘(전단력과 굽힘모멘트)과 그들 사이의 관계에 대해서 알아보겠다.

(1) 하중 및 반력의 형태

① 반력의 형태

보는 통상 그들이 지지하는 방법에 의해 서술된다. 예를 들면, 한쪽 끝이 핀으로 지지되고, 다른 쪽 끝은 롤러로 지지되어 있는 보를 단순지지보(simply supported beam) 또는 단순보(simple beam)라고 부른다. 핀지지점(pin support)의 중요한 특징은 핀이 보의 이동은 막지만 회전은 가능하게 한다는 것이다. 그러므로 『그림 3.1(a)』에서 보의 끝 A는 수평으로나 수직으로 움직일 수 없으나 보의 축은 『그림 3.1(a)』의 평면 내에서 회전할 수 있다. 결과적으로, 핀지지점은 수평 및 수직반력 H_A와 R_A는 일으킬 수 있으나 반력모멘트는 일으킬 수 없다.

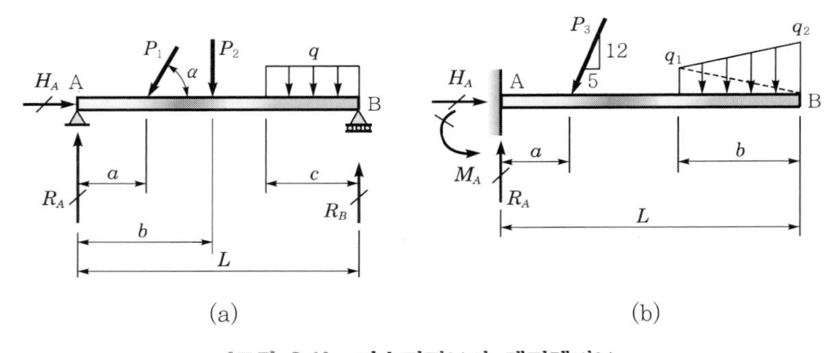

[그림 3.1] 단순지지보와 캔틸레버보

『그림 3.1(a)』에서 보의 끝 B에 위치한 롤러지지점(roller support)은 수직방향의 이동은 할 수 없게 하지만 수평 방향의 이동은 할 수 있게 한다. 그러므로 이 지지점은 수직반력 R_B은 일으킬 수 있지만 수평방향의 반력은 일으킬 수 없다. 물론, 보의 축은 A에서와 마찬가지로 B에서도 자유로이 회전한다. 롤러지지점과 핀지지점에서의 수직반력은 윗 방향 또는 아래 방향으로 작용할 수 있으며, 핀지지점에서의 수평반력은 왼쪽 또는 오른쪽으로 작용할 수 있다. 그림에서 반력은 하중과 구분하기 위하여 빗금친 화살표로 표시하였다.

『그림 3.1(b)』에서 보인 보는, 왼쪽 끝은 고정되었고 다른 쪽 끝은 자유단으로 되어 있으며, 이를 캔틸레버보(cantilever beam)라 부른다. 고정지지점(fixed support 또는 clamped support)에서는 보가 이동과 회전을 할 수 없으나, 자유단에서는 이동과 회전을 할 수 있다. 결과적으로 반력과 반력모멘트 모두 고정지지점에서만 나타날 수 있다.

3장에서 배를 하나의 보로 가정하여 종강도 해석을 할 때에는 보의 지지조건(경계조건 : boundary condition)을 자유단으로 모델링한다. 배가 물 위에 떠 있는 것은 배의 자중과 물이 떠받치는 부력이 평형을 이루기 때문인데, 이 때 배의 수직, 수평 방향 이동과 회전을 제한하는 특정한 지지가 존재하지 않는다. 즉, 배의 길이방향 어느 부분에서든지 수직, 수평 방향 이동과 회전이 일어날 수 있기 때문에 배의 종강도 해석시에는 지지조건을 자유단으로 놓고 문제를 풀게 된다.

② 하중의 형태

보에 작용하는 여러 가지 형태의 하중이 『그림 3.1』에 예시되었다. 하중이 아주 작은 면적에 걸쳐 작용할 때, 이것은 단일 힘인 집중하중(concentrated load)으로 이상화할 수 있다. 그림의 하중 P_1, P_2, P_3가 그 예이다. 하중이 보의 축을 따라 분포되어 있을 때, 이것은 『그림 3.1(a)』의 하중 q와 같은 분포하중(distributed load)을 나타낸다. 분포하중은 단위길이당 힘의 단위 N/m로 표현된다.

③ 반력의 계산

반력을 구하는 것은 통상 보의 해석에서 첫 번째 단계이다. 반력을 구하면 전단력과 굽힘모멘트를 구할 수 있다. 보가 정정보[4]이면, 모든 반력은 자유물체도와 평형방정식으로부터 구한다. 예를 들어, 『그림 3.1(a)』의 단순보의 반력을 구해보자. 이 보는 경사진 집중하중 P_1, 수직집중하중 P_2 및 세기 q인 등분포하중을 받고 있다. 보는 미지수인 세 개의 반력 즉, 단순보의 수평 반력 H_A, 단순보의 수직반력 R_A 및 R_B를 가지고 있다. 이 보와 같은 평면 구조물에 대하여 정역학으로부터 세 개의 독립적인 평형방정식을 쓸 수 있다.

4) 정정보(statically determinate beam) : 힘과 모멘트의 평형조건만으로 모든 반력과 반력모멘트를 구할 수 있는 보. 이와 달리 부정정보(statically indeterminate beam)의 반력을 구하기 위해서는 힘과 모멘트의 평형조건 뿐 아니라 적합조건(compatibility condition)이라는 기하학적 구속조건이 더 필요하게 된다.

따라서 미지수인 세 개의 반력과 세 개의 방정식이 있으므로 보는 정정 (statically determinate)이다.
수평 평형의 방정식은,

$$\sum F_{\text{horizontal}} = 0 \qquad H_A - P_1 \cos\alpha = 0$$

이다. 이로부터 $H_A = P_1 \cos\alpha$를 얻을 수 있다.
수직 반력 R_A와 R_B를 구하기 위해 반시계 방향의 모멘트를 양으로 하여 각각 점 B와 A에 대한 모멘트 평형방정식을 쓰면,

$$\sum M_B = 0 \qquad -R_A L + (P_1 \sin\alpha)(L-a) + P_2(L-b) + qc^2/2 = 0$$
$$\sum M_A = 0 \qquad R_B L - (P_1 \sin\alpha)a - P_2 b - qc(L-c/2) = 0$$

R_A와 R_B에 대하여 풀면,

$$R_A = \frac{(P_1 \sin\alpha)(L-a)}{L} + \frac{P_2(L-b)}{L} + \frac{qc^2}{2L}$$
$$R_B = \frac{(P_1 \sin\alpha)a}{L} + \frac{P_2 b}{L} + \frac{qc(L-c/2)}{L}$$

와 같은 결과를 얻을 수 있다.
두 번째 예로, 『그림 3.1(b)』의 캔틸레버보를 살펴보자. 하중은 경사진 힘 P_3와 선형으로 변하는 분포하중으로 구성되어 있다. 분포하중은 q_1에서 q_2까지 변하는 하중세기를 갖는 사다리꼴 선도로 나타난다. 고정지지점에서의 반력은 수평 힘 H_A, 수직 힘 R_A 및 반력모멘트 M_A이다. 수평방향의 힘의 평형으로부터

$$H_A = \frac{5P_3}{13}$$

을 구하고, 수직방향의 평형으로부터

$$R_A = \frac{12P_3}{13} + \left(\frac{q_1 + q_2}{2}\right)b$$

를 구한다. 이 반력을 구하는 데 있어서 분포하중의 합은 사다리꼴 하중선도의 면적이 된다.

고정지지점의 반력모멘트 M_A는 모멘트의 평형방정식으로부터 구한다. 이 예제에서 모멘트 방정식으로부터 H_A와 R_A를 제거하기 위해 점 A에 대해서 모멘트를 합한다. 또한 분포하중의 모멘트를 구하기 위한 목적으로 『그림 3.1(b)』에서 점선으로 표시한 것과 같이 사다리꼴을 두 개의 삼각형으로 나눈다. 각각의 하중삼각형은 크기가 삼각형의 면적과 같고 힘의 작용선이 삼각형의 도심을 통하는 힘인 합력으로 대체될 수 있다. 그러므로 하중의 아래 삼각형 부분의 점 A에 대한 모멘트는

$$\left(\frac{q_1 b}{2}\right)\left(L-\frac{2b}{3}\right)$$

이다. 여기서 $q_1 b/2$는 합력(삼각형 하중선도의 면적)이고, $L-2b/3$은 합력의 모멘트 암(점 A에 대한)이다.
하중의 윗 삼각형 부분의 모멘트는 비슷한 과정으로 얻으며, 마지막 모멘트 평형방정식(반시계 방향이 양의 값)은

$$\Sigma M_A = 0 \qquad M_A - \left(\frac{12P_3}{13}\right)a - \frac{q_1 b}{2}\left(L-\frac{2b}{3}\right) - \frac{q_2 b}{2}\left(L-\frac{b}{3}\right) = 0$$

이고, 이 식으로부터,

$$M_A = \frac{12P_3}{13}a + \frac{q_1 b}{2}\left(L-\frac{2b}{3}\right) + \frac{q_2 b}{2}\left(L-\frac{b}{3}\right)$$

를 얻을 수 있다. 이 식은 양의 결과를 나타내므로 반력모멘트 M_A는 가정된 방향 즉, 반시계 방향으로 작용한다.

(2) 전단력과 굽힘모멘트

보가 힘과 모멘트를 받을 때, 보의 내부에 걸쳐 응력과 변형률이 발생한다. 이러한 응력과 변형률을 구하기 위해 보의 단면상에 작용하는 내부 힘과 내부 모멘트를 먼저 구해야 한다.

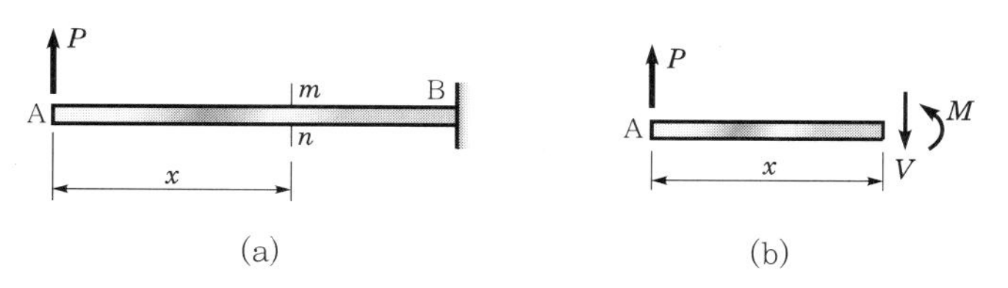

[그림 3.2] 캔틸레버보

이러한 양들이 어떻게 구해지는가를 설명하는 예로서 자유단에 수직력 P가 작용하는 캔틸레버보 AB를 살펴보자(『그림 3.2(a)』). 자유단에서 거리 x만큼 떨어진 단면 mn에서 보를 잘라 보의 왼쪽 부분을 자유물체도로 분리시킨다(『그림 3.2(b)』). 자유물체도에서 힘 P는 절단 단면에 작용하는 내부힘 V에 의해 평형을 이루고 있다. 이러한 내부힘 V는 보의 왼쪽 부분에 대한 오른쪽 부분의 작용을 나타낸다. 지금 거론하고 있는 단계에서는 단면상에 작용하는 응력의 분포는 알 수 없지만 응력의 합력, 즉 내부힘 V는 자유물체의 평형을 유지하도록 하는 크기여야 한다는 것은 알 수 있다.

정역학으로부터 단면에 작용하는 응력의 합력은 전단력(shear force) V로 나타낼 수 있고, 응력에 의한 모멘트의 합은 굽힘모멘트(bending moment) M으로 나타낼 수 있다(『그림 3.2(b)』). 하중 P는 보의 축에 대해 수직이기 때문에 단면에는 축력이 존재하지 않는다. 전단력은 단면에 걸쳐 분포된 응력의 합력이고, 굽힘모멘트 역시 단면에 걸쳐 분포된 응력에 의한 모멘트의 합이다. 그러므로 이러한 양들은 합력의 성질을 갖고 있다고 해서 합응력(stress resultant)이라고 부른다.

정정보에서의 합응력은 평형방정식으로부터 계산될 수 있다. 『그림 3.2(a)』의 캔틸레버보의 경우, 『그림 3.2(b)』의 자유물체도를 사용한다. 수직방향으로 힘의 평형조건과 절단 단면에 대한 모멘트의 평형조건을 사용하면,

$$\sum F_{\text{vertical}} = 0 \qquad V = P$$
$$\sum M = 0 \qquad M = Px$$

를 얻을 수 있다. 여기서 x는 보의 자유단으로부터 V와 M이 구해지는 단면까지의 거리이다.

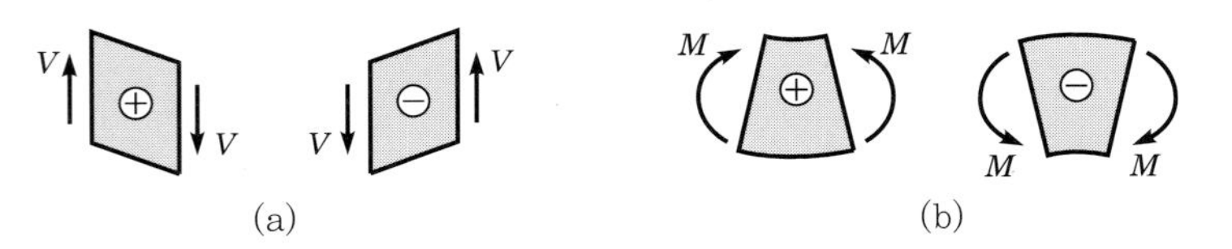

[그림 3.3] 부호규약

이제 전단력과 굽힘모멘트에 대한 부호규약을 고려해보자. 전단력과 굽힘모멘트는 공간좌표축의 부호규약을 따르지 않고, 변형부호규약(deformation sign convention)이라고 하는 부호규약을 따른다. 이러한 부호규약을 따로 설정한 이유는 하중을 받는 상태에서 평형을 이루고 있는 보의 변형을 유발하는 전단력,

굽힘모멘트가 항상 쌍으로 작용하기 때문이다. 즉, 전단력은 보의 미소요소를 찌그러뜨리는 변형을 일으키는 힘으로, 이러한 변형을 일으키기 위해서는 『그림 3.3(a)』와 같이 공간좌표축의 부호규약 상으로는 반대 방향인 두 힘이 동시에 작용해야 한다. 『그림 3.3(a)』의 왼쪽 그림에서, 공간좌표축의 부호규약상 보의 미소요소의 좌측에서는 전단력이 (+)이고, 우측에서는 (−)가 된다(공간좌표축의 부호규약이 윗방향이 (+)로 정해진 경우). 좌측과 우측에 작용하는 두 힘은 공간좌표축의 부호규약상 반대방향으로 작용해야만 그림과 같은 변형을 일으킬 수 있게 된다. 따라서 정적 평형 상태에서의 변형을 고려할 때, 공간좌표축의 부호규약을 사용하게 되면 동일한 변형을 유발하는 전단력은 2가지 부호를 갖게 되고, 이는 학습자에게 혼란을 야기할 수 있기 때문에 변형의 형태를 기준으로 변형부호규약을 설정하는 것이다. 전단력에 대한 변형부호규약은『그림 3.3(a)』와 같다. 마찬가지로, 굽힘모멘트는 보의 미소요소를 위쪽은 압축, 아래쪽은 인장시키는 변형(또는 반대의 변형)을 유발하는 모멘트로서 전단력과 마찬가지로 변형을 일으키기 위해서는 항상 쌍으로 작용하며『그림 3.3(b)』와 같은 변형부호규약을 사용한다. 예를 들어, 캔틸레버보의 전단력이 +5N이라는 것은 보의 미소요소 좌측에서는 윗방향으로 전단력이 작용하고 있고, 우측에서는 아랫방향으로 전단력이 작용한다는 의미이다. 마찬가지로 굽힘모멘트가 +5N·m라는 것은 보의 미소요소 우측에서는 반시계방향 모멘트가, 좌측에서는 시계방향 모멘트가 작용한다는 의미이다.

(3) 하중, 전단력 및 굽힘모멘트 사이의 관계

보의 하중, 전단력 및 굽힘모멘트는 특정한 식으로 그 관계가 정의된다. 이러한 관계식들은 보의 전 길이를 통하여 전단력과 굽힘모멘트선도를 그릴 때 도움이 된다.

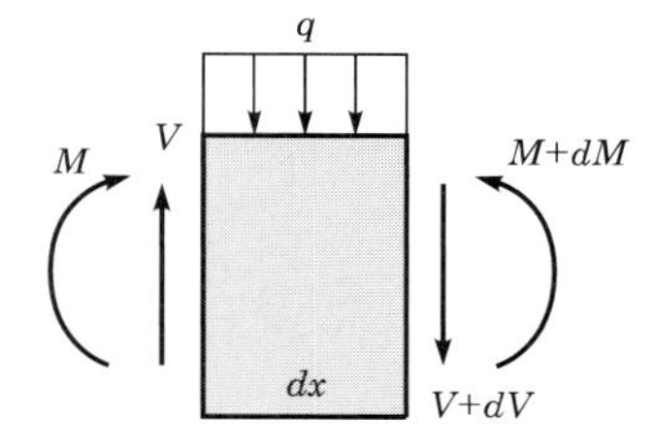

[그림 3.4] 미소요소에 작용하는 힘과 모멘트

관계식을 얻기 위해 거리 dx만큼 떨어진 두 단면 사이를 잘라낸 보의 미소요소를 고려해보자(『그림 3.4』). 이 미소요소에 대한 힘의 평형 조건에 의해

$$\Sigma F_{\text{vertical}} = 0 \qquad V - qdx - (V + dV) = 0$$

$$\therefore \ \frac{dV}{dx} = -q \tag{3.1}$$

의 관계식을 얻을 수 있다. 또, 보의 미소요소에 대한 모멘트 평형조건에 의해

$$\Sigma M = 0 \qquad -M - qdx\left(\frac{dx}{2}\right) - (V + dV)dx + M + dM = 0$$

$$\therefore \ \frac{dM}{dx} = V \tag{3.2}$$

의 관계식을 얻을 수 있다. 여기서 $qdx\left(\frac{dx}{2}\right)$와 $dVdx$는 다른 항에 비해 크기가 매우 작으므로 무시할 수 있다. 이 때 사용한 변형부호규약은 『그림 3.3』에 표시된 바와 동일하게 사용되었다.

(4) 전단력과 굽힘모멘트 선도

보를 설계할 때, 통상적으로 전단력과 굽힘모멘트가 보의 길이에 걸쳐 어떻게 분포하는가를 알 필요가 있다. 이 중에서도 특별히 최대 및 최소값에 큰 의미가 있다. 이러한 정보는 전단력 선도(shear force diagram)와 굽힘모멘트 선도(bending-moment diagram)라고 부른다.

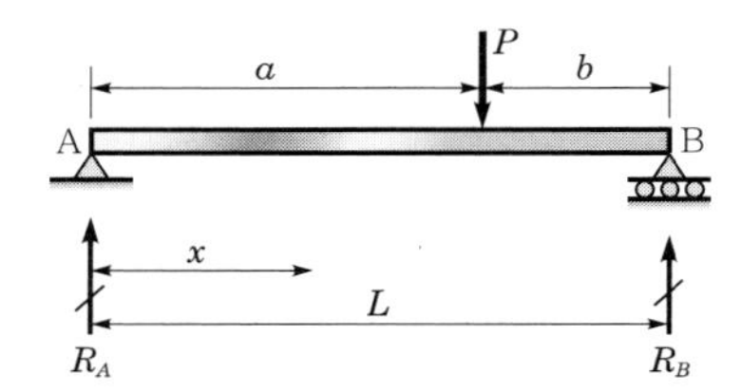

[그림 3.5] 집중하중을 받는 단순지지보

한 가지 예로써 『그림 3.5』와 같이 집중하중을 받는 단순지지보에 대해서 우선 모멘트 평형을 이용하여 반력을 구하면, $R_A = \frac{Pb}{L}$, $R_B = \frac{Pa}{L}$와 같다.

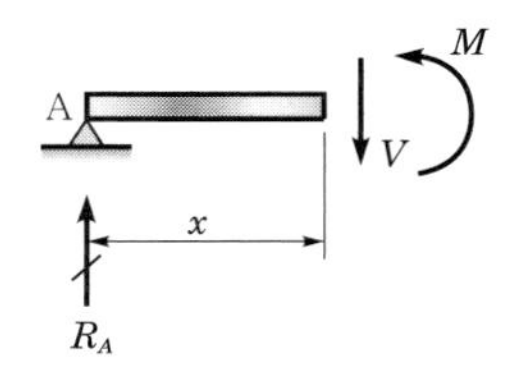

[그림 3.6] 집중하중을 받는 단순지지보의 자유물체도(집중하중의 위치기준으로 좌측)

반력 R_A와 R_B를 구한 후, 임의의 위치 x에서의 전단력을 구하기 위해 『그림 3.6』와 같이 집중하중 P가 작용하는 위치의 좌측 부분 자유물체도를 그리고, 힘의 평형조건과 모멘트 평형조건을 적용하면,

$$V = R_A = \frac{Pb}{L} \qquad M = R_A x = \frac{Pbx}{L}(a < x < L)$$

와 같은 식을 유도할 수 있다.

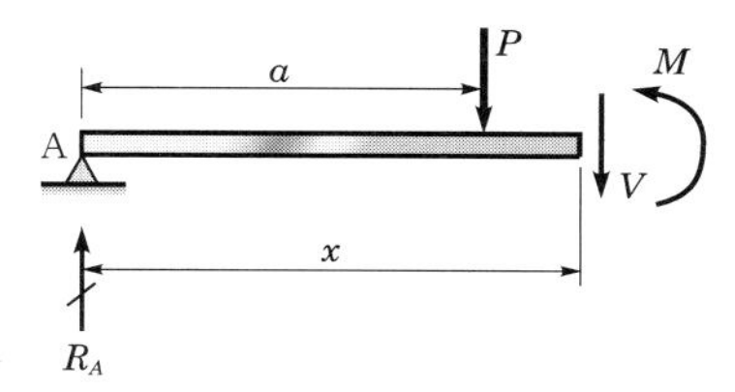

[그림 3.7] 집중하중을 받는 단순지지보의 자유물체도(집중하중의 위치기준으로 우측)

다음으로, 『그림 3.7』과 같이 집중하중 P가 작용하는 위치의 우측 부분 자유물체도를 그리고, 마찬가지로 힘의 평형조건과 모멘트 평형조건을 적용하면,

$$V = R_A - P = \frac{Pb}{L} - P = -\frac{Pa}{L} \ (a < x < L)$$

$$M = R_A x - P(x-a) = \frac{Pbx}{L} - P(x-a) = \frac{Pa}{L}(L-x) \ (a < x < L)$$

와 같은 식을 얻을 수 있다.

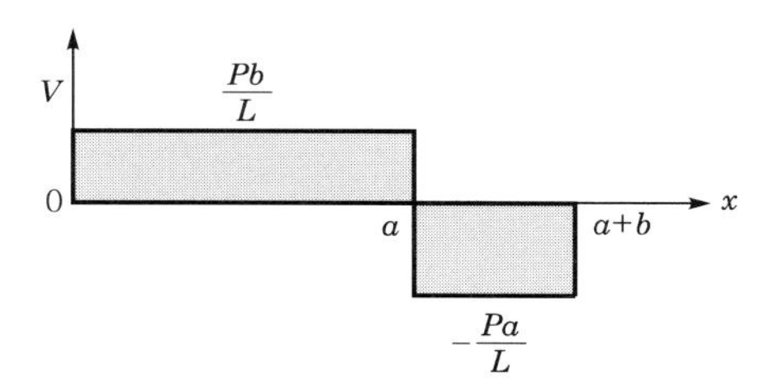

[그림 3.8] 전단력 선도

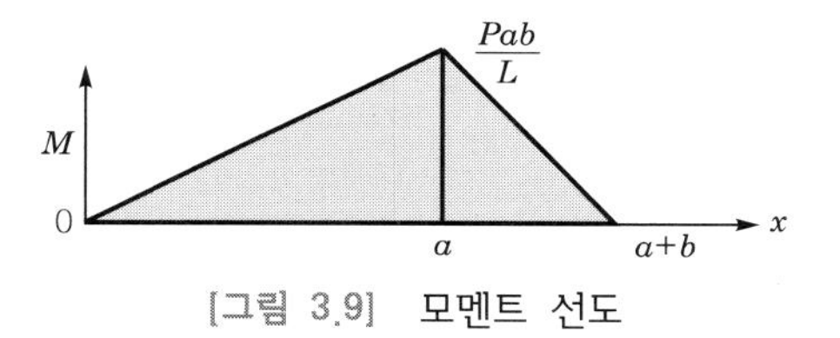

[그림 3.9] 모멘트 선도

이렇게 유도한 식을 보의 전체 길이에 대하여 전단력 선도와 모멘트 선도를 그리면 『그림 3.8』과 『그림 3.9』와 같다. 분포하중에 대한 선도 역시 이와 비슷한 방법으로 그릴 수 있으며, 집중하중과 분포하중이 같이 주어진 조건에 대해서도 위와 비슷한 방법으로 선도를 그릴 수 있다.

3 보의 응력

앞에서는 보에 작용하는 하중이 어떻게 전단력과 굽힘모멘트의 형태로 된 내부작용을 일으키는가를 볼 수 있었다. 이 단락에서는 한 단계 더 나아가서 전단력과 굽힘모멘트에 관련된 응력에 대해서 검토하고, 최대응력이 작용하는 위치와 그 크기를 이용해 보를 설계하는 방법에 대해서 알아본다.

(1) 보의 곡률

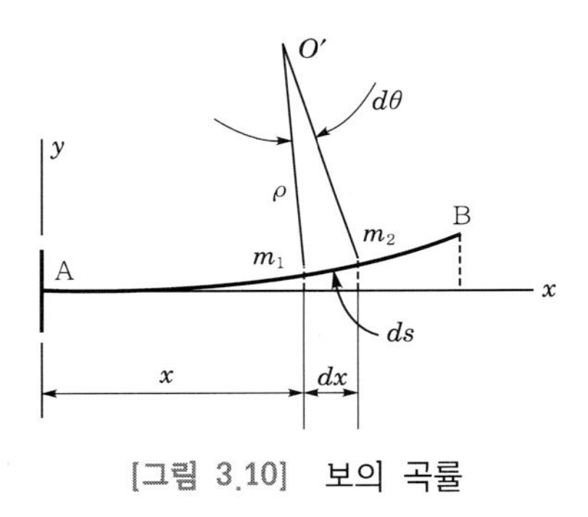

[그림 3.10] 보의 곡률

하중이 보에 작용할 때 보이 길이 방향 축은 곡선으로 변형된다. 결과적으로 생긴 보의 응력은 처짐 곡선의 곡률(curvature :κ)과 직접 관련된다.

『그림 3.10』에서 볼 수 있듯이, 곡률은 곡선의 미소요소를 원의 일부로 봤을 때, 그 원의 반지름의 역수로 정의한다. 이때, 곡선의 각 점에 접하는 원의 반지름을 곡률반지름(radius of curvature :ρ)이라고 한다. 『그림 3.10』에서,

$$\rho d\theta = ds$$

가 되며, 곡률과 곡률반지름의 관계식에 의해,

$$\kappa = \frac{1}{\rho} = \frac{d\theta}{ds}$$

와 같은 결과를 유도할 수 있다. 또한 오일러 보 이론에서는 미소변형을 가정하기 때문에 $ds \approx dx$가 되므로,

$$\kappa = \frac{1}{\rho} = \frac{d\theta}{ds} \approx \frac{d\theta}{dx}$$

와 같은 결과를 유도할 수 있다.

(2) 보의 길이방향 변형률

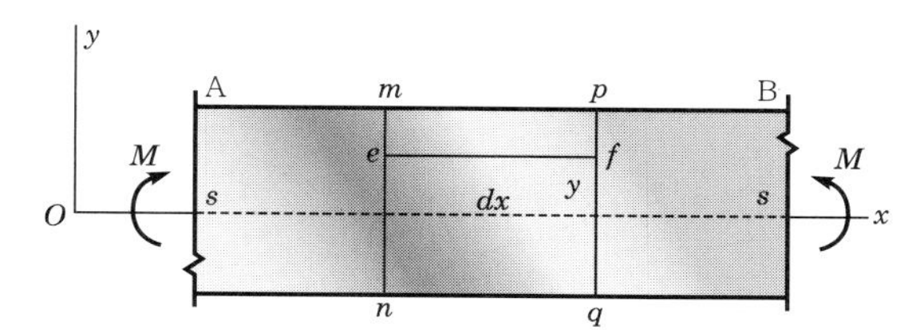

[그림 3.11] 순수 굽힘 상태에 있는 보

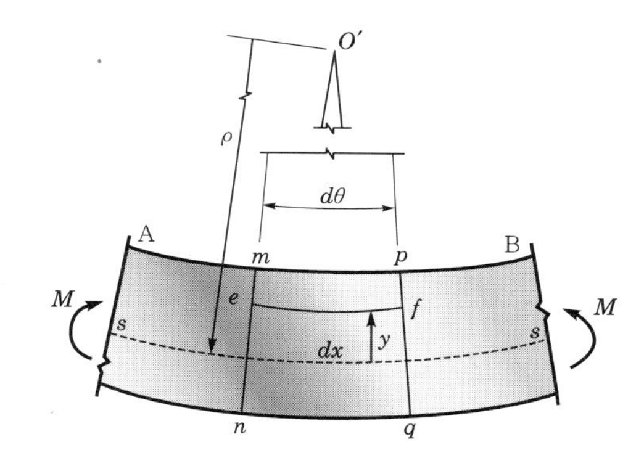

[그림 3.12] 순수 굽힘 상태에 있는 보의 곡률반지름 ρ

보의 길이방향 변형률은 보의 곡률과 이에 관련된 변형을 해석하여 구할 수 있다. 이러한 목적으로 양의 굽힘모멘트 M을 받아 순수 굽힘 상태[5]에 있는 보의 AB부분을 고려해 보자(『그림 3.11』). 굽힘모멘트의 작용 하에, 보는 xy 평면 내에서 처지며 보의 길이방향 축은 원형 곡선(『그림 3.12』의 곡선 ss)으로 굽혀진다. 보는 위쪽으로 오목하게 굽혀지며 양의 곡률을 가진다(『그림 3.12』). 변형된 보 내의 단면 mn과 pq(『그림 3.12』)는 선을 연장하여 곡률 중심 O'에서 교

5) 순수굽힘상태(pure bending) : 순수굽힘상태는 굽힘모멘트만 작용하는 상태를 말한다. 즉, 전단력이 0인 보의 상태를 순수굽힘상태라고 한다. 이와는 반대로, 불균일 굽힘(nonuniform bending)은 전단력이 존재하는 상태의 굽힘을 말한다. 즉, 전단력과 굽힘모멘트가 모두 작용하고 있는 보의 상태를 말한다.

차한다. 이 평면들의 사이각을 $d\theta$라고 표시하고 O'에서 중립면 ss까지의 거리는 곡률반지름 ρ로 표시한다. 두 평면 사이의 최초의 길이 dx(『그림 3.11』)는 중립축에서 변하지 않으므로 $\rho d\theta = dx$이다. 그러나 두 평면 사이의 모든 다른 길이방향 선들은 늘어나거나 줄어들기 때문에 수직변형률[6](normal strain : ε_{xx})이 발생한다. 이를 계산하기 위해 변형 후의 길이 ef를 계산하면,

$$ef = (\rho - y)d\theta = dx - \frac{y}{\rho}dx$$

와 같다. 여기서 $\rho d\theta = dx$를 이용하였다. 따라서 수직변형률 ε_{xx}는

$$\varepsilon_{xx} = -\frac{y}{\rho} = -\kappa y \qquad (3.3)$$

와 같다.

(3) 보의 수직응력

앞에서 구한 수직변형률 ε_{xx}를 이용하여 보의 미소요소에 작용하는 수직응력[7] σ_x를 구성방정식(constitution equation)을 이용하여 구할 수 있다. 특히, 선형탄성재료(linear elastic medium)인 경우에는 훅의 법칙(Hooke's law)이 구성방정식이 된다. 훅의 법칙은 잘 알려진 바와 같이 $\sigma = E\varepsilon$(E : Young's Modulus)와 같다. 여기서 응력 σ와 변형률 ε가 1차 비례하기 때문에 선형탄성재료에 적용할 수 있다고 말한다. 훅의 법칙을 이용하여 수직응력을 구하면,

$$\sigma_x = E\varepsilon_{xx} = -\frac{Ey}{\rho} = -E\kappa y \qquad (3.4)$$

를 구할 수 있다. 이 식은 단면에 작용하는 수직응력이 중립축으로부터의 거리 y에 따라 선형적으로 변한다는 것을 보여준다.

(4) 굽힘모멘트 – 곡률 관계식

단면에 작용하는 수직응력 σ_x에 의한 모멘트의 합은 굽힘모멘트 M과 같다는 사실을 바탕으로 굽힘모멘트와 곡률 사이의 관계식을 유도할 수 있다. 단면의

6) 수직변형률(normal strain : ε_{xx}) $\equiv \frac{\text{늘어난 길이}}{\text{원래 길이}}$

7) 수직응력(normal stress : σ_x) : 인장 또는 압축을 유발하는 응력으로, 단위면적당 힘(N/m^2)의 단위를 사용한다.

미소면적 dA에 의한 굽힘모멘트의 증분 $dM = -\sigma_x y dA$이다. 이를 전체 단면적 A에 걸쳐 적분하면,

$M = -\int_A \sigma_x y dA = \int_A \kappa E y^2 dA = \kappa E \int_A y^2 dA$로 나타낼 수 있고,

$I \equiv \int_A y^2 dA$로 정의하면,

$$M = \kappa EI \tag{3.5}$$

로 굽힘모멘트와 곡률의 관계식을 유도할 수 있다. 식(3.4)와 식(3.6)을 이용하여 수직응력과 굽힘모멘트 간의 관계를 유도하면,

$$\sigma_x = -\frac{My}{I} \tag{3.6}$$

와 같다.

(5) 직사각형 보의 전단응력

보가 순수 굽힘 상태에 있을 때 유일한 합응력은 굽힘모멘트이며, 유일한 응력은 단면에 작용하는 수직응력이다. 그러나 대부분의 보는 굽힘모멘트와 전단력을 생기게 하는 하중을 받는다. 이러한 경우에는 수직응력과 전단응력이 모두 보에 생기게 된다. 이 단락에서는 전단응력을 구하는 공식을 유도한다.

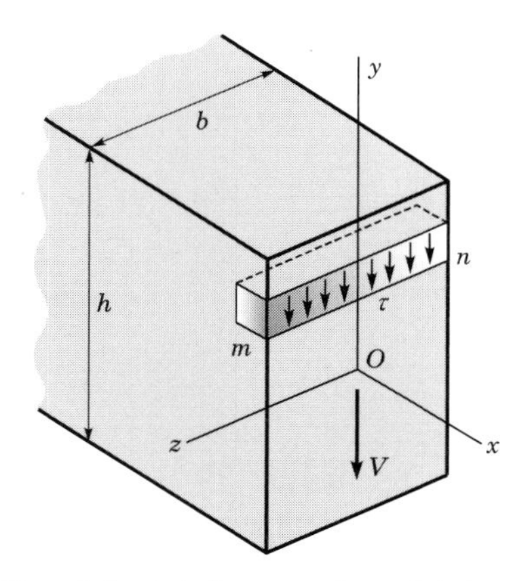

[그림 3.13] 양의 전단력 V를 받는 직사각형 단면의 보

양의 전단력 V를 받는 직사각형 단면(폭 b, 높이 h)의 보를 살펴보자(『그림 3.13』). 단면에 작용하는 전단응력 τ는 전단력에 평행하다고 가정하는 것이 합리적

이다. 전단응력은 높이 방향에 따라서는 변할 수 있지만, 보의 폭 방향으로는 등분포된다고 가정하는 것도 합리적이다.

또, 전단응력은 『그림 3.14』와 『그림 3.15』에서와 같이 수직단면에 작용하는 전단응력과 수평단면에 작용하는 전단응력이 둘 다 존재하며, 이 두 가지 응력은 모멘트평형 조건에 의해 항상 같다. 이러한 전단응력의 성질을 이용하여 단면에 작용하는 전단응력의 크기를 결정할 수 있다.

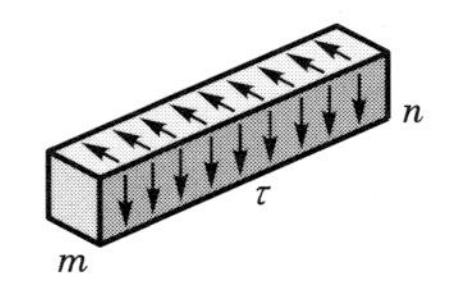

[그림 3.14] 전단응력의 분포(3차원)

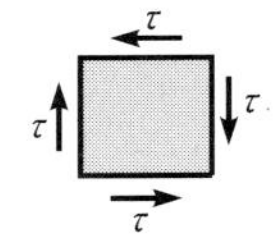

[그림 3.15] 전단응력의 분포(2차원)

이제 전단응력의 크기를 구하기 위해 불균일 굽힘상태의 보를 살펴보자(『그림 3.16』). 거리 dx만큼 떨어진 두 개의 인접 단면 mn과 m_1n_1을 취하고 요소 mm_1n_1n을 분리한다(『그림 3.17』). 요소의 왼쪽 면에 작용하는 굽힘모멘트와 전단력은 각각 M과 V로 표시한다. 보의 축을 따라 굽힘모멘트와 전단력은 모두 변할 수 있기 때문에 요소의 오른쪽 면에 작용하는 굽힘모멘트와 전단력을 $M+dM$과 $V+dV$로 표시한다. 굽힘모멘트와 전단력의 존재 때문에 요소는 단면의 양면에서 수직응력과 전단응력의 작용을 받는다.

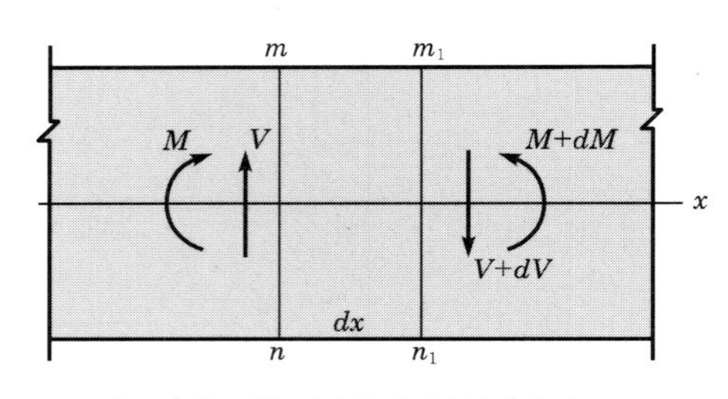

[그림 3.16] 불균일 굽힘상태의 보

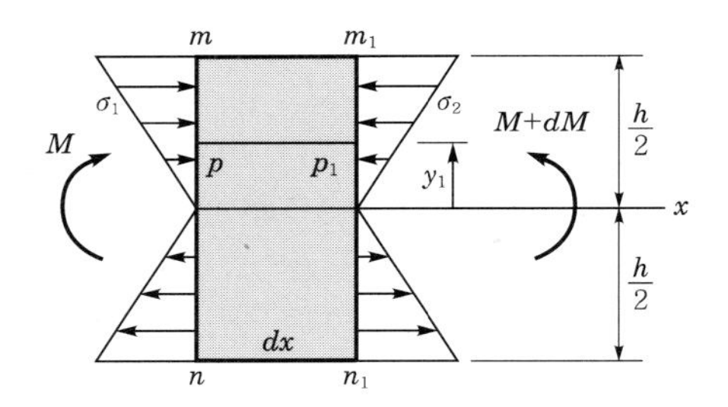

[그림 3.17] 자유물체도(불균일 굽힘상태의 보)

다음으로, 요소 mm_1n_1n에서 수평평면 pp_1을 통과시켜 얻은 보조요소 mm_1p_1p를 분리한다. 평면 pp_1은 보의 중립면으로부터 거리 y_1만큼 떨어진 곳에 있다. 보조요소는 『그림 3.18』에 분리되어 보여진다. 요소의 맨 윗면은 보의 바깥 표면의 부분이므로 응력이 존재하지 않는다. 요소의 바닥면(중립면에 평행하며 중립면에서 거리 y_1만큼 떨어진 면)은 보 내의 이 위치에 작용하는 수평 전단응력 τ의 작용을 받는다. 단면의 면 mp와 m_1p_1은 각각 굽힘모멘트에 의해 생기는 굽힘응력 σ_1과 σ_2의 작용을 받는다. 수직 전단응력도 단면의 면들에 작용한다. 그러나 이 응력은 보조요소의 수평방향(x방향)에 아무런 영향을 미치지 않으므로 『그림 3.18』에 나타내지 않는다. 단면 mn과 m_1n_1(『그림 3.17』)에 작용하는 굽힘모멘트가 같다면(즉, 보가 순수굽힘상태에 있다면), 보조요소(『그림 3.18』)의 측면 mp와 m_1p_1에 작용하는 수직응력 σ_1과 σ_2 역시 같게 된다. 이러한 조건하에서 보조요소는 수직응력만의 작용에 의해 정적 평형을 이룰 것이므로 바닥면 pp_1에 작용하는 전단응력 τ는 0이 된다. 반면 굽힘모멘트가 x축에 따라 변하면(불균일 굽힘), 보조요소의 바닥면에 작용하는 전단응력 τ는 이 요소의 x방향 평형을 고려함으로써 구할 수 있다. 이 과정은 중립축으로부터 거리 y만큼 떨어진 단면 내의 면적요소 dA를 인식하는 것으로 시작한다(『그림 3.19』). dA 요소에 작용하는 힘은 σdA이고, 여기서 σ는 굽힘공식에서 구한 수직응력이다. 면적요소 dA가 보조요소 mpp_1m_1의 왼쪽면 mp(굽힘모멘트가 M인)에 위치한다면, 이 면적요소에 작용하는 힘요소는 식(3.6)을 이용해 $-My/I\,dA$와 같이 구할 수 있다.

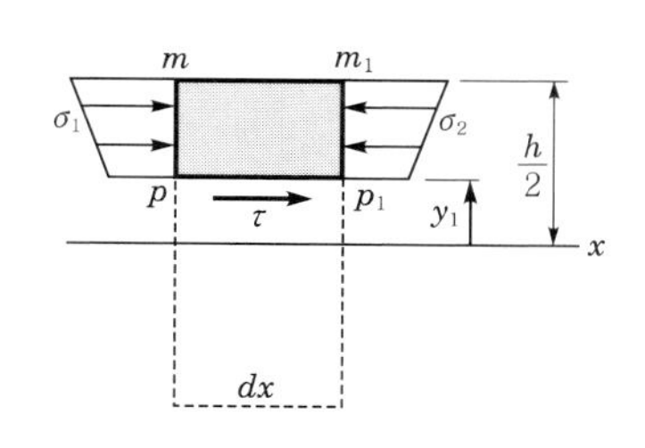

[그림 3.18] 자유물체도의 보조요소
(불균일 굽힘상태의 보)

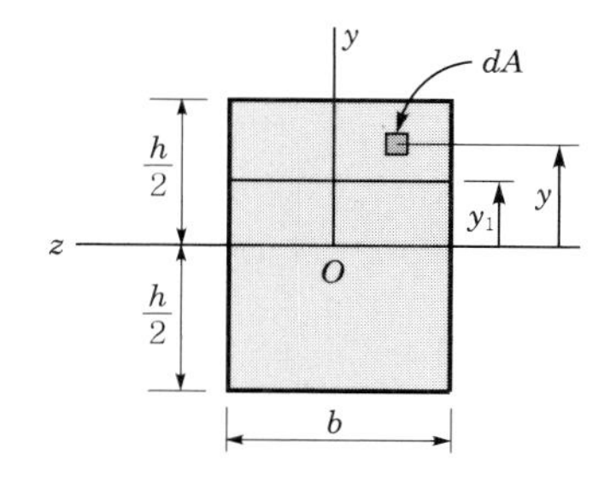

[그림 3.19] 보의 단면

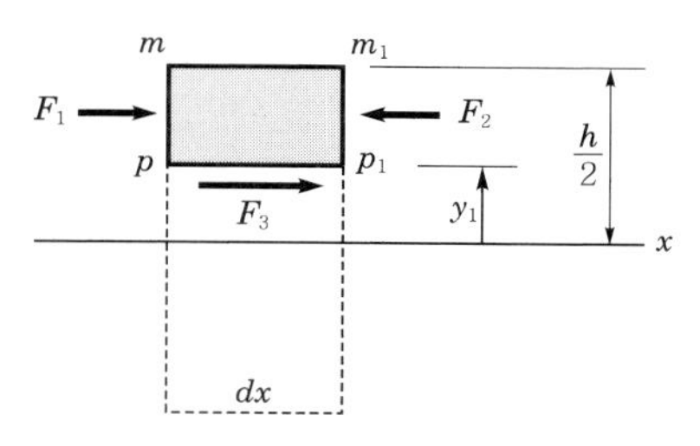

[그림 3.20] 불균일 굽힘상태

따라서 『그림 3.20』과 같은 불균일 굽힘 상태에 대해서 수평방향 평형에 영향을 주는 힘 성분 F_1, F_2를 각각 구하면,

$$F_1 = \int_{y_1}^{\frac{h}{2}} \sigma_1 dA = \int_{y_1}^{\frac{h}{2}} \frac{My}{I} dA$$

$$F_2 = \int_{y_1}^{\frac{h}{2}} \sigma_2 dA = \int_{y_1}^{\frac{h}{2}} \frac{(M+dM)y}{I} dA$$

와 같다. 여기서 적분구간이 $y = y_1$부터 $y = h/2$까지라는 것에 유의하자. 수평 방향 정적평형조건을 이용하면,

$$F_3 = \int_{y_1}^{\frac{h}{2}} \frac{(M+dM)y}{I} dA - \int_{y_1}^{\frac{h}{2}} \frac{My}{I} dA = \int_{y_1}^{\frac{h}{2}} \frac{(dM)y}{I} dA = \frac{dM}{I} \int_{y_1}^{\frac{h}{2}} y dA$$

를 유도할 수 있다. 또한 $F_3 = \tau b dx$이므로(여기서 b는 바닥면의 폭으로, 바닥면의 면적은 bdx가 됨),

$$\tau = \frac{dM}{dx}\left(\frac{1}{Ib}\right) \int_{y_1}^{\frac{h}{2}} y dA$$

와 같다. 여기서 $V = \frac{dM}{dx}$이므로,

$$\tau = \frac{V}{Ib} \int_{y_1}^{\frac{h}{2}} y dA$$

이 되고, $Q \equiv \int_{y_1}^{\frac{h}{2}} y dA$로 정의하면 전단응력에 대한 공식은 다음과 같다.

$$\tau = \frac{VQ}{Ib} \qquad (3.7)$$

여기서 Q는 단면 전체가 아닌, 중립축으로부터 바닥면까지의 거리 y_1부터 윗면 $h/2$까지의 적분으로 결정되는 값이라는 것에 유의하자. 또한 이 공식은 균일한 직사각형 단면을 갖는 보에 대한 전단응력을 구할 수 있는 공식이라는 것에도 유의하자.

4 요약

지금까지 배의 종강도 해석을 위한 기초이론에 대해서 살펴보았다. 앞에서 언급한 바와 같이 배의 종강도 해석을 할 때, 배를 하나의 보로 가정하고 강도해석을 하게 된다. 보 이론을 바탕으로 하는 종강도 해석은 특정하게 설정한 하중조건 하에서 최종식(3.6)과 식(3.7)을 이용하여 구한 굽힘응력(수직응력, normal stress)과 전단응력(shear stress)의 최대값이 재질의 허용응력(allowable stress)을 초과하는지 확인하고 이를 바탕으로 구조 설계를 수정하게 된다.

3.2 배에 작용하는 힘

배는 기본적으로 물이 스며들지 않도록 수밀로 된 선저외판, 선측외판 및 갑판으로 둘러싸인 상자형 용기이며, 배에는 항해 중 뿐만 아니라 정박 중에도 각종 힘이 작용한다. 배가 사람이나 화물을 싣고 바다를 안전하게 항해할 수 있도록 하기 위해서는 이들 힘에 충분히 견딜 수 있는 구조강도를 확보해야 하며, 어떻게 하면 구조부재를 유효하게 활용하여 이 조건을 만족시킬 것인가가 구조 설계자에게 주어진 가장 중요한 사항이다. 구조 설계자가 배의 구조강도를 평가하기 위해서는 먼저 배에 어떠한 힘이 작용하고 있는지를 알아야 한다.

배에 작용하는 힘은 주로 선체 외부로부터의 수압과 선체자중을 포함한 적재화물에 의하여 생기며, 이들은 복합적으로 동시에 작용하고 있으므로 그 성질은 매우 복잡하다. 그러나 선체강도 평가의 측면에서 지금까지는 편의상 4종류로 분류하여 다루고 있다.

① 배를 세로방향으로 굽히려는 힘(종굽힘모멘트)
② 배의 횡단면을 변형시키려는 힘(횡하중)
③ 배를 비틀려는 힘(비틀림모멘트)
④ 국부적으로 작용하는 힘(국부하중)

이들 중 ④의 국부하중은 배의 구조부재에 직접 작용하는 압력과 집중력을 말하며, ②의 횡하중은 배의 횡단면에 작용하는 단면력으로서 ④의 국부하중을 적분하여 이어지는 분포하중이 이에 속한다. 또한 ① 및 ③은 배의 길이 전체에 걸쳐 생각하고 있으므로 보통 전체하중이라고도 하는 것으로, 배의 횡단면에 작용하는 단면력을 배의 길이방향으로 적분하여 얻어지는 종굽힘모멘트, 비틀림모멘트가 이에 속한다.

1 배를 세로방향으로 굽히려는 힘

배가 물 위에 가만히 떠 있다는 것은 배의 자중과 적재화물을 포함한 배의 중량, 즉 아래쪽으로 작용하는 힘(중력)과 부력 즉, 위쪽으로 작용하는 힘이 전체적으로 평형을 이루고 있다는 것을 의미한다. 즉, 배의 중량이 부력에 비해 크다면 배는 물 속으로 가라앉게 될 것이며, 반대로 부력이 중량보다 상대적으로 크다면 배는 떠오르게 될 것이다. 이처럼 수면에 떠 있는 배는 중량과 부력의 크기가 전체적으로는 평형을 유지하고 있으나, 『그림 3.21』에 나타나는 바와 같이 각 횡단면에서 부분적으로 보면 이들의 크기가 항상 일치하고 있는 것은 아니다. 다시 말해 어떤 부분에서는 중량이 부력보다 큰 경우도 있으며, 다른 부분에서는 부력이 중량보다 큰 경우가 있다. 또한 각 부분에 있어 중량과 부력의 차이도 균일하지 않다. 결국 배는 길이방향에 걸쳐 중량과 부력의 차이에 의한 불균일한 분포하중을 받게 되며, 이 때문에 각 횡단면에서는 전단력이 생기고 배를 길이방향으로 굽히려는 종굽힘모멘트가 생기게 된다.

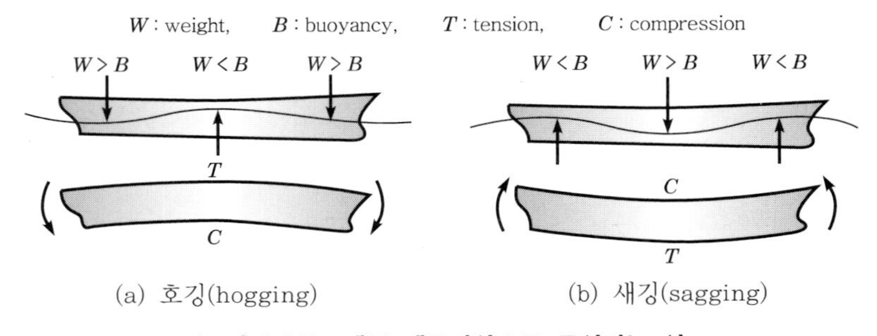

[그림 3.21] 배를 세로방향으로 굽히려는 힘

종굽힘모멘트는 배가 정수 중에 정박 중일 때도 생기며, 배가 파중을 항해할 때는 일반적으로 그 값이 더욱 커진다. 특히 『그림 3.21(a)』에 나타나는 바와 같이 배가 파중을 항해할 때 파정이 배의 중앙부에 오고 파저가 배의 선수미부에 위치하게 되면 선수미부에서는 중량이 부력보다 커지고, 중앙부에서는 부력이 중량보다 커지게 되어 배의 중앙부가 위쪽으로 굽어지는 변형이 일어나게 된다. 이 형상이 돼지(hog)의 등모양과 닮았다 하여 이 같은 변형이 생길 때를 호깅(hogging) 상태라고 한다. 또한 『그림 3.21(b)』와 같이 파저가 배의 중앙부에 오고 파정이 배의 선수미부에 위치하게 되면 중앙부가 추와 같이 밑으로 처지는(sag) 변형이 일어나게 되는데, 이 같은 변형이 생길 때를 새깅(sagging) 상태라고 한다. 호깅 상태에서는 배의 갑판부에 인장응력, 선저외판에 압축응력이 생기고, 새깅 상태에서는 갑판부에 압축응력, 선저외판에 인장응력이 생긴다. 또한 종굽힘모멘트의 최대값은 일반적으로 배의 길이방향의 중앙부에서 발생한다.

2 배의 횡단면을 변형시키려는 힘

『그림 3.22』에 나타낸 바와 같이 배의 횡단면에 주목해 보면 물 속에 잠긴 부분에서는 외부로부터 수압이 작용하고, 갑판 및 화물창에는 화물이나 각종 기계장치 등에 의한 분포하중이 작용하여 배의 횡단면을 변형시키게 된다. 배가 정수 중에 수평으로 떠 있는 경우에서와 같이 횡하중이 대칭적으로 작용할 때는 『그림 3.22(a)』에서와 같이 보통 횡단면의 안쪽으로 대칭적인 변형이 일어나며, 배가 경사지거나 수면의 높이가 배의 좌우에서 다른 경우 등은 『그림 3.22(b)』에서와 같이 비대칭적인 힘이 작용하게 되어 변형도 비대칭적으로 생기게 되는데, 이 같은 변형이 심각하게 일어나는 것을 래킹(racking) 현상이라고 한다.

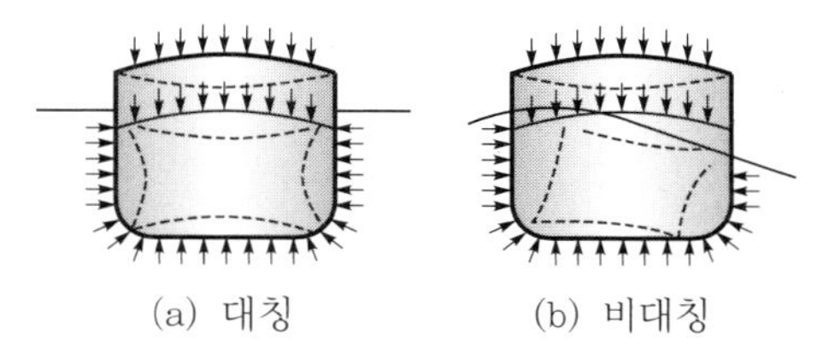

[그림 3.22] 배의 횡단면을 변형시키려는 힘

3 배를 비틀려고 하는 힘

『그림 3.23』에 나타나는 바와 같이 배가 선측으로부터 심한 바람을 받아 옆으로 기울어지거나 배가 파중을 항해할 때 전방 또는 후방으로부터 파도나 바람을 비스듬히 받아 파 또는 풍압의 작용방향이 선수미부에서 달라지게 되면 배의 길이방향을 축으로 하여 비틀려는 비틀림모멘트가 작용하게 된다. 일반적으로 파의 길이가 배의 길이와 거의 동일하고 배와 파의 진행방향이 45° 각도이며 파정 또는 파저가 배의 중앙부에 위치할 때 배에 작용하는 비틀림모멘트가 최대가 된다.

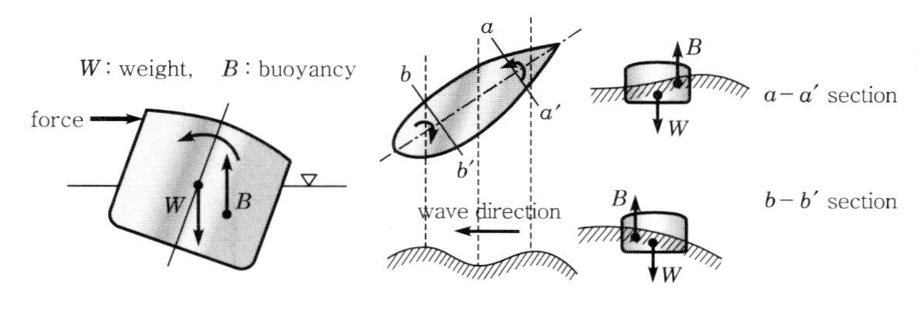

[그림 3.23] 배를 비틀려고 하는 힘

4 국부적으로 작용하는 힘

배의 부분구조 또는 구조부재에 국부적으로 작용하는 압력과 집중력을 말하며, 선체강도상 특히 문제가 되는 것으로는 배가 파중을 항해할 때 선수현측 및 선저부에 작용하는 팬팅(panting) 압력 및 슬래밍(slamming) 압력, 액체화물 탱크 내의 슬로싱(sloshing) 압력 등의 충격하중을 들 수 있다. 이밖에도 배에 국부적으로 작용하는 힘으로는 정수압, 선체자중, 선창 내의 화물압력, 풍압, 건조・진수・입거(docking) 시의 압력, 온도차, 충돌・좌초시의 압력, 침수에 의한 수압, 화물의 이동에 의한 압력, 프로펠러의 충격력 또는 타력, 타(rudder)의 반력, 용접에 의한 잔류응력 등을 들 수 있다.

3.3 배의 강도

배에는 앞(3.2 배에 작용하는 힘)에서 설명한 바와 같이 각종 힘이 작용하게 되는데, 배가 이들 힘에 대항하여 파손되지 않기 위해서는 충분한 강도를 가지고 있어야 한다. 배에 작용하는 힘을 편의상 4종류로 분류하여 다루고 있는 것과 같이 배의 강도 역시 이들 힘에 대응하여 각각 종강도, 횡강도, 비틀림강도, 국부강도로 분류하여 다루고 있다. 한편, 지금까지는 복잡한 구조를 가진 배의 강도를 높은 정도로 엄밀하게 추정하는 것이 매우 어려웠기 때문에 새로운 배의 설계에 있어서는 과거에 설계 또는 건조한 배 중에서 강도가 충분하였다고 판단되는 배를 기준선으로 선택하였다. 즉, 새로 설계하려고 하는 배의 강도가 기준선의 강도에 비해 동등 이상이 되도록 강도를 평가하거나 부재치수를 결정하는 비교강도(comparative strength) 개념을 주로 적용하고 있다. 그러나 최근에는 유한요소법을 비롯한 수치구조해석법의 발달과 함께 고도로 정밀한 강도평가가 가능하게 되어 보다 합리적인 강도평가 및 구조설계가 가능해지고 있다. 본 교재에서는 비교강도 개념을 바탕으로 한 배의 강도 평가에 대해서만 다루고, 배의 강도 중에서도 가장 기본이 되는 종강도에 대하여 중점적으로 살펴보기로 한다.

1 종강도(longitudinal strength)

배를 길이방향으로 굽히려는 힘, 즉 종굽힘모멘트에 대항하는 강도를 종강도라 하며, 이것은 배의 강도 중에서 가장 기본이 되는 강도이다. 종강도는 배를 1개의 보로 가정하고, 이 보에 작용하는 종굽힘모멘트를 계산한 뒤 보 이론을 적용하여 평가한다. 따라서 종강도평가를 위해서는 먼저 배에 작용하는 종굽힘모멘트를 계산해야 한다. 또한 종굽힘모멘트는 근본적으로 배의 중량분포와 부력분포의 차이에서 기인하는 것이므로 종굽힘모멘트의 계산을 위해서는 배의 중량분포와 부력분포를 알아야 한다. 배의 중량 및 부력분포는 일반적으로 화물의 종류 및 적재방법, 배의 속력, 항로의 해상 상태 등에 따라서도 달라지므로, 배의 초기설계 단계에서 이들을 모두 고려한다는 것은 매우 어렵다. 따라서 배의 일생 동안에 예상되는 가장 격심한 하중상태를 지금까지의 건조실적이나 경험을 바탕으로 설정하고, 이것을 기준으로 종강도를 평가하게 되는데, 이 때의 하중상태를 표준상태(standard condition)라고 한다.

(1) 표준상태

배의 종강도를 평가하기 위한 표준상태는 보통 다음과 같은 조건을 기준으로 하고 있다.

[표 3.1] 표준상태의 조건

표준파	• 파장 : 배의 길이 • 파고 : 파장의 1/20 • 파형 : 정현파(sine wave)
적재상태	• 만재상태 출항시 • 만재상태 입항시 • 밸러스트상태 출항시 • 밸러스트상태 입항시

호깅 및 새깅상태에서의 종굽힘모멘트의 크기는 일반적으로 서로 다르므로 각각에 대해 별도로 계산하게 되며, 결국 표준상태의 하중상태는 모두 8가지가 된다. 그러나 편의상 다음의 2가지 상태만을 대상으로 계산하는 것이 보통이다.

① 표준호깅상태(standard hogging condition) : 파정이 배의 중앙부에 오고 선창에는 균질화물을 적재하되 밸러스트수, 연료, 음료수, 식료품 등은 배의 선수미부에만 적재한 최악의 상태(만재입항시의 호깅상태)

② 표준새깅상태(standard sagging condition) : 파저가 배의 중앙부에 오고 선창에는 균질화물을 적재하되 밸러스트수, 연료, 음료수, 식료품 등은 배의 중앙부에만 적재한 최악의 상태(만재출항시의 새깅상태)

한편, 유조선이나 광물운반선 등의 전용선에서와 같이 화물의 적재방법이나 상태가 일정한 경우에는 위에서 제시한 표준상태 대신에 실제적인 화물적재상태를 기준으로 설정한다.

(2) 전단력 및 종굽힘모멘트의 계산

배가 항만 내에서와 같은 정수 중에 정박하고 있을 때는 파의 영향을 거의 무시할 수 있는데, 이 상태에서의 종굽힘모멘트를 정수 종굽힘모멘트(still water longitudinal bending moment)라고 한다. 이에 비해 배가 파중을 항해할 때에는 파의 영향으로 인하여 배에 작용하는 종굽힘모멘트의 값이 변하게 되는데, 이 때의 종굽힘모멘트의 변화량을 파종굽힘모멘트(wave longitudinal bending moment)라고 한다. 일반적으로 최대 종굽힘모멘트는 최대 정수 종굽힘모멘트와 최대 파종굽힘모멘트의 합을 말한다. 그런데 실제 배의 운항 중에는 종강도 계산시에 설정하는 것과 같은 격심한 파와 조우하는 경우는 드물고 파굽힘모멘트의 값도 비교적 작으며, 배에 작용하는 굽힘모멘트의 경향은 정수 굽힘모멘트가 지배적이다. 따라서 여기서는 정수 종굽힘모멘트의 계산에 대해서만 언급하기로 한다. 또한 표현을 간단히 하기 위해 정수 종굽힘모멘트를 단순히 종굽힘모멘트라고 부르기로 한다. 배는 선각중량뿐 아니라 화물중량, 연료, 밸러스트수, 음료수, 승무원 및 이들의 소지품 등의 중량에 의하여 아래쪽으로 힘을 받게 된다. 『그림 3.24(a)』에서와 같이 단위길이당 각 중량의 합을 $w(x)$라 할 때 선미부를 원점으로 하여 선수쪽으로 x축을 잡고, x축 상의 각 위치에서 세로축에 $w(x)$의 값을 그린 곡선을 중량곡선(weight curve)이라고 한다. 또한 배는 물의 부력에 의해 위쪽으로 힘을 받게 되는데, 각 횡단면에 작용하는 단위 길이당 부력 $b(x)$를 그린 곡선을 부력곡선(buoyancy curve)이라고 한다(『그림 3.24(b)』).

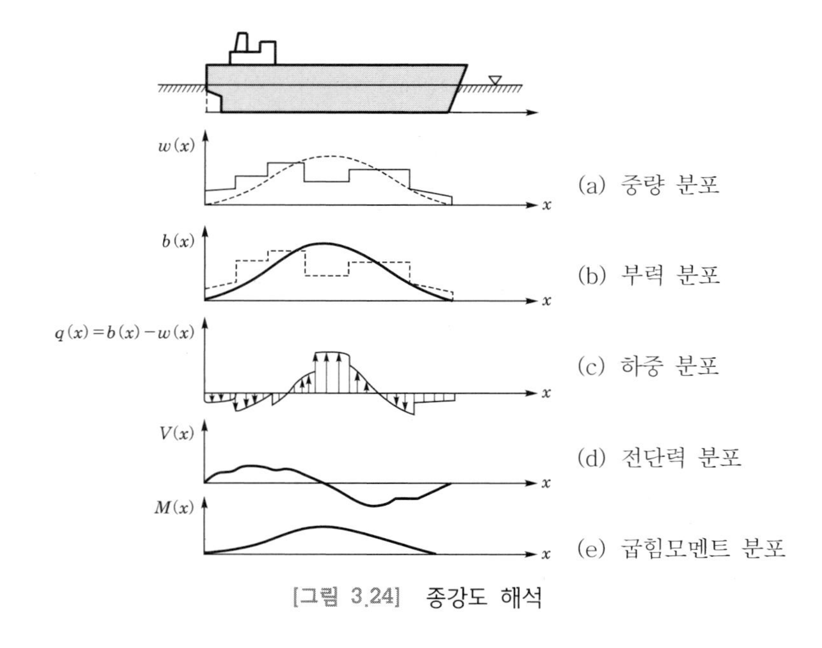

[그림 3.24] 종강도 해석

배가 정수 중에 가만히 떠 있다는 것은 중량과 부력이 전체적으로 평형을 이루고 있다는 것을 의미하므로 다음의 두 조건을 항상 만족하여야 한다. 즉,

① 배에 작용하는 중량과 부력의 합은 서로 같다.
② 배의 중량중심(무게중심)과 부심은 길이방향으로 동일한 위치에 있다.

지금 단위길이당 중량과 부력이 각각 $w(x)$, $b(x)$임을 고려하면, 배의 전체중량 W 및 전체부력 B는 각각 다음과 같이 계산된다.

$$W = \int_0^L w(x)dx \quad (3.8)$$
$$B = \int_0^L b(x)dx$$

여기서, L : 배의 길이

위의 평형조건으로부터 W와 B는 크기가 서로 같아야 하므로 다음 식이 성립된다.

$$\int_0^L w(x)dx = \int_0^L b(x)dx \quad (3.9)$$

또한 배의 길이방향에서의 중량중심위치 x_g 및 부심위치 x_b는 각각 다음과 같이 계산된다.

$$x_g = \frac{1}{W}\int_0^L xw(x)dx \quad (3.10)$$
$$x_b = \frac{1}{B}\int_0^L xb(x)dx$$

위의 평형조건으로부터 x_g와 x_b는 크기가 서로 같아야 하므로 다음 식이 성립된다.

$$\int_0^L xw(x)dx = \int_0^L xb(x)dx \quad (3.11)$$

이상에서와 같이 $w(x)$와 $b(x)$는 식(3.9)와 식(3.11)을 만족하기는 하나, 이들의 분포형태는 여러 가지가 있을 수 있으며, 실제 선박에서는 이들이 서로 일치하는 경우는 거의 없다. 즉, 중량과 부력의 크기는 각 횡단면에서 부분적으로 보

면 서로 일치하는 것이 아니므로, 0이 아닌 $w(x)-b(x)$의 분포하중이 배의 길이방향에 걸쳐 작용하게 되는데 이것을 중량곡선이나 부력곡선과 같은 좌표상에 나타낸 곡선을 하중곡선(load curve)라고 한다(『그림 3.24(c)』). 여기서 분포하중을 다음과 같이 나타내기로 한다.

$$q(x)=w(x)-b(x) \tag{3.12}$$

따라서 배를 분포하중 $q(x)$가 길이방향에 걸쳐 작용하고 있는 1개의 보로 가정하면, 배에 작용하는 정수전단력(still water shearing force) V 및 정수 종굽힘모멘트 M은 각각 다음 식과 같이 계산된다(여기서 식(3.1)과 식(3.2)을 이용).

$$V=-\int_0^x q(x)dx \tag{3.13}$$

$$M=\int_0^x V(x)dx=\int_0^x\int_0^x q(x)dxdx \tag{3.14}$$

한편, 전단력분포 및 종굽힘모멘트분포를 좌표상에 나타낸 곡선을 각각 전단력선도(shearing force curve), 굽힘모멘트선도(bending moment curve)라고 한다(『그림 3.24(d), 3.24(e)』).

또한 선수미부는 자유단으로 되어 전단력과 종굽힘모멘트가 작용하지 않으므로 식(3.9), 식(3.11), 식(3.13), 식(3.14)에 의해 다음 식이 성립한다.

$$F(0)=F(L)=0, \qquad M(0)=M(L)=0 \tag{3.15}$$

배의 중량분포 $w(x)$는 선각중량, 적재화물중량, 밸러스트수, 연료, 식료품 등의 중량분포를 합하여 구한다. 한편, 배의 각 단면에 작용하는 부력분포 $b(x)$는 다음과 같은 식으로 구할 수 있다(『그림 3.25』).

$$b(x)=\gamma_w A(x) \tag{3.16}$$

여기서, $A(x)$: 수선 아래 부분의 물에 잠긴 횡단면적

γ_w : 물의 비중량

(청수의 경우 $\gamma_w=1000\text{kgf/m}^3$, 해수의 경우 $\gamma_w=1025\text{kgf/m}^3$)

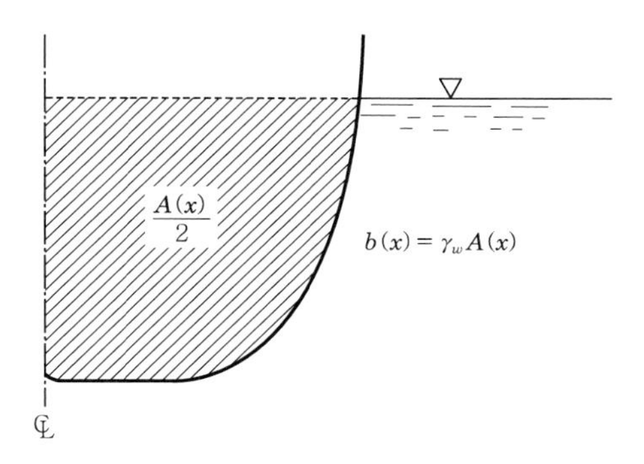

[그림 3.25] 부력의 계산

(3) 응력계산 및 단면계수

배가 전단력 및 종굽힘모멘트의 작용을 받으면 구조부재 내부에는 전단응력(shearing stress)과 굽힘응력(bending stress)이 생긴다. 배의 각 횡단면에 작용하는 전단응력 τ는 식(3.7)을 바탕으로 다음과 같이 계산할 수 있다.

$$\tau = \frac{V(x)Q}{Ib} (\mathrm{N/m^2}) \qquad (3.17)$$

여기서, $V(x)$: 횡단면에 작용하는 전단력(N)
Q : 전단응력을 계산하고자 하는 점보다 상부에 있는 모든 종강도 부재 단면의 중립축에 관한 1차 모멘트($\mathrm{m^3}$)
I : 횡단면의 중립축에 관한 단면 2차모멘트($\mathrm{m^4}$)
b : 전단응력을 계산하고자 하는 점에서의 선측외판 및 종통격벽판의 판두께 합계(m)

다음으로, 굽힘응력 σ_b 역시 보 이론을 적용하여 계산할 수 있으며, 길이방향의 각 부분에 생기는 굽힘응력은 식(3.6)을 이용하여 다음과 같이 계산한다.

$$\sigma_b = \frac{M(x)y}{I} (\mathrm{N/m^2}) \qquad (3.18)$$

여기서, $M(x)$: 각 단면에서의 종굽힘모멘트(N·m)
I : 횡단면의 중립축에 관한 단면 2차모멘트($\mathrm{m^4}$)
y : 횡단면의 중립축으로부터 굽힘응력을 계산하고자 하는 점까지의 수직거리(m)

식(3.18)의 계산에 있어서 굽힘응력을 계산하고자 하는 단면위치가 정해지면

$M(x)$와 I는 일정하므로 σ_b는 y에만 비례하게 된다. 따라서 배에 작용하는 최대굽힘응력은 최대굽힘모멘트가 발생하는 중앙부의 횡단면에서 중립축으로부터 강력갑판 또는 선저용골까지의 거리 중에서 큰 쪽의 y를 채용하여 계산한다. 일반적으로 선저부가 갑판부보다 견고한 구조로 되어 있기 때문에 횡단면의 중립축은 선저용골로부터 $0.4D$(D : 배의 깊이) 정도의 위치에 존재하며, 중립축으로부터 선저용골까지의 수직거리보다 강력갑판까지의 거리가 크기 때문에 최대굽힘응력은 강력갑판부에 발생하는 것이 보통이다. 배의 굽힘응력분포는 결국 길이방향의 각 위치에서 종굽힘모멘트 $M(x)$를 I/y로 나누면 얻어지므로 위 식 (3.18)은 다음과 같이 다시 쓸 수 있다.

$$\sigma_b = \frac{M(x)y}{I} = \frac{M(x)}{I/y} = \frac{M(x)}{Z}\,(\mathrm{N/m^2}) \qquad (3.19)$$

여기서, $Z = I/y\,(\mathrm{m^4/m})$를 단면계수(section modulus)라고 하며, 배의 종강도를 평가하는데 있어 중요한 기준이 된다.

(4) 허용응력과 단면계수의 기준값

이상에서와 같은 방법으로 구한 전단응력 또는 굽힘응력은 많은 가정 하에서 구한 전단력 또는 굽힘모멘트를 기준으로 근사적으로 계산한 것이므로, 실제 배에 작용하고 있는 응력과 일치한다고는 말할 수 없다. 따라서 비록 위에서 구한 종굽힘모멘트에는 견딜 수 있는 종강도를 가지고 있다 하더라도 하중 계산시에 포함시키지 않은 건조 재료의 특성, 구조 불연속부에서의 응력집중 현상 등의 영향 때문에 배가 길이방향으로 부러지는 사고가 발생할 위험성이 있다. 이와 같은 측면에서 실제 설계단계에서는 위에서 계산한 응력에 일정한 계수를 곱하여 이것이 구조재료의 극한강도를 초과하지 않도록 부재치수를 결정하게 된다. 이것은 위에서 계산한 응력 값이 구조재료의 극한강도보다 훨씬 작은 임의의 기준 응력 값보다도 작게 되도록 부재치수를 설계한다는 것과 같은 의미이다. 이때의 일정 한도 이하의 임의 기준응력값을 허용응력(allowable stress)이라고 한다. 일반적으로 허용응력은 구조재료의 극한강도를 기준으로 안전율(safety factor)을 정하고, 극한강도를 안전율로 나눈 값으로 정의하고 있다. 또한 안전율은 과거의 건조 실적이나 경험을 바탕으로 설정하고 있는데, 일반선박의 경우 대략 2~4 정도를 채용하고 있는 것이 보통이다.

그런데 일반선박에서는 주요 치수가 정해지면 최대 종굽힘모멘트의 크기가 근사적으로 추정되므로 최대 굽힘응력은 단면계수의 크기에 따라 결정되게 된다.

따라서 종강도를 기준으로 한 구조설계에 있어서는 허용응력을 사용하는 대신에 적절한 단면계수의 기준값을 사전에 설정하여 두고, 설계하고자 하는 배의 단면계수가 그 기준값 이상이 되도록 부재치수를 결정하는 것이 편리한 경우가 많다. 이 같은 측면에서 만재흘수선규정 또는 각 선급에서는 선종에 따라 확보해야 할 단면계수의 기준값을 설정하고 있다.

(5) 종강도 부재(longitudinal strength member)

배에 작용하는 종굽힘모멘트에 대항하여 배의 종강도에 기여하는 부재를 종강도부재라고 한다. 배를 구성하는 구조부재가 종강도부재로서의 역할을 하기 위해서는 길이방향으로 충분한 길이를 가지고 있고, 다른 부재와도 견고하게 고착되어 있어야 한다. 선급규정에서는 배의 중앙부 $L/2$ 이상에 걸쳐 종통하는 부재 또는 이와 동등한 기여를 할 수 있는 종통부재를 종강도부재라고 규정하고 있다. 이러한 종강도부재는 배의 종강도를 증가시키기 위해서 구성부재가 가능한 한 종강도부재로서의 효력을 발휘할 수 있도록 배치되어야 한다.

2 횡강도(transverse strength)

배의 횡단면을 변형시키려는 횡하중에 대항하는 강도를 횡강도라고 한다. 배의 횡강도를 계산함에 있어서 고려하는 횡하중으로는 정수압, 구조하중, 갑판하중, 선창내 화물응력 등이 있으며, 엄밀하게는 횡단면 내에 작용하는 각종 국부하중을 중첩하여 계산할 수 있으나, 일반적으로는 가장 큰 횡하중이 발생한다고 예상되는 하중조건을 대상으로 계산하고 있다.

배는 입체구조물로서 배의 강도는 엄밀하게는 종강도와 횡강도를 동시에 고려하여 3차원 해석을 수행해야 하지만, 선체와 같은 복잡한 대형구조물의 입체구조해석은 매우 어렵기 때문에 배의 횡단면에서 늑골간의 횡부재만으로 구성된 평면골조구조를 대상으로 배의 횡강도를 평가하는 것이 보통이다.

일반상선의 경우, 법규나 선급규정에 따라 부재치수를 결정하면 일반적으로 충분한 횡강도가 확보된다는 것이 확인되어 있으므로 별도의 횡강도 계산은 수행할 필요는 없으나, 갑판개구가 큰 배에서와 같이 횡강도에 문제가 있는 경우에는 가장 큰 횡하중이 발생한다고 예상되는 하중조건하에서 횡단면 내의 응력을 계산하고, 이것이 허용응력값보다 작게 되도록 부재치수를 결정하면 된다.

현재 횡강도 평가를 위해 선급에 규정된 횡강도 계산식의 적용과 병행하여 매트릭스 골조구조해석법에 의한 직접계산법이 널리 이용되고 있다. 한편, 횡단면을 변형시키려는 힘에 대항하는 부재를 횡강도부재(transverse strength member)라고 하며 이것은 가로방향으로 배치되는데, 보, 늑판, 횡격벽 등이 이에 속한다.

3 비틀림강도(torsional strength)와 국부강도(local strength)

배를 비틀려고 하는 힘에 대항하는 강도를 비틀림강도라고 한다. 일반적으로 실제 배에 작용하는 비틀림모멘트에 의하여 배의 횡단면 내의 부재에 생기는 응력의 크기는 매우 작기 때문에 비틀림강도의 계산은 별도로 수행하지 않는 것이 보통이다. 그러나 갑판개구가 큰 배에서는 큰 비틀림변형이 생기기 쉬우므로 비틀림강도의 검토를 행할 필요가 있다. 배를 비틀려고 하는 힘에 대항하는 부재를 비틀림강도 부재라고도 하는데, 이들의 예로는 외판, 갑판, 횡격벽 등이 있으며, 배를 비틀려고 하는 힘에 대해 수직방향으로 배치된 부재, 예를 들어 중심선 거더(girder)나 종격벽 등은 비틀림강도 부재로서의 기능이 거의 없다.

배의 부분구조 또는 구조부재에 국부적으로 작용하는 힘에 대항하는 강도를 국부강도라고 한다. 배의 전체강도가 충분하더라도 일부분에서의 국부강도가 부족하면 그 부분에서 발생한 파손이 구조 전체적으로 확산될 위험성이 있으므로 국부강도면에서 충분한 검토를 행할 필요가 있다.

3.4 배의 구조

배는 육상구조물과는 달리 바다를 항해해야 하기 때문에 물이 스며들지 않도록 배의 바깥 표면은 수밀구조로 되어 있어야 함은 물론이고, 각종 외력에 대해 충분히 견딜 수 있는 견고한 구조를 가지고 있어야 한다. 배의 구조가 수밀이 되도록 하기 위해 바깥표면은 선저외판, 선측외판 및 갑판 등의 판구조로 둘러싸여 있으며, 각종 외력에 견딜 수 있도록 골재 등으로 판구조를 보강하고 있다. 한편, 배의 구조는 충분한 강도 확보 뿐만 아니라 가능한 한 가볍고 간단한 구조로 하여 건조가 용이하며 여러 기능을 충분히 발휘할 수 있도록 구조부재의 치수나 배치를 결정해야 한다.

배의 구조양식은 배를 구성하는 종강도부재와 횡강도부재의 배치방법에 따라 횡식구조(transverse system), 종식구조(longitudinal system), 종횡혼합식구조(combined system)로 분류할 수 있다.

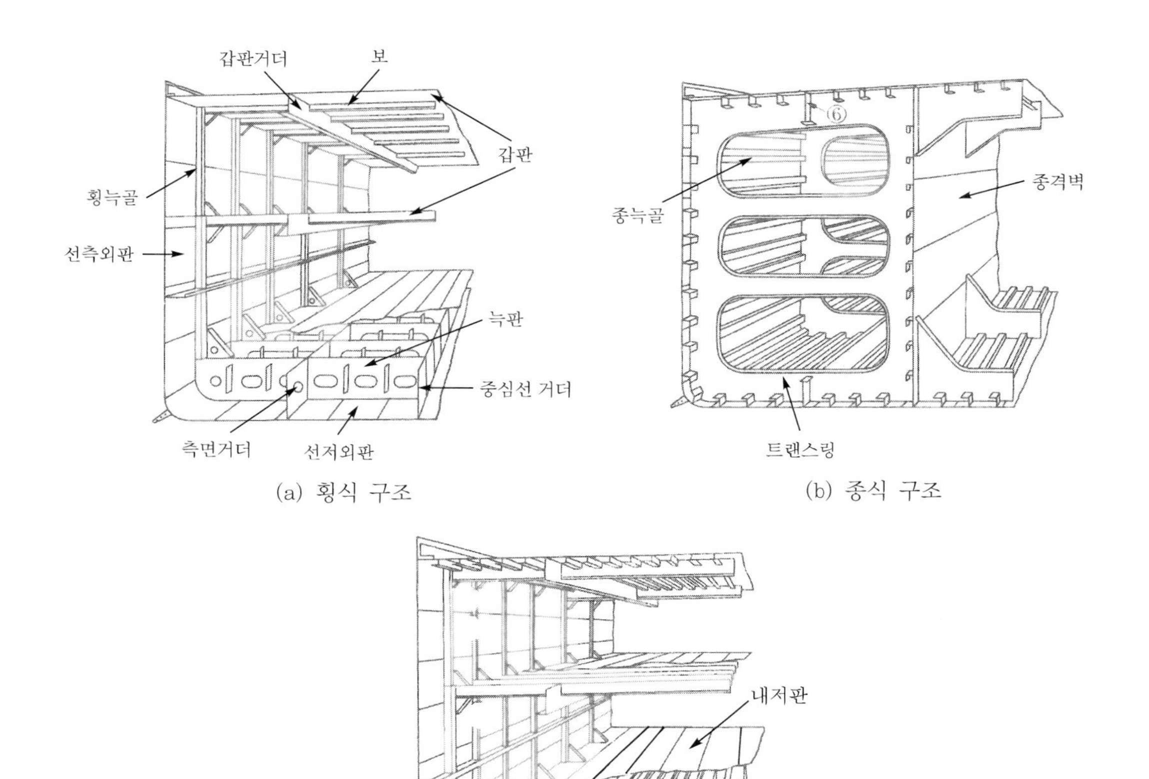

[그림 3.26] 배의 구조

① 횡식구조는 늑판, 횡늑골 또는 보 등의 횡강도부재를 횡단면 내에 중점적으로 배치하는 구조로서, 구조가 간단하여 건조가 용이하고 선창 내에 돌출부가 적기 때문에 선창내부를 유효하게 활용할 수 있다. 그러나 부재 배치상 배의 종강도가 약하기 때문에 늑골간격을 줄이거나 갑판, 외판 등의 판두께를 크게 할 필요가 생기고, 그 결과 배의 중량이 무거워지게 된다. 따라서 중소형 선박이나 일반화물선의 구조로서 채용되고 있다(『그림 3.26(a)』).

② 종식구조는 횡식구조와는 달리 주로 종강도부재를 중심으로 배치시킨 구조양식으로서, 횡격벽과 횡격벽간에 등간격으로 배치된 대형 트랜스링(transring)을 제외하고는 종격벽, 각종 종통재 등 대부분의 부재를 세로방향으로 배치하며, 이셔우드 방식(isherwood system)이라고도 한다. 이 구조양식은 종강도

에 강하고 배의 중량이 경감되는 이점이 있으나, 구조가 복잡하여 건조작업이 어려우며 선창 내의 돌출부가 문제되는 일반화물선 등의 구조로는 부적합하기 때문에 유조선과 같은 액체화물을 적재하는 배나 종강도가 부족하기 쉬운 대형 선미기관선 등에 많이 채용되고 있다(『그림 3.26(b)』).

③ 종횡혼합식구조는 위의 두 구조의 장점을 조합하여 배치시킨 구조로서, 갑판부와 선저부는 종식구조로 하여 종강도를 확보시키면서 선측은 횡식구조로 하여 충분한 횡강도를 확보할 수 있도록 한다. 또한 길이방향에서는 선수미부를 횡식구조로 하여 복잡한 구조가 되지 않도록 한다. 선창 내는 횡식구조이기 때문에 돌출부가 적어 일반화물선에도 적합한 구조이다. 그러나 이 구조양식에서는 종식구조로 배치된 부분과 횡식구조로 배치된 부분의 경계에서 강도의 불연속이 생기기 쉬우므로 횡부재와 종부재가 견고하게 접속될 수 있도록 브래킷을 부착하는 등의 보강 대책을 강구해야 한다(『그림 3.26(c)』).

배의 구조는 위치에 따라 중앙부구조, 선수구조, 선미구조, 상부구조로 나눌 수 있으며, 기능적인 측면에서는 격벽구조에 의해 구획지어지는 선창, 기관실, 선수창, 선미창, 거주구로 분류할 수 있다. 지금까지 배의 대형화, 전용화와 함께 배의 구조도 많은 변화를 가져왔으며, 특히 배의 중앙부구조는 적재화물의 종류에 따라 구조특징에 차이가 있다. 여기에서는 현재 주로 채용되고 있는 배의 각부 구조특징을 간단히 살펴보기로 한다. 한편, 중앙부구조에 대해서는 선저부, 선측부 및 갑판부로 나누어 설명하기로 한다.

(1) 선저구조

선저구조는 국부적으로 작용하는 정수압이나 파충격력, 선창 내의 화물중량에 견딜 뿐 아니라 배의 종강도 및 횡강도상의 중요한 구조이다. 선저구조에는 단저구조와 이중저구조가 있는데, 특수한 경우를 제외하고는 대부분의 배가 이중저구조를 채용하고 있으며, 부분적으로 단저구조와 이중저구조를 병용하는 것이 보통이다. 즉, 유조선과 같은 액체화물운반선의 경우는 여러 개의 구획으로 나누어지기 때문에 선창은 단저구조로 하지만 기관실에서는 좌초 사고 등으로 인하여 예상되는 침수를 방지하기 위하여 이중저구조를 채용한다. 또한 대부분의 배에서 선수창(forepeak tank), 선미창(afterpeak tank), 선측탱크(wing tank)는 단저구조로 배치하고 있다.

① 용골(keel)

용골은 선저의 선체중심선을 따라 선수재로부터 선미골재에 걸쳐 설치되는 것으로서 입거, 좌초시에 배가 받는 국부적인 외력이나 마모로부터 선체를 보호하는 역할을 한다. 용골은 평판용골(plate keel)과 방형용골(bar keel)이 있는데, 목선에서는 주로 방형용골이 채용되고 강선에서는 공작이 용이한 평판용골이 사용되고 있다. 평판용골의 판폭이나 판두께는 배의 길이가 길어지면 커지게 되는데, 특히 판두께는 주위의 선저외판보다 두껍게 설정한다(『그림 3.27』).

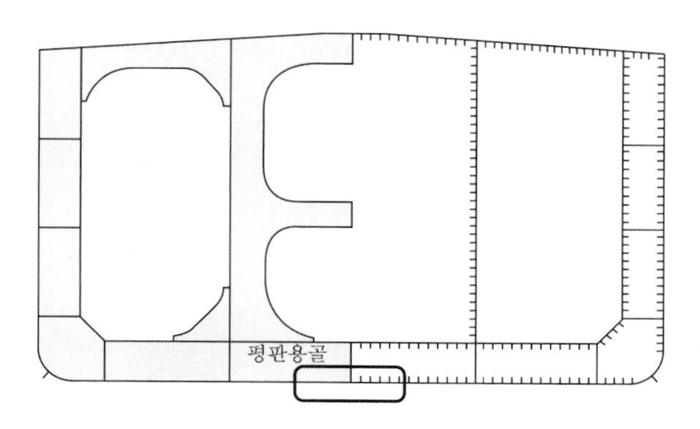

[그림 3.27] **평판용골**

② 선저외판(bottom shell plating)

선저외판은 국부적으로 작용하는 정수압과 파랑충격력에 견딜 뿐 아니라 종굽힘모멘트의 작용으로 인하여 생기는 인장력이나 압축력에 대항하는 중요한 종강도부재이다(『그림 3.26(a)』). 종굽힘모멘트의 크기는 중앙부에서 가장 크기 때문에 선저외판의 판두께도 중앙부에서 가장 크고 선수미쪽으로 갈수록 얇아진다.

③ 단저구조와 이중저구조

선저가 탱크로 되어 있지 않은 구조를 단저구조라고 하며, 주로 소형선이나 일반선박의 선수미부의 구조로 채용되고 있다. 반면에 선저가 내저판(inner bottom plating), 늑판, 중심선 거더 또는 측면거더에 의하여 탱크로 되어 있는 구조를 이중저구조(double bottom construction)라고 한다(『그림 3.28』). 이중저구조는 선저를 보호하고 좌초 등의 손상으로 인하여 선창 내로 해수가 침입하는 것을 방지하며 밸러스트수, 연료유, 청수의 탑재에도 이용된다. 일반적으로 횡강도를 충분히 확보하면서 구조중량을 경감시키기 위하여 늑판수를 가능한 한 줄이고, 대신 늑판을 뺀 부분을 늑골로 보강한다. 이중저구조에서 늑판 사이에 설치하는 늑골을 가로방향으로 배치한 것을 횡늑골방식, 세로방향으로 배치한 것을 종늑골방식이라고 한다. 현재 소형선을 제외하고는 대부분의 배가 종늑골방식을 채용하고 있다. 횡늑골방식의 경우는 늑골이 골조구조의 형태로 외판 및 내저판에 부착되며 이들이 1개의 구조세트가 되어 일종의 늑판과 같은 역할을 하게 되므로 이것을 조립식늑판(open floor)이라고 하고, 이에 대응되는 원래의 늑판을 실체늑판(solid floor)이라고 한다. 이중저 내의 늑판, 늑골의 배치는 간격이 너무 크면 강도 확보상 외판이나 내저판의 판두께를 두껍게 해야 하고, 반대로 간격이 너무 좁으면 공작이 어려우며 이중저 내에서 통행이 불편하기 때문에 강도 및 공작상의 특성을 고려하여 적절한 간격을 설정한다. 한편 법규 및 선급규정에는 배의 길이에 따라 이중저구조의 설치를 의무화하고 있으며, 선저구조의 충분한 강도 확보와 선저보호를 위해 이중저 깊이에 대해서도 그 기준을 규정하고 있다.

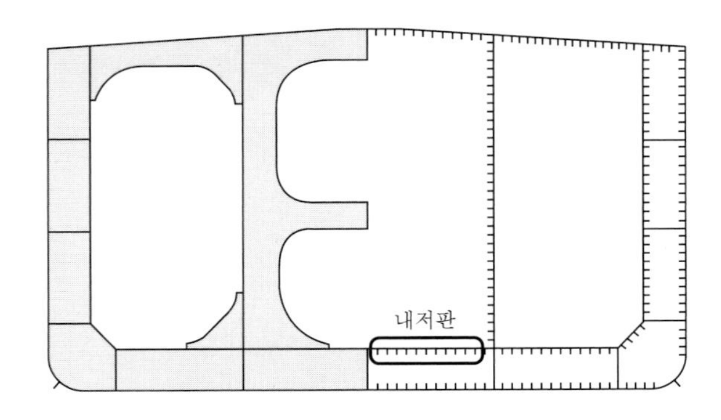

[그림 3.28] 이중저구조

(2) 선측구조와 갑판구조

선측구조는 선측외판과 늑골로 구성되며, 선저구조 및 갑판구조와 함께 중요한 종강도부재로서 수밀뿐 아니라 횡요시 화물 이동에 의한 압력, 갑판하중 등을 감당한다. 보통 선저의 단저구조와 같이 단일한 구조로 되어 있으며, 부재의 배치 방향에 따라 종식과 횡식이 있다(『그림 3.26(a), (b)』).

최상층의 전통갑판을 상갑판(upper deck)이라 하고, 아래쪽은 순서대로 제2갑판(second deck), 제3갑판(third deck) 등으로 부른다(『그림 3.29』). 상갑판 하부의 갑판부를 갑판구조라 하며 갑판, 보, 갑판거더(deck girder) 등으로 구성되어 있다(『그림 3.26(a)』. 상갑판은 중요한 종강도부재로서 비나 해수가 선창 내로 들어오는 것을 방지하며, 상갑판에 목재 등의 화물을 적재하는 배에서는 처짐 변형에도 충분히 견딜 수 있는 구조로 해야 하고 기둥으로 지지시킨다. 상갑판에는 물이 고이지 않고 배수가 잘되도록 길이방향으로 현호(sheer), 폭방향으로 캠버(camber)를 설치한다. 각 갑판에는 선창 내부에 화물을 적재하기 위하여 해치(hatch)를 설치하며 운항 중에는 해치 커버(hatch cover)로 덮어 둔다. 또한 여객이나 승무원의 승하선을 위해 승강구를 설치하며, 기관실의 상부에는 기관실구를 뚫어 채광, 통풍 및 각종 기계부품의 출입이 편하도록 한다. 강선의 갑판은 강판으로 되어 있으며 이들은 보에 의해 지지되는데, 보 사이의 간격이 큰 경우는 굽힘강성이 큰 갑판거더(deck girder)를 설치한다. 또한 갑판거더의 간격이 넓을 경우는 이들의 중간에 기둥을 설치하여 갑판을 지지시킨다. 갑판구조는 중요한 종강도부재이기 때문에 선저구조에서와 같이 종식구조배치를 채용하는 것이 보통이다.

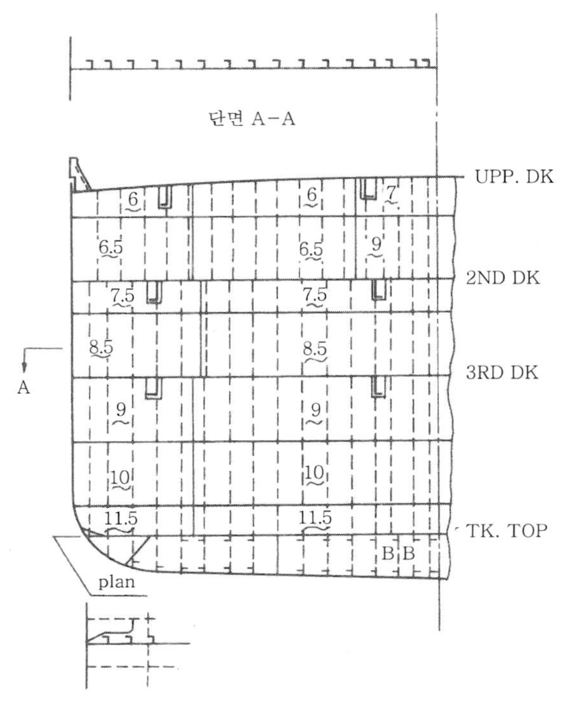

[그림 3.29] 갑판구조

(3) 격벽구조(bulkhead)

선저외판, 선측외판, 갑판으로 둘러싸인 배는 내부에서도 격벽에 의해 구획지어진다. 격벽을 설치하는 목적은 선내에 침수가 생기거나 화재가 발생하더라도 배 전체가 치명적인 손상을 입지 않고 가능한 국부적인 범위 내에서 억제될 수 있도록 하며, 여러 종류의 화물을 동시에 적재하는 경우에는 각 구획마다 종류별로 구분하여 적재하기 위함이다. 격벽구조는 격벽판과 이것을 지지 또는 보강하는 거더, 보강재 등으로 구성되며, 최근에는 보강재를 생략하는 대신에 가로 또는 세로방향으로 파형의 구조로 만든 파형격벽(corrugated bulkhead)이 채용되기도 한다. 격벽을 가로방향으로 배치한 것을 횡격벽(transverse bulkhead), 세로방향으로 배치한 것을 종격벽(longitudinal bulkhead)이라고 한다(『그림 3.26(b)』, 『그림 3.30』). 특히 침수 등에 대처하기 위하여 수밀구조로 된 격벽을 수밀격벽(watertight bulkhead)이라고 하며, 물이나 기름 등의 액체를 적재하는 탱크 내의 격벽은 항상 액체 압력을 받고 있으므로 같은 위치의 수밀격벽보다 견고한 구조로 하는데 이것을 딥탱크 격벽(deeptank bulkhead)이라고 한다. 또한 수밀격벽이나 딥탱크 격벽을 제외한 비수밀구조로 된 격벽을 비수밀격벽(nonwatertight bulkhead)이라고 한다. 격벽의 설치간격은 선수미부에서는 좁고 중앙부의 선창에서는 넓게 하는 것이 보통이다. 또한 횡격벽은 배의 전체강도의 확보를 위하여 최소한의 설치 개수가 규정되어 있으며, 구조상으로는 선저에서 건현갑판에 이르기까지는 좌우현의 선측외판에 도달하도록 설치되기 때문에 종강도부재로서의 기능도 가지고 있다. 한편, 액체화물운반선에서는 반드시 수밀 또는 유밀구조로 해야 하며, 위험 가스가 발생하는 배에서는 기밀구조로 해야 한다.

[그림 3.30] 횡격벽(수밀격벽)

(4) 기관실 구조

기관실 내에는 주기관, 보일러 발전기, 펌프 등의 주요 기기가 배치된다. 이들 중에서 펌프는 화물의 적재 및 탑재시에 사용되는데, 유조선 등에서는 기름의 유출이나 인화 위험으로부터 기관실을 보호하기 위하여 기관실과는 별도의 방에 펌프실을 설치하기도 한다. 기관실 구조는 주기관이나 보조기계 등의 중량을 지지하며 운전 중에 생기는 진동을 최소화할 수 있도록 강성이 큰 견고한 구조부재로 구성된다.

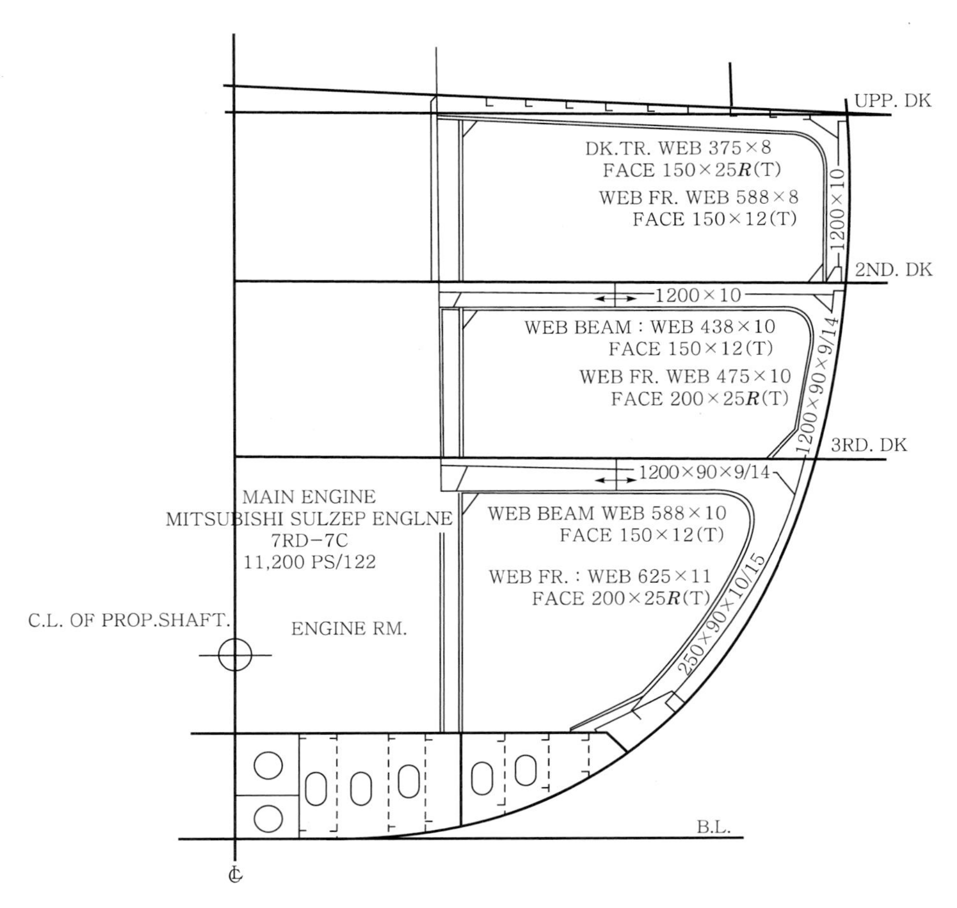

[그림 3.31] 기관실구조

(5) 선수구조와 선미구조

선수부는 항상 파의 충격력을 받으며 선박이나 표류물과도 충돌할 기회가 많은 장소이기 때문에 이들 하중에 충분히 견딜 수 있는 견고한 구조로 해야 하는데, 이 구조를 팬팅(panting) 구조라 하기도 한다. 또한 일단 손상 사고가 발생하여 침수가 일어나더라도 배가 전체적으로 침몰하지 않고 국부적인 침수로 끝날 수 있도록 선창부와의 경계에는 견고한 선수격벽을 설치한다. 『그림 3.32』는 대표적인 선수구조를 나타내고 있다.

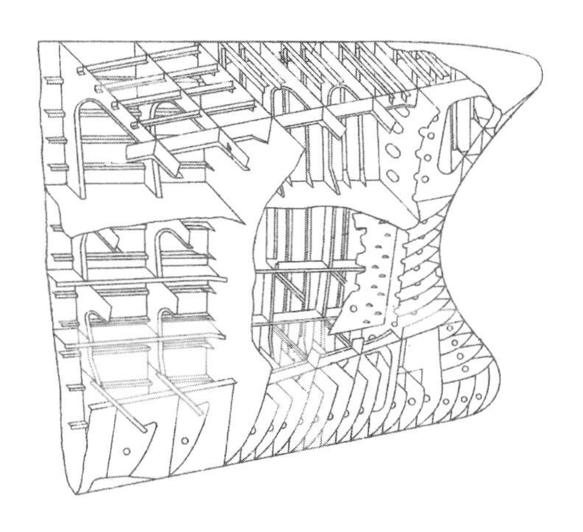

[그림 3.32] 선수구조

선미부에는 프로펠러와 타(rudder)가 설치되어 진동이 일어나기 쉽고 배의 추진 또는 선회시에 수압의 변화가 크며 파충격력이나 선박, 표류물과의 충돌 기회가 많으므로 선수구조와 같이 견고한 구조로 해야 한다. 선미구조는 선미골재, 선미부외판, 선미창으로 구성된다. 『그림 3.33』은 대표적인 선미구조를 나타내고 있다. 한편, 동합금으로 된 프로펠러 등의 부식을 최소화하기 위해 선미부에는 아연판을 붙여 전기방식(전기적으로 부식을 방지하는 것)을 실시한다.

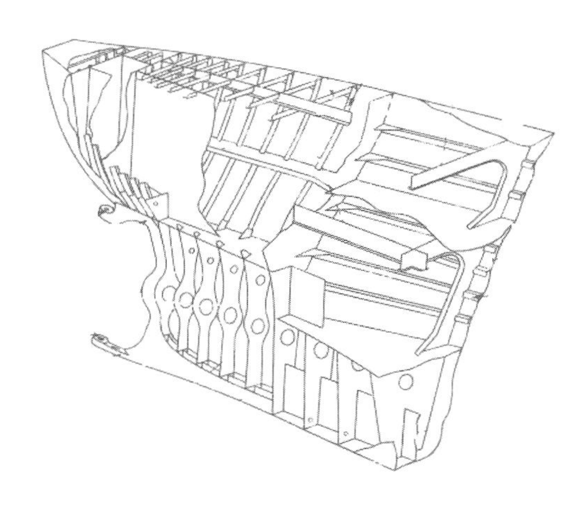

[그림 3.33] 선미구조

(6) 상부구조

상갑판 상부에는 채광, 통풍이 양호한 거주구 또는 조타에 용이한 높은 장소의 조타실(wheel house)을 확보하고 선수부에서 파도가 갑판 위로 유입되는 것을 방지하기 위하여 선루나 갑판실을 설치하는데 이들을 상부구조라고 한다. 『그림 3.34』는 선루와 갑판실의 횡단면 형상을 나타내고 있다.

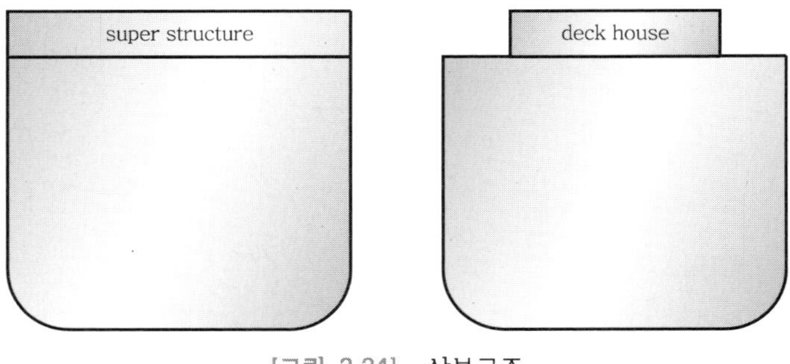

[그림 3.34] 상부구조

① 선루(erection 또는 superstructure)

상갑판 상부에 선측으로부터 선측에 이르는 연속된 갑판이 있고, 그 갑판까지 선측외판이 도달하도록 설치된 구조를 선루라고 하며, 선수루(forecastle), 선교루(bridge), 선미루(poop)가 있다. 선루구조는 상갑판 하부의 주구조와 동등한 수준의 견고한 구조로 하며, 특히 중앙부에서 길이가 비교적 긴 선루의 경우는 종강도에도 기여하므로 종강도 계산시에 포함시킨다. 또한 선루는 배의 예비부력을 분담할 수 있으므로 건현 계산시에도 포함시키는 것이 보통이다(『그림 3.35』).

[그림 3.35] 세종대왕함의 선루

② 갑판실(deck house)

갑판실은 상갑판 상부 또는 선루갑판상에 설치되는 유보갑판(promenade deck), 보트갑판(boat deck), 항해갑판(navigation deck) 등의 아래쪽 방이 이에 속한다. 갑판실은 선루와는 달리 폭이 선측외판에 도달하지 않고 종강도에 기여하지 않으므로 보통 경구조로 한다. 그러나 래킹이나 진동방지를 위하여 적당한 보강대책을 강구해야 한다(『그림 3.36』).

[그림 3.36] 광개토대왕함의 갑판실

Chapter
04

선박계산의 기초

Chapter >>> 04 선박계산의 기초

4.1 기본 계산

도형의 기하학적 중심을 도심(centroid of area)이라고 하는 데 조선공학에서 도심을 구하는 특별한 이유가 있다면 바로 부심과 부면심을 계산하는데 필요하기 때문이다. 이렇게 중요한 도심을 구하는데 필요한 개념은 바로 단면의 1차 모멘트에 대한 것으로 임의의 형상을 갖는 재료의 면적이 A인 평면도형 상에 미소면적을 dA, 그 좌표를 x, y라고 설정하였을 때, x축에 대한 단면의 1차 모멘트 G_x와 y축에 대한 단면의 1차 모멘트 G_y는 다음과 같이 정의된다.

$$G_x = \int_A y\,dA \ , \ G_y = \int_A x\,dA \tag{4.1}$$

이를 통하여 임의의 형상을 가지는 평면도형의 도심을 구할 수 있는데, x축 방향과 y축 방향의 도심을 구하는 식은 다음과 같다.

$$G_x = A\overline{x} \ , \ \overline{x} = \frac{G_x}{A} \tag{4.2}$$

$$G_y = A\overline{y} \ , \ \overline{y} = \frac{G_y}{A} \tag{4.3}$$

일반 선형을 나타내는 선도(lines)의 곡선들은 엄밀한 수학적인 식으로 표현될 수 없다. 따라서 그러한 곡선으로 둘러싸인 평면도형의 면적 및 입체도형의 체적, 체적의 중심, 특정 축에 대한 1차 모멘트 등의 계산을 수치적분법을 활용하는 근사계산법에 의존하지 않을 수 없다. 곡선으로 둘러싸인 평면도형의 면적을 계산하기 위해서 조선공학에서는 근사적분법을 이용하는데 그 종류에는 사다리꼴 법칙, Simpson의 제 1법칙, Simpson의 제 2법칙, Tchebycheff의 법칙 등이 많이 사용된다.

(1) 사다리꼴 법칙

사다리꼴 법칙(trapezoidal rule)은 곡선도형의 면적을 구하는 데 가장 간단한 공식으로 그림과 같이 여러 개의 사다리꼴로 나누어 각 사다리꼴의 면적의 총합을 구하여 곡선도형의 면적을 구하는 법칙이다.

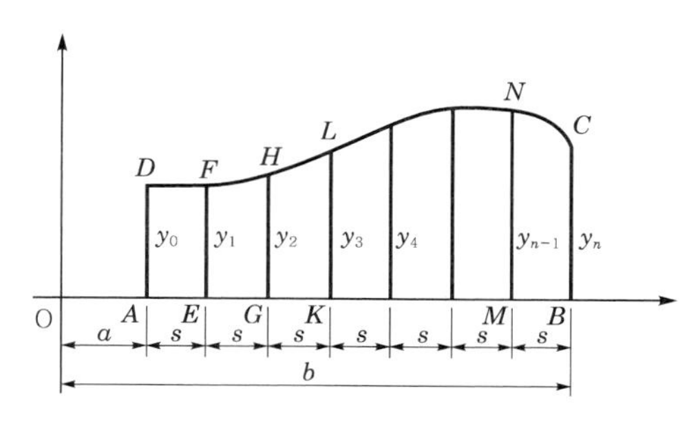

[그림 4.1] 사다리꼴 법칙

『그림 4.1』의 곡선도형 $ABCD$의 면적을 구하려면 먼저 기선 AB를 임의의 수로 등분하고, 기선에 수선 EF, GH, KL, ⋯을 세운다. 이들 수선의 길이를 종선(ordinates), 등분한 종선 간의 거리를 공통간격(common interval)이라 하고 s로 표현하였다.

각각의 사다리꼴의 넓이를 구해보면,

$$AEFD = s \times \frac{y_0 + y_1}{2},\ EGHF = s \times \frac{y_1 + y_2}{2},\ GKLH = s \times \frac{y_2 + y_3}{2},\ \cdots\cdots$$

$$\cdots\cdots,\ MBCN = s \times \frac{y_{n-1} + y_n}{2}$$ 이므로,

이들 사다리꼴 면적의 총합, 즉 곡선도형 $ABCD$의 면적 S를 구하면

$$S = \frac{s}{2}(y_0 + 2y_1 + 2y_2 + \cdots\cdots + 2y_{n-1} + y_n) \qquad (4.4)$$

사다리꼴 법칙은 종선의 간격 s를 작게 잡을수록 실제의 면적에 가까워지며, 가장 간단한 방법으로 많이 사용되고 있다.

(2) Simpson 제 1법칙

Simpson 제 1법칙은 배의 곡선에 적용하여 가장 정확한 결과가 얻어지기 때문에 선박 계산에서 가장 많이 사용되고 있는 근사적분법이다.

『그림 4.2』에서 AB를 기선으로 하여 2등분점 E에 수직선 EF를 긋고, AD, EF, BC를 각각 y_0, y_1, y_2로 나타내며, $AE = EB$를 등간격 s, 면적 $ABCD$를 S라고 할 때,

$$S = \frac{s}{3}(y_0 + 4y_1 + y_2) \qquad (4.5)$$

이것을 Simpson 제 1법칙(Simpson's first rule)이라고 한다. 긴 곡선으로 둘러싸인 면적은 사다리꼴 법칙을 써서 계산할 때와 마찬가지로 그와 같은 부분의 총합으로 생각하여 계산하면 된다.

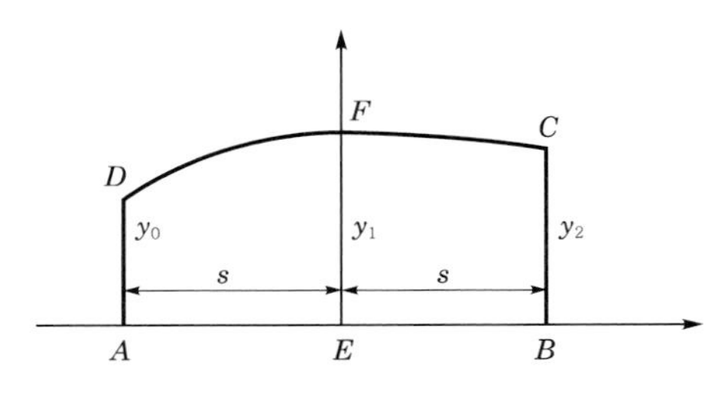

[그림 4.2] Simpson 제 1법칙

이 Simpson 제 1법칙을 증명하여 보기로 하자.

『그림 4.2』에서 곡선 DC는 2차 포물선으로 가정하여 다음의 식으로 표현할 수 있다.

$$y = a_0 + a_1 x + a_2 x^2 \tag{4.6}$$

AB의 중점 E를 기점으로 하고 EB, EF를 각각 x축, y축이라고 하면

$$S = \int_{-s}^{s} y dx = \int_{-s}^{s} (a_0 + a_1 x + a_2 x^2) dx = 2s\left(a_0 + \frac{a_2}{3}s^2\right) \tag{4.7}$$

구하는 면적 S를 또 다음의 식으로 표현할 수 있다고 가정한다.

$$S = Ay_0 + By_1 + Cy_2 \tag{4.8}$$

식(4.6)에 $x = -s$, $x = 0$, $x = s$를 대입하고 y_0, y_1, y_2를 구하여 식(4.8)에 대입하면,

$$\begin{aligned} S &= A(a_0 - a_1 s + a_2 s^2) + Ba_0 + C(a_0 + a_1 s + a_2 s^2) \\ &= (A + B + C)a_0 + (C - A)a_1 s + (A + C)a_2 s^2 \end{aligned} \tag{4.9}$$

식(4.7)과 식(4.9)는 같은 면적을 나타내므로 이 두 식에서 a_0, a_1, a_2의 계수를 비교하면,

$$A + B + C = 2s, \ A - C = 0, \ A + C = \frac{2}{3}s$$

와 같다. 이 3개의 식으로부터,

$$A = C = \frac{1}{3}s,\ B = \frac{4}{3}s$$

임을 알 수 있다. 그러므로 이들 값을 식(4.8)에 대입하면,

$$S = \frac{1}{3}s(y_0 + 4y_1 + y_2)$$

즉, Simpson 제 1법칙을 증명할 수 있다.

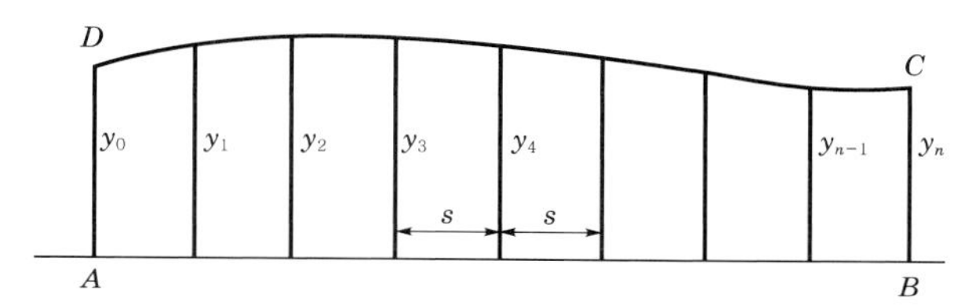

[그림 4.3] Simpson 제 1법칙의 확장

『그림 4.3』과 같은 곡선도형의 면적을 계산할 때는 기선 AB를 짝수 등분하고 각 등분점에서 수선을 세워 종선을 구하여 다음과 같이 계산하면 된다.

$$S = \frac{s}{3}(y_0 + 4y_1 + 2y_2 + 4y_3 + 2y_4 + \cdots\cdots + 4y_{n-1} + y_n) \qquad (4.10)$$

1, 4, 2, 4, ⋯⋯, 4, 1과 같은 계수를 Simpson 계수(Simpson's multiplier)라고 한다. 위 그림의 종선의 값이 선박 계산에서는 오프셋 값으로 표현되므로 오프셋 값과 Simpson 계수의 곱과 합으로 횡단면 또는 곡선의 면적을 손쉽게 구할 수 있기 때문에 선박 계산에서 Simpson 법칙이 가장 많이 사용되고 있다.

기본적인 Simpson 제 1법칙의 Simpson 계수는 1, 4, 1이고, 이 기본 계수를 이용하여 『그림 4.3』과 같은 확장된 곡선도형에 대해서 적용할 수 있는 확장된 Simpson 계수를 구할 수가 있는데 그 방법은 다음과 같다.

	1	4	1						
+			1	4	1				
+					1	4	1		
+							1	4	1
=	1	4	2	4	2	4	2	4	1

(3) Simpson 제 2법칙

Simpson 제 1법칙과 유사한 방법으로 곡선도형의 면적을 구하는 방법으로 Simpson 제 2법칙이 있는데, Simpson 제 1법칙의 경우에는 곡선을 2차 포물선으로 가정하였으나 Simpson 제 2법칙에서는 3차 포물선으로 가정하여 곡선도형의 면적을 구하고 있다.

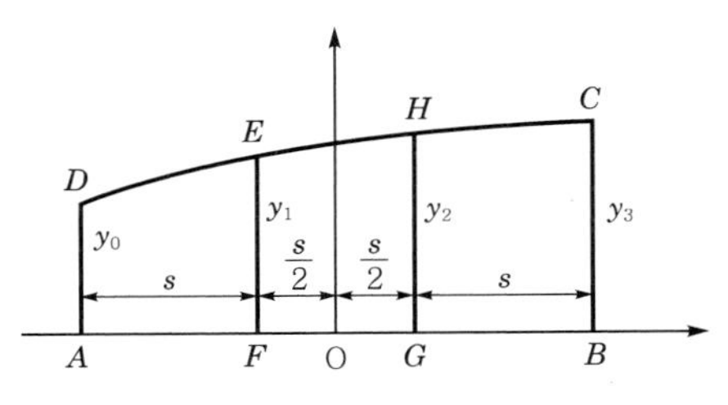

[그림 4.4] Simpson 제 2법칙

『그림 4.4』에서와 같이 도형 $ABCD$의 면적 S를 계산하려고 할 때, 밑면 AB를 3등분하고 등분점에서 수선 FE, GH를 세우고 AD, FE, GH, BC를 각각 y_0, y_1, y_2, y_3라고 하면 구하는 면적 S는 다음의 식으로 나타낼 수 있다.

$$S=\frac{3}{8}s(y_0+3y_1+3y_2+y_3) \tag{4.11}$$

Simpson 제 2법칙에 대한 증명은 제 1법칙을 증명하는 과정과 유사하기 때문에 증명은 생략하도록 한다.

Simpson 제 1법칙과 마찬가지로 곡선도형을 3개 이상의 구간으로 나눌 경우에 사용할 수 있는 확장된 Simpson 제 2법칙을 소개하면 아래와 같다. 이에 대한 접근 또한 제 1법칙의 방법과 유사하다.

$$S=\frac{3}{8}s(y_0+3y_1+3y_2+2y_3+3y_4+3y_5+\cdots\cdots+3y_{n-1}+y_n) \tag{4.12}$$

즉, 일반적인 Simpson 제 2법칙의 Simpson 계수는 1, 3, 3, 1이고 확장된 Simpson 제 2법칙의 Simpson 계수는 1, 3, 3, 2, 3, 3,……, 2, 3, 3, 1이 된다.

$$
\begin{array}{rcccccccccccc}
 & 1 & 3 & 3 & 1 & & & & & & & & \\
+ & & & & 1 & 3 & 3 & 1 & & & & & \\
+ & & & & & & & 1 & 3 & 3 & 1 & & \\
+ & & & & & & & & & & 1 & 3 & 3 & 1 \\
\hline
= & 1 & 3 & 3 & 2 & 3 & 3 & 2 & 3 & 3 & 2 & 3 & 3 & 1
\end{array}
$$

Simpson 제 1법칙과 제 2법칙 모두 선박의 곡선도형의 면적을 구하는데 가장 많이 사용되고 있으나 서로 사용가능한 조건이 다르다. 즉, 곡선도형을 짝수 개의 구간으로 등분하는 경우에는 Simpson 제 1법칙만 사용이 가능하고 홀수 개의 구간으로 등분하는 경우에는 Simpson 제 2법칙만 사용이 가능하다는 것이다. 또 다르게 표현하면 종선(ordinate)의 개수가 홀수 개인 경우에는 Simpson 제 1법칙을 사용해야 하며 종선의 개수가 짝수 개인 경우에는 Simpson 제 2법칙을 사용해야 하는 것이다. 아래의 표로 Simpson 법칙의 사용 조건을 정리해 보았다.

[표 4.1] Simson 법칙의 사용 조건

	Simpson 제 1법칙	Simpson 제 2법칙
구간의 개수	짝수 개	홀수 개
종선의 개수	홀수 개	짝수 개

(4) Tchebycheff 법칙

Simpson 법칙과 같이 매 종선마다 다른 계수를 곱해야 하는 어려움을 피하고, 종선을 모두 더하여 이것에 밑변의 적당한 배수를 곱하여 면적을 구하는 법칙을 Tchebycheff 법칙이라고 한다. 이 방법에서는 종선의 위치를 결정하는 것이 가장 중요하다고 할 수 있다.

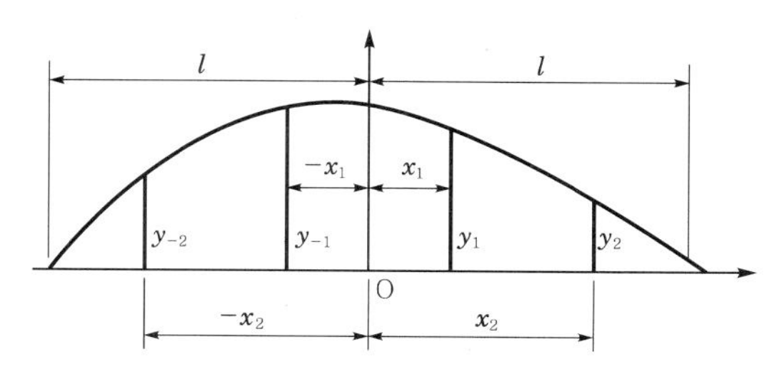

[그림 4.5] Tchebycheff 법칙

종선의 수에 따른 종선의 위치를 계산한 값은 『표 4.2』와 같다.

[표 4.2] 종선의 수에 따른 종선의 위치

종선의 수	종선의 위치								
2					0.5773				
3				0		0.7071			
4				0.1876		0.7949			
5			0		0.3745		0.8325		
6			0.2666		0.4225		0.8662		
7		0		0.3239		0.5297		0.8839	
8		0.1026		0.4062		0.5928		0.8974	
9	0		0.1679		0.5288		0.6010		0.9116
10	0.0838		0.3127		0.5000		0.6873		0.9162

위의 3가지 근사적분법의 결과를 비교하여보면, 사다리꼴 법칙은 Simpson 법칙에 비하여 계산은 비교적 간단하지만 결과의 정밀도를 같이 하려면 등분 수를 많이 하여야 하는 단점이 있다. Tchebycheff 법칙은 종선의 위치를 결정하는 것이 불편하지만 계산은 매우 간단하며 종선의 수가 적어도 결과가 매우 좋은 장점이 있다.

이러한 이유로 선박 계산에서는 다른 근사적분법보다는 Simpson 법칙을 가장 많이 사용하고 있다.

예제 4.1

아래에 주어진 수선면의 면적과 부면심을 계산하시오. 단, 수선면의 길이는 238m 이다.

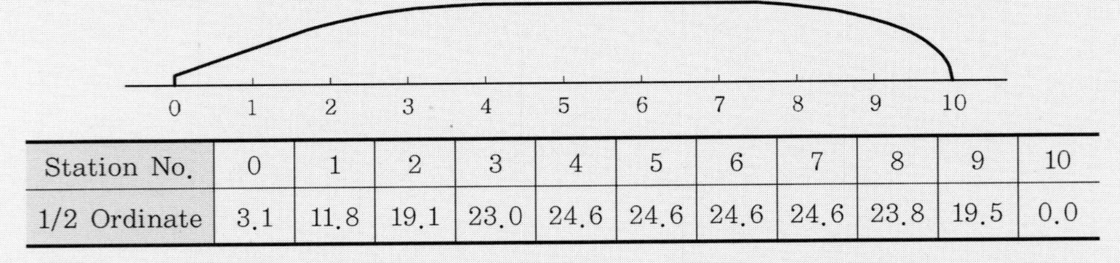

Station No.	0	1	2	3	4	5	6	7	8	9	10
1/2 Ordinate	3.1	11.8	19.1	23.0	24.6	24.6	24.6	24.6	23.8	19.5	0.0

풀이 위 문제의 그림에 대한 수선면의 면적을 구하기 위해서는 종선의 개수가 11개로 홀수 개이고 구간의 수가 10개로 짝수 개이므로 Simpson 제 1법칙을 이용하여 계산하면 된다. 또한, 계산의 편리성을 위해서 아래와 같이 표를 이용하여 계산하면 아주 쉽고 간편하게 구할 수 있다. 표에서 y는 각 스테이션에서의 반폭이고 $S.M.$은 Simpson 계수이다.

St. No.	y	$S.M.$	$y \times S.M.$	x	$(y \times S.M.) \times x$
0	3.1	1	3.1	0	0.0
1	11.8	4	47.2	1	47.2
2	19.1	2	38.2	2	76.2
3	23.0	4	92.0	3	276.0
4	24.6	2	49.2	4	196.8
5	24.6	4	98.4	5	492.0
6	24.6	2	49.2	6	295.2
7	24.6	4	98.4	7	688.8
8	23.8	2	47.6	8	380.8
9	19.5	4	78.0	9	702.0
10	0.0	1	0.0	10	0.0
합계			601.3		3155.2

종선이 11개이므로 스테이션 간격 s는 $238/10 = 23.8\text{m}$이다.
따라서 수선면의 전체 면적 A는

▶ $A = 2 \times \frac{1}{3} \times s \times \Sigma(y \times S.M.) = 2 \times \frac{1}{3} \times 23.8 \times 601.3 = 9540.6\text{m}^2$

0번 스테이션을 지나는 세로축에 대한 1차 모멘트 M_y는

$$M_y = 2 \times \frac{1}{3} \times s \times \Sigma\{x \times (y \times S.M.)\} \times s = 2 \times \frac{1}{3} \times 23.8 \times 3155.2 \times 23.8$$
$$= 1191487.7\text{m}^3$$

그러므로 부면심의 스테이션 0으로부터의 거리 $\bar{x}$는

▶ $\bar{x} = \frac{M_y}{A} = \frac{1191487.7}{9540.6} = 124.9\text{m}$

예제 4.2

110K DWT급 유조선 선미부분의 수선의 반폭치수가 아래와 같다. 이 유조선의 횡단면의 면적과 면적 중심의 연직 위치를 구하여라. 단, 각 수선의 간격은 1m이다.

water line	0	0.5	1	1.5	2	3	4	5	6	7	8
반폭(m)	0.0	5.0	6.1	6.0	5.6	5.5	10.2	31.8	49.0	58.6	62.4

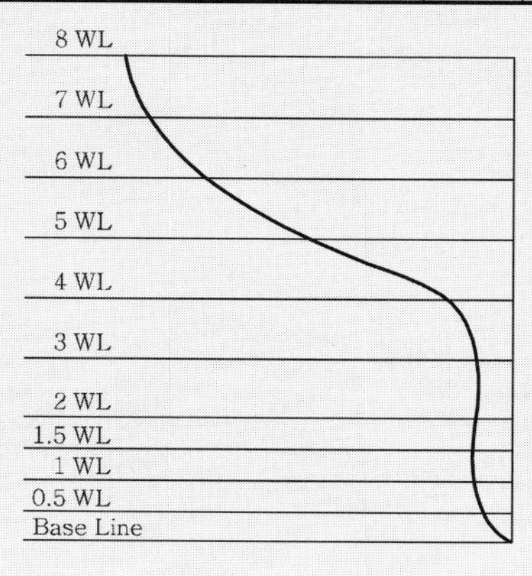

풀이 이 문제의 접근방법도 예제 4.1과 같이 표를 이용하여 계산하면 쉽게 계산할 수 있다. 표에서 x는 반폭, $S.M.$은 Simpson 계수이다.

위의 그림을 통해서 알 수 있듯이 기선(base line)에서 2WL까지 종선 사이의 간격 s는 0.5m이고, 2WL에서 8WL까지는 종선 사이의 간격은 1m이다.

이렇게 종선사이의 거리가 다를 경우에는 Simpson 법칙을 각각 다르게 적용하여 부분적인 횡단면적을 구한 후, 결과 값을 합해주면 전체 횡단면적을 구할 수 있게 된다. 이럴 경우, Simpson 법칙을 두 번 사용해야 하고 예제 4.1과 같은 간단한 표를 이용하여 일목요연하게 계산할 수가 없다.

그래서 기선(base line)에서 2WL까지 종선 사이의 간격 s는 다른 구간의 간격과 마찬가지로 1m로 고정하고, Simpson 계수를 절반으로 줄여서 똑같은 계산결과를 얻을 수 있도록 하면 간단하게 하나의 표를 이용해서 계산할 수가 있다.

아래의 표는 Simpson 계수를 변경하는 과정을 보여주고 있다.

WL No.	0	0.5	1	1.5	2	3	4	5	6	7	8
(1)	1	4	2	4	1						
×1/2	1/2	1/2	1/2	1/2	1/2						
(2)=(1)/2	0.5	2	1	2	0.5						
(3)					1	4	2	4	2	4	1
(2)+(3)	0.5	2	1	2	1.5	4	2	4	2	4	1

위 표의 Simpson 계수를 이용하여 횡단면적을 구할 수 있는데, Simpson 계수를 약간 변경하여 간단하게 면적을 구할 수 있으므로 많이 이용하고 있다.

WL No.	x	$S.M.$	$x\times S.M.$	y	$(x\times S.M.)\times y$
0	0.0	0.5	0.0	0	0.0
0.5	5.0	2	10.0	0.5	5.0
1	6.1	1	6.1	1	6.1
1.5	6.0	2	12.0	1.5	18.0
2	5.6	1.5	8.4	2	16.8
3	5.5	4	22.0	3	66.0
4	10.2	2	20.4	4	81.6
5	31.8	4	127.2	5	636.0
6	49.0	2	98.0	6	588.0
7	58.6	4	234.4	7	1640.8
8	62.4	1	62.4	8	499.2
합계			600.9		3557.5

위의 표를 이용하여 횡단면적 A를 구하면

▶ $A=2\times\frac{1}{3}\times s\times\Sigma(x\times S.M.)=2\times\frac{1}{3}\times 1\times 600.9=400.6\,\mathrm{m}^2$

횡단면적의 기선(base line)에 대한 1차 모멘트 M을 구하여 보면

$M=2\times\frac{1}{3}\times s\times\Sigma\{y\times(x\times S.M.)\}\times s=2\times\frac{1}{3}\times 1\times 3557.5\times 1=2371.7\,\mathrm{m}^3$

따라서 횡단면적의 중심의 기선(base line)에서의 위치 $\bar{y}$는

▶ $\bar{y}=\frac{M}{A}=\frac{2371.7}{400.6}=5.9\,\mathrm{m}$

4.2 부유체의 이론

유체에 떠 있는 물체는 부력(buoyancy)을 받게 되는데 부력이란 물에 뜨려고 하는 힘, 즉 중력이 작용할 때 유체 속에 있는 정지된 물체가 유체로부터 받는 중력과 반대방향의 힘을 말한다. 이러한 부력의 크기는 유체 속에 떠 있는 물체와 같은 부피의 그 유체의 무게와 같다. 이것을 아르키메데스(Archimedes)의 원리라고 한다. 이 부력은 물체의 침수 부분의 체적의 중심, 즉 부심(center of buoyancy)을 통해서 중력과 반대방향인 연직 위로 작용한다. 따라서 정지 상태, 즉 평형상태에 있는 부유체에 있어서 부력은 그 물체가 유체에 잠기면서 밀어낸 유체의 중량과 같고, 부력의 작용선은 그 물체의 중량의 작용선과 일치하며 방향은 반대이다.

이렇게 부유체가 밀어내는 액체의 중량이 바로 그 부유체의 배수량(displacement)이며, 유체를 밀어내면서 유체 속에 잠긴 물체의 체적이 배수용적(displacement volume)이다. 배수량은 배수용적과 관련되지만, 부심의 위치는 배수용적의 형상과 관련이 깊다. 그러므로 부유체가 파랑이나 그 밖의 원인에 의하여 수면과 임의의 각도로 경사하면 부유체의 배수량과 배수용적은 변하지 않지만 배수용적의 형상은 변하므로 부유체의 부심은 이동하게 된다.

실제로 배수량 계산은 어떤 흘수 상태에서 형표면에 대한 부가부를 포함하지 않는 형배수량을 먼저 계산하고, 수선 아래의 형표면의 면적, 즉 침수면적(wetted surface area)을 계산하여 그것에 외판의 평균두께를 이용하여 구한 외판배수량을 더하고, 타(rudder), 빌지 용골(bilge keel), 프로펠러 등의 기타 부가부의 배수량을 합하여 계산한다.

이러한 배수량을 계산하기 위해서는 우선 배수용적을 알아야 하는데 일단 배수용적(∇)이 계산되면 배수량(Δ)은 다음의 식으로 계산된다.

$$\Delta = \gamma \times \nabla \tag{4.13}$$

여기에서 γ는 유체의 비중량이다.

배수량은 주요 치수 L, B, d와 방형계수 C_B에 의해서도 다음과 같이 정의될 수 있고, 이 식은 매우 유용하게 쓰인다.

$$\Delta = \gamma \times L \times B \times d \times C_B \tag{4.14}$$

배수량 계산 이외에 부심의 위치를 결정하는 것도 중요하다. 선수나 선미, 중앙횡단면에서 종방향으로의 부심의 위치를 LCB(Longitudinal Center of Buoyancy)라고 하고 선체 중심선(center line)에서 횡방향으로의 부심의 위치를 TCB(Transversal Center of Buoyancy)라고 하며, 기선(base line)에서 연직방향으로의 부심의 위치를 VCB(Vertical Center of Buoyancy)라고 한다. 선박은 좌우대칭이므로 파랑이나 그밖의 영향으로 선체가 기울어지지 않았을 경우에는 TCB는 중심면 상에 존재하여 그 값은 0이 된다. LCB를 선체중앙부(midship)를 기준으로 표시할 경우에는 ⨂B로 표시하기도 하며 선체중앙부보다 부심이 선수쪽으로 이동해 있을 경우에는 (+)기호로 표시하고 반대로 선미쪽으로 이동해 있을 경우에는 (−)기호로 표시한다. 또, VCB는 기선(base line)을 기준으로 한 값이고 기선과 중심선이 만나는 곳에 위치한 중요한 부재인 용골(keel)을 이용하여 KB로 표시하기도 한다.

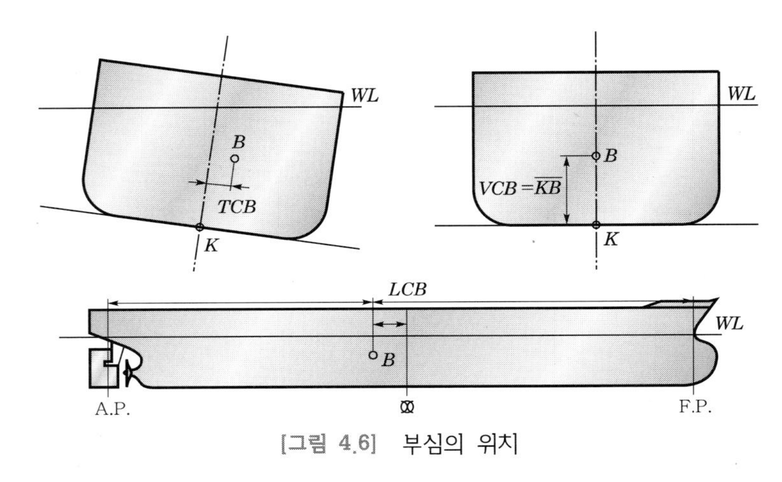

[그림 4.6] 부심의 위치

이러한 부심의 위치는 앞 단락에서 소개한 근사적분법을 이용하여 구한다.

연직방향의 부심위치(VCB 또는 KB)를 간단히 구할 때는 모리시(morrish) 공식을 이용하여 구하기도 한다.

$$KB = \frac{1}{3}\left(\frac{5d}{2} - \frac{\nabla}{A_W}\right) = \frac{d}{3}\left(\frac{5}{2} - \frac{C_B}{C_W}\right) = \frac{d}{3}\left(\frac{5}{2} - C_{VP}\right) \quad (4.15)$$

선박은 화물을 실으면 가라앉고 화물을 내리면 떠오른다. 그런데, 흘수는 화물의 중량과 같은 배수량이 될 때까지 변화하기 때문에 배의 흘수를 1cm 변화시키는 데 몇 톤의 중량이 필요한지를 알고 있으면 배수량을 계산하는데 매우 편리하다. 이것을 센티미터당 배수톤수(ton per 1cm immersion ; TPC)라 한다. 흘수면의 면적을 A_W(m^2), 비중량을 γ(ton/m^3)라고 하면

$$TPC = (A_W \times \gamma)/100\,(\text{ton/cm}) \quad (4.16)$$

센티미터당 트림 모멘트(moment to change trim 1cm ; MTC)는 배가 1cm의 트림변화를 일으키는데 필요한 모멘트를 말하며, 다음의 식과 같이 표현된다. 이 관계식은 종경사 문제를 다룰 때 매우 중요하게 사용된다.

$$MTC = \frac{\Delta \times GM_L}{100 \times L} (\text{ton} \cdot \text{m}) \tag{4.17}$$

여기서 GM_L은 종방향의 메타센터와 무게중심과의 거리, 즉 종메타센터 높이를 말하며, Δ는 선박의 배수량을 의미하고, L은 배의 길이를 나타낸다.

일반선박은 부력에 의해 지지되고 있으므로, 선체의 물 속에 잠긴 부분에 의한 부력과 선박의 중량 변화에 따라 그 자세가 바뀌게 될 것이다. 따라서 화물 등의 탑재나 이동, 또는 선체 주위의 유체의 밀도 변화 등에 따른 선박의 자세 변화를 추정하기 위해서는 물 속에 잠긴 선체의 기하학적 특성과 유체정역학적 특성을 파악할 필요가 있다. 전체 흘수에서 이와 같은 특성값들을 계산한 후 『그림 4.7』과 같이 곡선으로 나타낸 것을 유체정역학적 특성곡선도 또는 배수량등곡선도(hydrostatic curves)라고 하며, 중간 흘수에서의 정확한 값을 보간법을 사용하여 구하기 편리하도록 하기 위하여 표로 작성하기도 한다.

배수량등곡선도에는 흘수를 횡축으로 잡은 후 각 흘수에 따라,

① 기선으로부터 부심까지의 연직위치(KB)
② 기선으로부터 횡메타센터까지의 연직위치(KM)
③ 선체중앙으로부터 부심까지의 수평거리(LCB)
④ 선체중앙으로부터 부면심까지의 수평거리(LCF)
⑤ 배수량(Δ)
⑥ 센티미터당 배수톤수(TPC)
⑦ 센티미터당 트림모멘트(MTC)

등을 도시하며, 이 밖에 기선으로부터 종메타센터까지의 연직위치 (KM_L), 침수표면적, 그리고 선형계수들도 같이 도시하기도 한다.

일반적인 상선에서는 이 자료와 각 화물창이나 탱크에 대한 용적과 그 무게중심 위치를 보여주는 용적도(capacity plan)를 이용하여 화물의 탑재 상태에 따른 선박의 선수와 선미에서의 흘수 및 복원력 특성을 간편하게 예측할 수 있다.

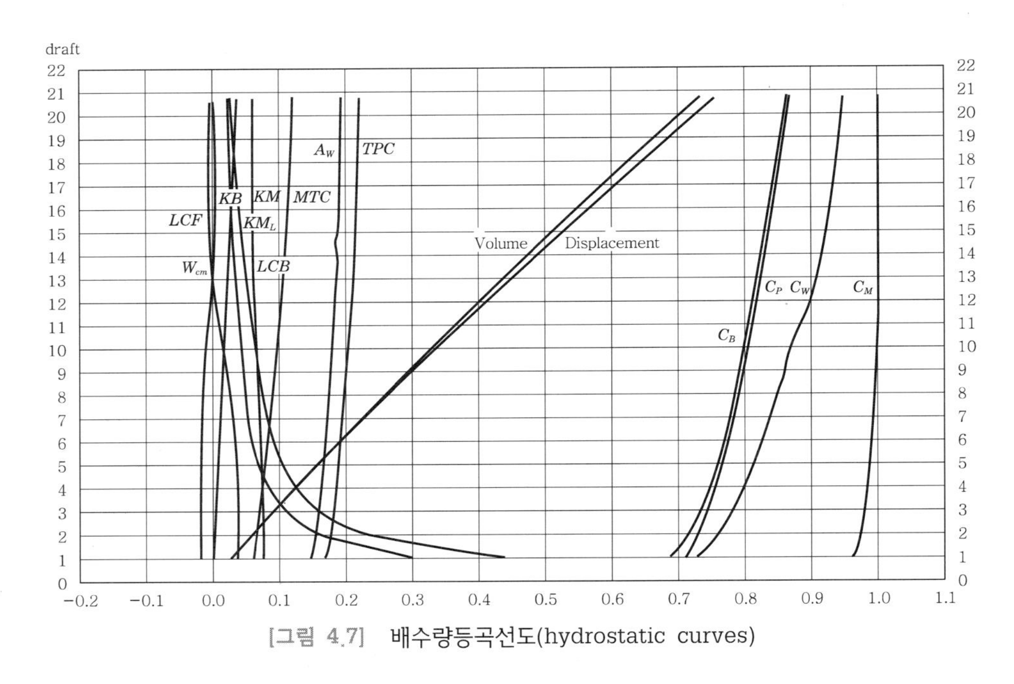

[그림 4.7] 배수량등곡선도(hydrostatic curves)

지금까지 계산한 배수량과 부심은 모두 even keel 상태의 것이므로, 그것으로써는 배가 기선에 경사하고 있는 트림 상태에 대한 배수량과 부심을 계산할 수가 없다. 그러므로 트림 상태를 포함하는 모든 상태에 대한 계산을 할 수 있게 하기 위해 선도(lines)의 각 스테이션 위치에서 여러 흘수에서의 횡단면의 면적을 구하여, 『그림 4.8』과 같이 측면도의 모든 스테이션 종선을 기준으로 해서, 여러 흘수에서의 대응 횡단면적을 수평 좌표로하여 횡단면적곡선을 그린 것을 Bonjean 곡선(Bonjean's curve)이라고 한다.

『그림 4.8』에서 JP는 스테이션 7에서 경사흘수선 AF에 대응하는 횡단면적을 나타내며, 그 값이 기선 밑의 P_1에 표시되어 있다. 각 스테이션에서 흘수선 AF에 대응하는 그와 같은 점을 구하여 『그림 4.8』의 아래에 있는 것과 같은 횡단면적 곡선을 그리고 그 면적과 면적의 중심을 근사적분법에 의하여 계산하면 경사수선 AF에 대응하는 배수량과 부심의 종방향의 위치가 구해진다.

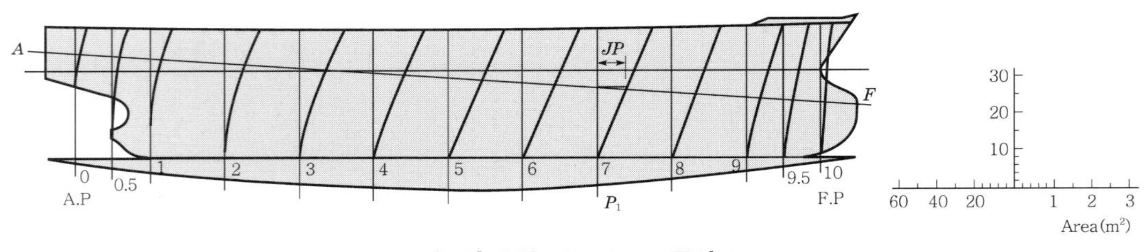

[그림 4.8] Bonjean 곡선

4.3 복원성

배의 배수량과 부력의 크기가 같고 그 작용선이 동일 연직선상에 있을 때, 이 두 힘은 서로 반대 방향으로 작용함으로써 평형 상태가 이루어진다는 것은 이미 설명한 바와 같다. 그러나 그 평형 상태에는 일반 역학에 있어서의 물체의 평형 상태와 마찬가지로 여러 가지 성질의 것이 있다. 즉 바람, 파랑 등 외력에 의해서 배가 미소 변형을 하여 일단 평형이 깨어졌을 때, 그림과 같이 원 위치로 돌아와 다시 평형 상태를 이루는 경우가 있고, 영영 원 위치에 돌아오지 못하고 더욱 경사를 계속하는 경우가 있으며, 또는 경사된 상태에서 평형을 이루는 경우가 있다. 전자의 평형 상태를 안정평형이라 하고, 배는 양의 복원력(positive stability) 상태에 있다고 하며, 두 번째의 평형을 불안정평형이라 하고, 배는 음의 복원력(negative stability) 상태에 있다고 한다. 그리고 그 때 중력과 부력이 만드는 모멘트를 전자에 대해서 복원 모멘트(righting moment), 후자에 대해서는 전복모멘트(heeling moment)라고 한다. 제일 끝에 설명한 평형을 중립평형이라고 한다.

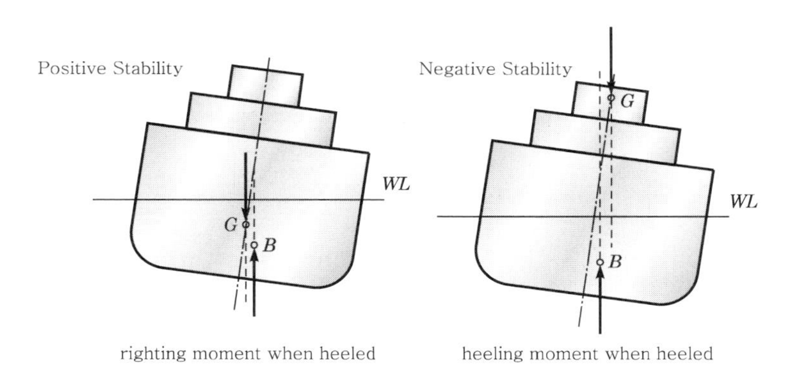

[그림 4.9] 부유체의 평형

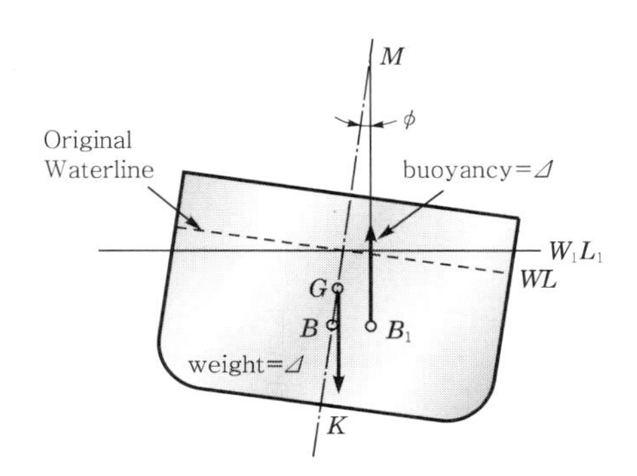

[그림 4.10] 횡경사 때의 메타센터

이상과 같은 성질은 배의 중심과 부심의 위치 관계에 의해서 좌우되며, 중심은 중량의 분포, 부심은 선체 형상에 의존한다.

『그림 4.10』은 약간 과장해서 그렸으나 배가 미소각도 $d\phi$만큼 횡경사를 하여 원래 상태의 수선 WL 때의 부심 B가 경사 후 새 수선 W_1L_1에 대해 B_1으로 이동하였다고 하자. 이때 부력은 새 부심 B_1을 지나서 W_1L_1에 수직하게 작용한다. 이 부력의 작용선과 배의 중심선과의 교점은 경사각도 $d\phi$가 약 8° 이내의 작은 각도인 범위 내에서는 이동하지 않는 정점이며, 선형에 따라서 결정되는 점이라고 생각할 수 있다. 그 정점을 메타센터(metacenter)라고 한다.

『그림 4.10』의 상태에서는 메타센터 M은 중심 G의 위에 있으며, 중심 G를 지나서 연직 아래 방향으로 작용하는 배의 무게인 중력과 B_1을 지나서 연직 위로 작용하는 부력은 복원모멘트를 발생시켜, 배를 원위치에 되돌려 보내려는 방향으로 작용한다.

『그림 4.9』의 오른쪽 그림의 경우에는 중심 G가 메타센터 M보다 위에 있는 경우이며, 이때에는 음의 복원모멘트, 즉 전복모멘트가 작용한다. 이것으로부터 미소각도 횡경사의 배의 안정성은 중심 G와 메타센터 M의 상대적인 위치에 의해서 결정되는 것을 알 수 있다. 즉 좌표축의 위쪽을 양으로 잡을 때,

$GM > 0$이면 안정
$GM < 0$이면 불안정
$GM = 0$이면 중립

인 것을 알 수 있다.

또 일반적으로 복원모멘트는 그림에서 중심 G의 부력 B_1의 작용선에의 투영점을 Z라고 하면 이 복원모멘트는,

$$\text{복원모멘트} = \Delta \cdot GZ \tag{4.18}$$

로 표시되며, GZ의 크기에 의해서 좌우되는 것을 알 수 있다. 이 복원모멘트의 팔인 GZ를 복원팔(righting arm)이라고 한다.

미소각도 횡경사의 복원모멘트는 메타센터 M이 정점이므로 $GZ = GM \cdot \sin(d\phi)$를 고려하여,

$$\text{복원모멘트} = \Delta \cdot GM \cdot \sin(d\phi) = \Delta \cdot GM \cdot d\phi \tag{4.19}$$

와 같이 표시할 수 있다.

이 때 복원모멘트는 GM의 크기에 의존하며, GM을 미소각도 횡경사의 복원력의 척도로 생각할 수 있다. 이 GM을 메타센터 높이(metacentric height)라고 하며, 미소각도 경사시의 복원력을 초기복원력(initial stability)이라고 한다.

미소각도 경사 전의 부심 B와 메타센터 M의 거리 BM을 메타센터 반지름(metacentric radius)이라고 하며, 그 크기는,

$$BM = \frac{I}{\nabla} \tag{4.20}$$

로 표시되는 것을 증명할 수 있다. 여기서 ∇은 계산하려고 하는 흘수 상태에서의 배수용적이며, I는 그 때의 수선면적의 종중심선에 관한 2차 모멘트이다. 그림에서 중심선과 선저의 교점을 K라고 할 때 메타센터 높이 GM은,

$$GM = KM - KG = KB + BM - KG \tag{4.21}$$

와 같은 식에 의해서 계산된다. 식(4.21)에서 알 수 있듯이 GM은 KM과 KG에 의해서 결정되며, 메타센터의 기선에서의 높이인 KM은 부심의 수직 위치 KB와 메타센터 반지름 BM에 의해서 좌우된다. 따라서 KM은 수면 아래의 선체형상, 수선면의 형상 등에 의해서 달라지는 것을 알 수 있다. 또 BM은 폭 B의 제곱에 비례하고 흘수 d에 반비례하는 것이 알려져 있으며, B가 다소 커지면 BM, 결국 KM, 나아가서 GM이 증가하는 데 영향이 크다는 것을 짐작할 수 있다.

배의 깊이가 크고 상갑판상의 구조물이 커지면, 중심 위치가 높아져서 KG가 커지므로 GM이 감소하게 되어 초기복원력이 감소된다.

이상으로부터 초기복원력이 충분한 배를 설계하려면 폭이 넓고 흘수가 작으며, 상부구조물을 가능한 한 작고 가볍게 하여 높이가 낮게 되도록 하여야 함은 명백하다고 하겠다.

선내의 각종 탱크 내의 액체가 가득 차지 않았을 때, 또는 쌀 등의 곡물과 같은 유동성 화물이 화물창에 가득 차지 않은 경우에는 자유표면(free surface)이 생기며, 자유표면이 있는 경우에는 선박의 횡경사에 따라 액체나 화물의 자유표면의 운동 영향으로 인해서 무게중심의 위치가 변하게 되는데, 이 때 배의 무게중심이 상승하는 것과 같은 결과를 초래하여 메타센터 높이에 영향을 주게 된다. 이와 같은 영향을 자유표면효과(free surface effect)라고 한다. 이런 경우에 배의 상승된 중심을 가상중심(virtual center of gravity)이라고 하고 G_v로 나타내며, 이 때 메타센터 높이 GM은 GG_v만큼 감소하게 되므로 선박의 정복원력 계산 시에 상당한 주의를 요한다. 실제 선박에서는 이 효과를 줄이기 위해서 선박의 길이방향으로 격벽을 설

치하는 경우도 많이 있다.

배가 항해 도중에 연료, 식수, 식량 등을 소비하고, 자유 수면이 증가하는 등에 의해서 배의 중심 위치가 달라지며 GM이 변화하므로, 항해 도중에 KG를 작게 하고 충분한 GM을 확보하기 위하여 선저 부근의 탱크에 해수를 넣는 경우가 있다. 이런 경우에 복원력의 증진을 위해서 적재되는 중량물을 밸러스트(ballast)라고 한다. 설계의 과오나 부득이한 경우의 설계에 있어서는 건조시나 또는 건조 후에 얼마 안되어서 콘크리트, 암석, 모래주머니 등의 고체 밸러스트를 선저부 빈 곳에 적재하는 일도 있다. 항해 도중 복원력 조정뿐만 아니라 트림을 조정하기 위해서 적재하는 해수 등도 역시 밸러스트의 일종이며, 밸러스트를 적재하는 것을 밸러스팅(ballasting)한다고 한다.

G_vM의 값은 어떤 경우에도 30cm 이하로 내려가지 않아야 한다. 한편, G_vM의 값이 너무 크면 횡동요(rolling)가 심해질 우려가 있다. 횡동요의 주기(rolling period)를 T라고 하면, G_vM과의 사이에

$$T = (0.6 \sim 0.8) \times \frac{B}{\sqrt{G_vM}} \tag{4.22}$$

라는 관계가 있어, G_vM이 커지면 T가 작아져서 심하게 동요를 하고, 승객이나 선원의 안락감(comfortability)을 해치게 된다. 일반적으로 T가 10초 이하가 되면 좋지 않다고 생각한다.

지금까지는 주로 초기복원력을 중심으로 설명하였는데 대각도 경사 즉 경사각 ϕ가 10°를 넘으면 복원모멘트의 식(4.19)는 성립하지 않으며, 식(4.18)을 써야 하고, 복원력의 기준으로서 복원팔 GZ를 써야 한다. 이 경우에는 메타센터 M은 성립하지 않기 때문이다. 대각도 경사에 있어서는 복원팔 GZ가 경사각도가 증가함에 따라서 증가하다가 어떤 각도에서 최대값이 되었다가, 그 각도를 넘으면 다시 감소하기 시작하여 어느 각도에서 '0'이 되고, 그 이후에는 음의 값이 되어 배가 완전히 전복하게 된다. 복원팔이 '0'이 되는 경사 각도를 복원력소실각도라고 한다. 경사 각도에 대한 GZ 곡선을 그 흘수 상태에 대응하는 정복원력곡선(statical stability curve)이라고 한다.

정복원력곡선의 원점에서의 접선의 기울기는 『그림 4.11』에서 알 수 있는 바와 같이 GM의 값이 된다. 『그림 4.11』의 정복원력곡선을 볼 때 A선은 양(+)의 GM을 가진 배이며, B선은 음(−)의 GM을 가진 배인 것을 알 수 있다. 이와 같이 음(−)의 GM을 가지는 배라도 일반적으로 경사 각도가 커짐에 따라서 양(+)의 복원모멘

트를 가지게 된다는 것을 알아두어야 한다. 그림의 B선은 음의 GM에 의해서 ψ_1까지 경사하며 그 뒤에는 다시 직립 상태에 되돌아올 수 있으나, 항상 직립 상태 근처에서는 몹시 흔들리며 불안정하다. 『그림 4.11』에서 알 수 있는 것과 같이 일반적으로 음의 GM을 가지는 배는 복원력 범위도 작으며, 복원력 곡선의 면적도 작다.

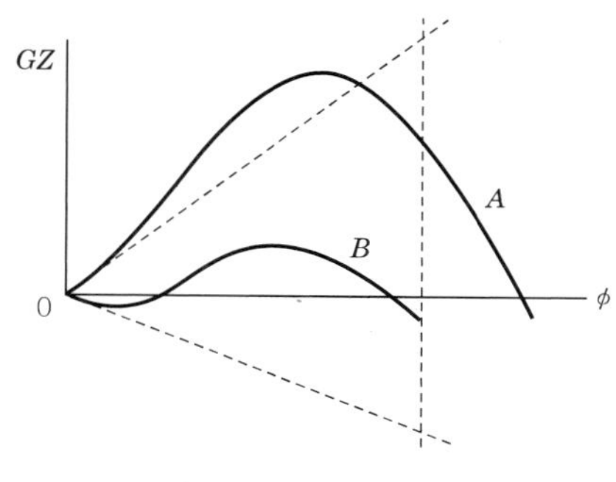

[그림 4.11] 정복원력곡선

복원력 범위는 건현이 증가되면 급격하게 증가한다. 그러나 건현의 증가는 KG의 증가를 동반하므로, GM의 감소를 가져오는 상반되는 영향을 끼친다.

끝으로 배가 전복하는 원인을 살펴보기로 한다. 배의 전복은 강한 돌풍이 선체의 측면에 수직으로 불어와서 갑자기 전복모멘트가 발생할 때, 복원력 곡선의 면적이 작은 배에서 일어나기 쉽다. 더욱이 풍랑에 의해서 횡동요가 겹치고, 선회 등에 의한 경사, 선내 중량물의 횡이동에 의한 경사 등이 나쁜 방향으로 겹칠 때 그 가능성이 커진다. 또 좌초나 충돌 등에 의해서 선체가 파손되어 선내구획이 침수되어 복원력을 상실하는 경우에도 전복의 위험성이 커진다.

이상을 종합하면, 복원력의 견지에서는 적당한 양의 GM값을 가지고, 충분한 정복원력곡선의 면적을 가지며 복원력 범위가 큰 배일 것이 바람직하다.

이븐킬(even keel)의 평형 상태에 있는 배에서 선내의 중량물을 이동시켜 배가 종경사를 하면 부심 B는 길이 방향으로 이동하여 『그림 4.12』와 같이 새로운 부심 B_1으로 옮겨진다. 이때 새 수선 W_1L_1의 선수수선에서의 흘수와 선미수선에서의 흘수에는 차이가 생긴다. 이 흘수의 차를 트림(trim)이라고 하는 것은 이미 앞에서 설명하였다. 선미수선에서의 흘수가 선수수선에서의 흘수보다 클 때 선미트림(trim by the stern), 그 반대인 경우를 선수트림(trim by the bow) 상태에 있다고 한다. 『그림 4.12』의 배는 선수트림일 경우를 나타내고 있다. 특별한 경우를 제외하면 일반적으로 모든 선박이 선미트림 상태로 항해한다.

앞 항의 경우에서와 마찬가지로 평형 상태에 있는 배를 미소각도 θ만큼 종경사를 시켰을 때 새로운 부심 B_1을 지나는 부력의 작용선과 처음 부심 B를 지나며 처음 수선 WL에 수직한 선과의 교점을 M_L이라고 하면, 이 때 발생하는 종복원모멘트(longitudinal righting moment)는

$$\text{종복원모멘트} = \Delta \cdot GM_L \cdot \sin\theta = \Delta \cdot GM_L \cdot \theta \tag{4.23}$$

와 같이 표시된다. 횡복원력의 경우와는 달리 종경사각 θ는 언제나 미소각이며, GM_L은 항상 양으로서 배의 길이만한 크기의 값을 가진다. 따라서 종복원모멘트는 매우 크므로 전혀 문제가 일어나지 않으며 종경사, 즉 트림에 대해서만 고려하면 된다. 여기서 M_L을 종메타센터(longitudinal metacenter), GM_L을 종메타센터 높이라고 한다.

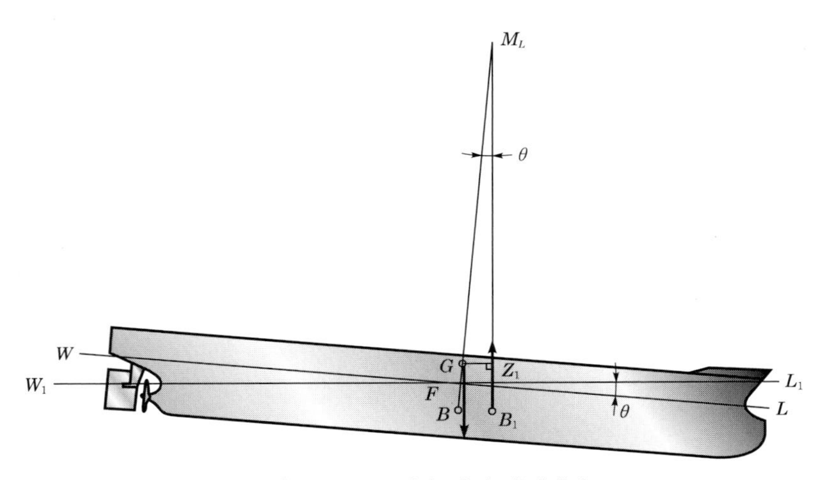

[그림 4.12] 종경사 때의 메타센터

종경사에 있어서는 다음의 Euler의 정리가 큰 의의를 가지고 있다.

어떤 수선으로 떠 있는 배가 그 배수량을 변화시키지 않고 미소각도 경사하면 새로운 수선면은 반드시 처음 수선면의 부면심을 지난다. 다시 말해서 떠 있는 배의 부면심을 지나서 미소각도 경사한 수선면을 생각하면, 이 수선면에 대응하는 배수량은 처음 수선면에 대한 배수량과 같다. 이것이 Euler의 정리이다.

따라서 배 위에서 작은 중량물을 이동시켰을 때, 혹은 작은 중량물을 배에 탑재 또는 배에서 제거하였을 경우에는 그 경사각은 작으므로, Euler의 정리에 의하여 배는 처음 수선면의 부면심 또는 그 부면심의 연직상방의 가까운 점을 지나는 새 수선으로 뜨게 된다.

앞에서도 설명한 바와 같이 항해 중 연료, 청수, 식량, 그 밖의 소모품 등의 소비에 의하여 시시각각으로 흘수 및 트림이 변화한다. 또 화물선에서는 화물의 적재 상태에 따라서 트림이 변하며, 일반적으로 항해 중에 밸러스트수(ballast water)로 트림을 조정한다.

실제 선박에서는 경사시험(inclining experiment)에 의해서 GM값을 구하고 있다. 이 시험에서는 무게를 알고 있는 중량물(W)을 『그림 4.13』에서와 같이 선박의 중심선으로부터 d만큼 가로방향으로 이동시킨다. 이 때 선박은 중량물의 이동에 의한 횡경사 모멘트(M_h)로 인하여 기울어지기 시작하여 선박의 복원모멘트(M_R)와 같아질 때 멈추게 될 것이다. 따라서 선박의 횡경사각을 ϕ라고 하면 메타센터 높이는

$$GM = \frac{W \times d}{\Delta \times \tan\phi} \tag{4.24}$$

와 같이 표시할 수 있으며, 이때의 횡경사각은 그림에서와 같이 선내에 단진자를 매단 후 단진자의 길이와 추가 옆으로 움직인 거리를 측정하여 구할 수 있다. 그러나 식(4.24)는 선박이 횡경사를 하여도 무게중심 G의 위치가 변하지 않는다는 가정 하에서 유도된 것이다.

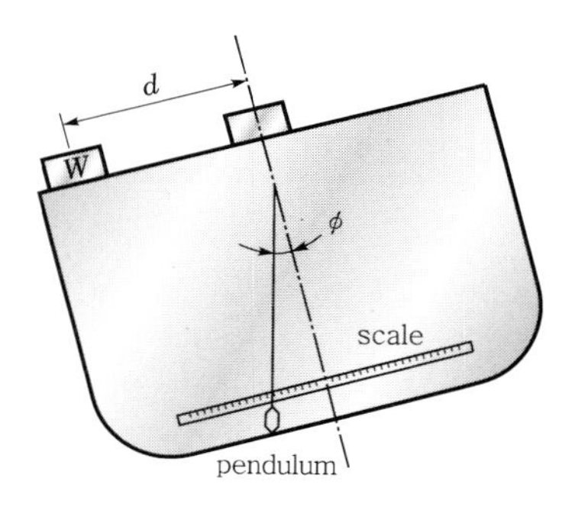

[그림 4.13] 경사시험

좌초, 충돌 등에 의한 선체의 손상(damage)은 수밀격벽(watertight bulkhead)을 끼고 일어날 수도 있고, 격벽이 없는 부분에서 일어날 수도 있다. 또 구획이 좁은 간격으로 많이 배치되어 있을 때에는, 긴 부분에 걸쳐 일어나는 손상은 오히려 여러 개의 구획이 침수하여 부력의 손실을 크게 해서 침몰을 촉진하게 될지도 모른다. 이와 같이 수밀격벽의 수가 조밀하게 많은 것이 반드시 안전하다고 볼 수도 없으며, 또 구획의 길이가 너무 작으면 화물의 적재도 어렵고 선가도 높아진다. 그러므로 구획의 수와 구획길이도 적당히 조정되어야 할 것이다.

일반적으로 손상에 의하여 침수가 일어나면 다음의 여러 현상이 일어난다. 우선 침하가 일어나 흘수가 변하고 트림이 발생하며 경우에 따라서는 횡경사가 일어난다. 또 KB가 증가하고, BM은 수선면의 침수 부분의 2차 모멘트의 손실 때문에 감소할 것이며, 일반적으로는 KB의 증가량과 BM의 손실량의 상대적인 양에 의해서 복원력의 손실 여부가 결정되겠으나. 보통은 복원력의 손실을 가져오리라고 생각할 수 있다.

다음에 손상시 흘수의 증가는 상대적으로 건현의 감소를 가져오며, 건현의 감소는 복원력 범위를 현저하게 감소시킨다. 그리고 중앙부구획에의 침수는 적은 침하를 가져오지만, 수선면의 2차 모멘트를 현저하게 감소시키므로 복원력의 견지에서는 매우 나쁜 영향을 끼치게 된다. 한편 선수부구획에의 침수는 트림이 급격하게 증가할 것이므로 침하의 견지에서는 나쁘나, 복원력에 대해서는 일반적으로 중앙부 침수 때보다 영향이 적다.

침수구획 내에 있는 비침수 부분을 손상되지 않은 부력(intact buoyancy)이라고 하는데, 그것은 일반적으로 침하와 트림을 감소시키지만 완전히 물에 잠겨져 있을 때에는 복원력 손실을 증가시키고, 수면에 떠 있을 때에는 BM의 손실을 억제하므로 결국 GM의 손실을 감소시킨다. 침하 및 트림 방지에 대한 영향은 전자가 후자보다 크다.

손상을 입은 배의 흘수, 트림 및 횡경사의 변화가 배의 비수밀부분에 침수를 초래하면, 그 배는 계속되는 침수 때문에 부력을 잃고 침몰하거나, 복원력을 잃고 전복할 가능성이 커진다. 침수 구획 내의 좌우에 세로로 구획된 탱크나 윙 탱크(wing tank)의 한쪽만 손상되었을 때는 비대칭인 손상되지 않은 부력이 존재하게 되어, 그것은 전복모멘트를 발생하게 된다. 여기에 바람에 의한 경사 모멘트가 가세하여, 침수에 의해서 감소된 복원모멘트보다 커지면 배는 전복하게 된다.

지금까지 선체가 손상되어 선내구획이 침수되었을 때의 복원력을 위시한 여러 가지 문제를 알아보았는데, 그 대책으로서의 수밀구획 설치에 대한 법규에 관하여 알아보기로 한다.

배가 선체의 손상에 의해서 침수되었을 때 침몰을 면하기 위하여 배를 구획하는 것은 일찍부터 생각되어 왔다. 수밀구획의 설치를 요구하는 최초의 법은 1854년 영국 해운법(British marine shipping act)으로서 선수, 선미 및 기관실 격벽을 요구한 것이었다. 그 법은 1862년에 폐지되었다. 그 후 여러 가지 안이 제안되었으나 채택되지 못했으며, 1912년에 Titanic호가 침몰됨으로써 1,430명의 인명을 잃고 나서 1913년에 영국 정부의 초청으로 해상에 있어서의 인명의 안전을 위한 국제 회의(International Conference on Safety of Life at Sea ; ICSOLAS)가 런던에서 개최되기에 이르렀다. 이 회의에서는 영국, 독일, 프랑스 등에서 제안된 내용이 검토되었는데, 그것들을 절충하여 합의된 규칙들은 제 1차 세계 대전으로 말미암아 빛을 보지 못하고 말았다.

1914년에 Empress of Ireland호가 St. Lawrence만에서 충돌 전복하여 1,024명의 인명을 잃음으로써 구획규칙의 필요성이 다시 증명되었으나, 휴전 후 대전에 의한 손실을 복구하기 위한 선주들의 반대 때문에 진전을 보지 못하다가 1929년에 제 2차 ICSOLAS 회의가 개최되었다. 그 회의에서는 구획계수방식에 대하여 합의가 이루어졌으나, 어떤 주어진 배의 화물과 여객 수송 기능의 상대적 중요성을 평가하는 데 목적이 있는 공식적 표식, 즉 용도의 표준(criterion of service)을 사용하고 있었다. 이 구획 방식은 만족스러운 것은 못 되었으며, 이 규칙에서는 막연한 통칙을 제외하고는 복원성은 고려되지 않았었다.

제 3차 ICSOLAS 회의는 1948년에 소집되었는데 큰 성과는 없었다. 다만, 많은 수의 여객을 수송하며 짧은 항해에 종사하는 배에 대하여 더 높은 표준을 택한 것을 제외하고는 1929년 표준을 변화시키지 못하였다. 그러나 관련된 복원력의 요구를 채택함으로써 구획의 표준을 더욱 의미 있게 만들었다.

1948년 협약의 규정에 맞게 건조된 정기선 Andrea Doria호가 1956년에 전복됨으로써 이 협약의 복원력 규정을 실제로 적용하기에 부적당하다는 것이 밝혀졌다. 그 후 1960년의 제 4차 ICSOLAS 회의에서는 배의 안전은 배가 지탱될 수 있는 손상 범위에 의해서 측정되어야 한다는 개념, 손상시의 생존 확률에 대한 개념 등 새로운 방안들이 제출되었으나, 검토 시간이 불충분하여 기존 규칙의 체제 안에서의 개선에 합의하였다. 특히 2개의 구획실이 요구되는 배의 비율을 증가시켰으며, UN의 한 기관인 정부간 해사 협의기구(Intergovernmental Maritime Consultative Organization ; IMCO)의 주도하에 이 주제를 계속적으로 연구할 것에 합의하였다. 우리나라도 이 기구의 한 회원국이 되어 있으며, IMCO는 그 후 여러 차례의 회의를 거듭하여, 1966년에는 만재흘수선규정을 개정하였고, 현재 유조선의 구획에 대한 새로운 개정 등을 논의하고 있다.

수밀구획 수의 적당한 증가는 선체 손상에 의한 침하, 트림과 복원력 손실 등을 감소시키는 데 이바지할 수 있을 것으로 생각되며, 배의 침몰로부터의 생존성을 어느 정도 높일 것으로 기대할 수 있다. 그러므로 국제 협약에 있어서도 용도의 표준을 정하여 객선과 화물선에 그 차이를 두고 있다. 이 항에서는 국제 협약에 의한 그 규정의 고려와 가침길이(floodable length)의 개념을 도입하여 구획 설정에 대한 원리를 간단히 설명하기로 한다. 따라서 그것에 필요한 용어의 정의부터 먼저 알아보면, 다음과 같다.

① 구획만재흘수선 : 배의 구획을 결정하는데 사용되는 흘수선으로서, 적절한 구획규정의 요구에 의해서 허용된 가장 높은 흘수선이다.
② 구획용 길이 : 구획만재흘수선의 양 끝에 세운 수직선들 사이를 측정한 길이이다.
③ 격벽갑판(bulkhead deck) : 횡수밀격벽과 외판이 도달하는 최상층의 갑판을 말한다.
④ 한계선(margin line) : 손상을 입은 배가 침하, 트림 및 횡경사를 일으킨 최종 상태에서 허용할 수 있는 가장 높은 수선면의 위치를 선측에 표시한 선으로서, 어떤 경우에도 이 한계선을 선측에서 격벽갑판의 상단으로부터 3inch 이내에 두는 것은 허용되지 않는다. 즉, 한계선은 선측에서 격벽갑판으로부터 3inch보다 밑에 있어야 한다.
⑤ 어떤 구획의 침수율(permeability) : 물로 점유될 수 있는 용적의 그 구획 전체 용적에 대한 백분율을 말한다.
⑥ 표면침수율(surface permeability) : 물로 점유될 수 있는 해당 부분의 수선면적의 백분율이다.
⑦ 배의 길이 위의 어떤 점에서의 가침길이 : 그 점을 중심으로 하여 지정된 침수율로서 대칭적으로 침수하여도 한계선을 넘는 침하가 일어나지 않을 최대 침수 길이를 말한다.
⑧ 구획계수(factor of subdivision) : 국제협약에 의해서 규정된 1보다 작은 계수이다.
⑨ 배의 길이의 어떤 점에서의 허용길이(permissible length) : 배의 길이의 어떤 그 점에서의 가침길이에 구획계수를 곱한 값이다.
⑩ 용도의 표준 : 배가 객선인 정도를 나타내는 수이다. 원칙적으로 23이라는 용도의 표준수는 적은 수의 여객을 위한 거주 설비를 가진, 주로 화물을 수송하는데 종사하는 배에 해당하고, 123이라는 수는 여객 수송에만, 또는 거의 그런 목적에 종사하는 배에 해당한다.

이상의 정의로부터 가침길이의 뜻이 명백하게 되었으리라 믿으며, 배의 길이의 각 점에서 가침길이를 세로좌표로 하여 곡선을 그린 것을 가침길이 곡선(floodable length curve)이라고 부른다. 『그림 4.14』과 『그림 4.15』에 가침길이 곡선의 일부가 그려져 있다.

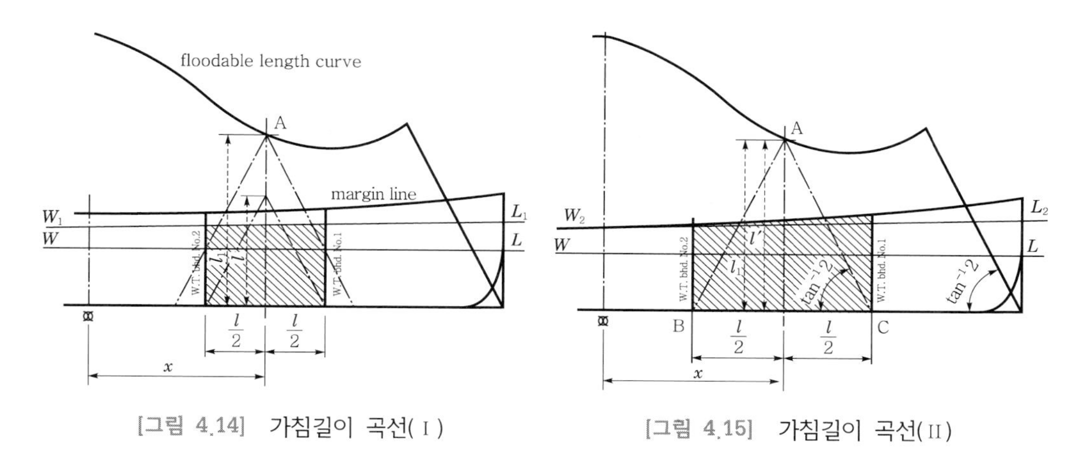

[그림 4.14] 가침길이 곡선(Ⅰ)

[그림 4.15] 가침길이 곡선(Ⅱ)

『그림 4.14』에서 ⊗로부터 x의 거리에 있는 가침길이 곡선상의 점 A를 잡아서 생각해보자. 그림과 같이 ⊗에서 x의 거리에 있는 점을 중심으로 좌우에 $l/2$를 잡아서 수밀구획을 설치하는 것을 가정하면, 이 때 $l < l_1$(l_1은 가침길이 곡선의 세로좌표)이면, 가상구획 l이 침수할 때 수선은 W_1L_1과 같은 트림된 흘수선이 된다. $l < l_1$일 때는 이와 같이 W_1L_1은 한계선 아래에 있으며 예비부력(reserved buoyancy)이 남게 된다. l이 점점 커져서 $l = l_1$이 되면 W_1L_1의 트림된 흘수선은 한계선에 접하게 된다.

『그림 4.15』에서 W_2L_2는 한계선에 접하고 있는 상태를 표시하고 있다. 『그림 4.15』에서 $l' = l_1$일 때의 가상 구획의 끝점 B 또는 C와 가침길이 곡선상의 점 A를 이을 때 AB 또는 BC와 이루는 각은 $\tan^{-1}2 = 63°26'$이 된다. 보통 가침길이 곡선은 그 가침길이의 척도를 배의 길이의 척도와 같이 잡아서 그린다. 그런 경우에는 각 구획의 양단 점에서 $\tan^{-1}2$의 각으로 직선을 그을 때 그들 직선의 교점은 구획의 길이의 2등분선상에 있으며, 그 교점이 가침길이 곡선의 아래에 있으면 그 구획에 침수하더라도 트림된 수선이 한계선을 넘지 않게 된다는 것을 알 수 있게 된다.

ICSOLAS의 국제규정에서는 가침길이에 1보다 작은 구획계수를 곱한 허용길이를 채택하고 있으며, 모든 구획의 양단점에서 $\tan^{-1}2$로 그은 직선의 교점이 허용길이 곡선 밑에 오도록 요구하고 있다. 구획계수는 배의 길이가 증가함에 따라서 감소하고, 용도의 표준에 의해서 변한다. 즉, 구획계수는 화물선의 용도의 표준 23으로부터 객선의 123까지 사이에서 객선다운 정도가 증가함에 따라서 감소하고 있다. 1960년의 ICSOLAS 규정에서의 구획계수를『그림 4.16』에 표시한다.

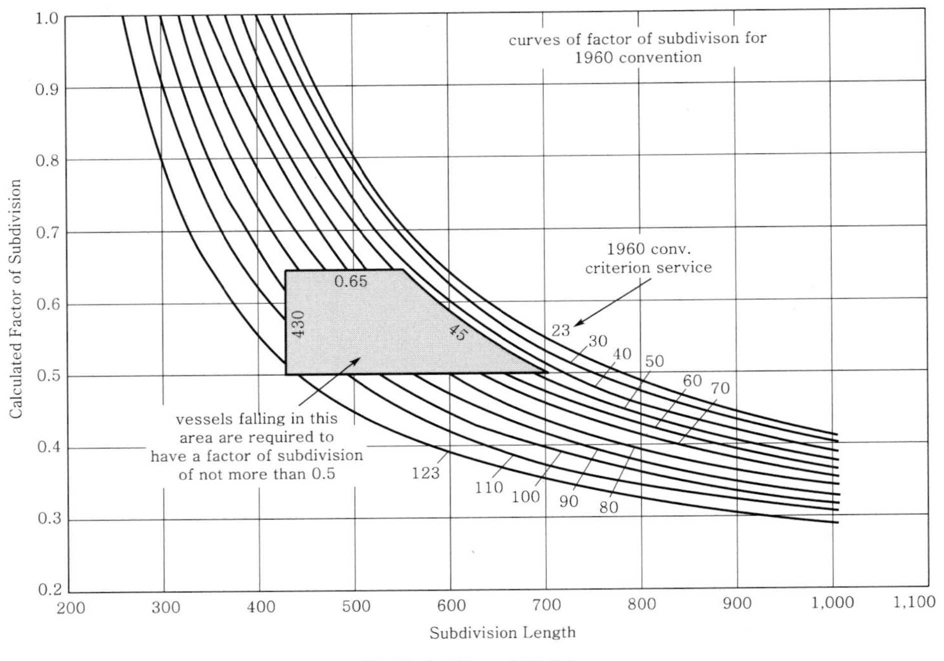

[그림 4.16] 구획계수

침수의 영향을 계산하려면, 관련된 공간의 침수율에 대한 확실한 값이 먼저 가정되어야 한다. 국제 항해에 종사하는 배의 가침길이를 결정함에 있어서는 다음 부분들로 나누어 생각한다.

① 기관실
② 기관실의 앞쪽 부분
③ 기관실의 뒤쪽 부분

침수율에 대한 상세한 규정은 여기서는 생략하고 대략의 값만 소개하면, 각 해당 구간의 전장에 걸쳐 한계선 이하의 공간에 대하여 아래와 같은 균일한 평균침수율을 사용한다.

보통 기관실 구역은 대략 85% 정도, 기관실 앞뒤 부분은 63% 정도, 객실은 95%, 화물창에 대해서는 60% 정도이다.

『그림 4.17』에 완전한 가침길이 곡선의 예를 들었다. 이 곡선에는 가침길이와 허용길이가 가정된 침수율과 구획계수 $F=0.568$에 대해서 그려져 있다. 구획은 허용길이를 만족하도록 설계되어야 하며, 그림의 배는 어느 단일 구획에 침수하더라도 허용길이 요구를 충족하나, 연속된 2구획에 대해 침수하는 경우에는 허용길이의 요구를 충족하지 못한다는 것을 알 수 있다.

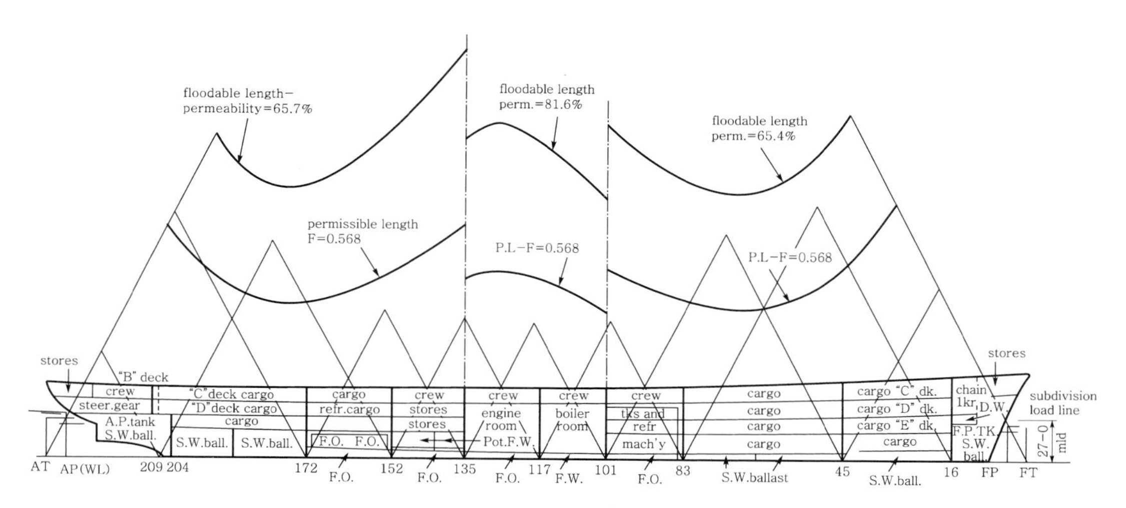

[그림 4.17] 완전한 가침길이 곡선의 예

Chapter
05

선박 운동과 조종

Chapter >>> 05 선박 운동과 조종

5.1 운동성능

선박이 파중을 항해할 때에 일어날 수 있는 6자유도운동을 생각해보자. 『그림 5.1』에서는 이 6가지 종류의 운동들을 보여주고 있다. 이 중의 3종류는 회전운동, 즉 횡동요(rolling) · 종동요(pitching) · 선수동요(yawing)이며, 나머지 3종류는 병진운동, 즉 상하동요(heaving) · 전후동요(surging) · 좌우동요(swaying)이다.

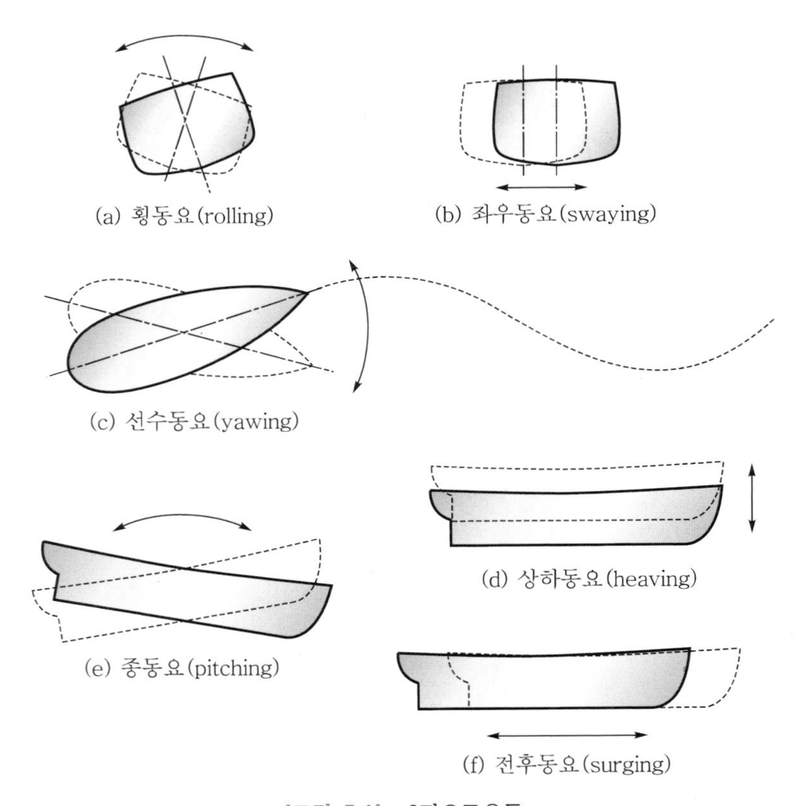

[그림 5.1] 6자유도운동

어떤 선박에 따라서는 6종류의 운동이 동시에 나타날 수도 있다. 또 어떤 조건하에서는 몇몇의 운동 서로간의 상호 간섭효과가 매우 중요하게 될 수도 있다. 그러나 다행히도 대부분의 경우에 운동 하나하나를 독립적으로 해석해도 상당히 좋은 결과를 얻을 수 있으며, 좀 더 나은 결과를 얻기 위해서는 heaving-pitching-surging, 그리고 surging-swaying과 같이 서로의 간섭효과를 고려하여 해석하기도 한다.

6종류의 운동 중 특히 회전운동이 가장 현저하게 나타나고 또 다루기도 힘들다. 그래서 이 운동들을 좀 더 자세히 설명하기 위해 운동의 발생 원인과 운동응답을 최소로 만들기 위해 사용되고 있는 실용적인 방법들을 간략하게 언급하기로 한다.

(1) 운동의 특성

횡동요와 종동요는 이미 우리가 알고 있는 단진자의 운동과 같이 생각할 수 있다. 즉, 초기에 평형상태를 유지하여 정지해 있는 선박에 외력을 가하여 약간의 각변위를 준 후 외력을 제거하면, 이 선박은 변형된 위치로부터 초기의 정지상태를 지나 반대쪽으로, 관성력에 의한 에너지와 복원모멘트에 의한 에너지가 같아질 때까지 계속 기울어지게 된다. 이 후에는 반대방향으로 흔들림이 일어나며, 만약에 마찰력 또는 다른 항력이 없다면 영원히 동요하게 될 것이다.

또 만약 선박이 선박의 고유 동요주기(natural period of oscillation)와 같은 진동수(frequency)를 갖는 강제외력을 지속적으로 받게 되면 매우 심각한 상태에 놓일 수도 있다. 이 때를 공명(resonance)이라 하며, 이 경우에 적어도 당분간은 계속해서 동요 진폭이 증가하게 되고, 극한 상황에서는 급격한 변화가 일어날 수도 있다. 선박의 경우 선박의 고유 횡동요 주기와 같은 조우 진동수(frequency of encounter)를 갖는 횡파(beam sea) 중을 항해할 때에 위와 같은 상황을 겪게 되기 쉽다. 이 상황에서는 파고가 비록 낮더라도 횡동요(rolling) 진폭이 점점 커져서 선박이 전복할 수도 있다. 그러나 다행하게도 실제 해상에서는 위의 경우와 같이 계속해서 동일한 주기를 갖는 파를 만나는 경우는 거의 없으며, 더욱이 여러 가지 원인에 의한 감쇄력(damping force)이 있으므로 횡동요(rolling) 진폭이 계속해서 증가하지는 않는다.

(2) 친파성능

친파성(sea kindly)은 선박이 파도를 잘 탈 수 있는 능력을 나타내는 말이다. 따라서 친파성을 정량적으로 정의하기는 대단히 어렵고, 다만 항해 중에 파도나 물보라(spray)가 선박의 갑판 위로 넘쳐 들어오지 않고, 또 파와의 상대적인 운동이 부드러운 것을 나타내는 물리적인 특성이다. 물속에서 운항 중인 잠수함이나 수면이 잔잔한 내해를 운항하는 선박에서는 선박운동이 별로 문제가 되지 않는다. 그러나 그 이외의 나머지 선박들은 상당한 크기의 운동을 겪게 된다.

선박의 설계시에는 항상 선박에 탄 사람들이 이러한 운동 때문에 받게 되는 좋지 않은 영향을 고려해야만 된다. 심한 운동은 작업환경과 거주환경 모두를 나쁘게 만들기 때문에 항해자들은 자기에게 주어진 작업을 수행하기가 어려워지고, 여객들은 불쾌한 승선감을 느끼게 된다. 북유럽을 위시한 여러 나라에서는 승선원들이 느끼는 승선감과 선체운동과의 관계를 수치화시킨 여러 자료들을 발표하고 있다. 선박의 운항 중 항해자들은 선체의 운동으로 인한 좋지 않은 영향을 최소로 하기 위해 속력이나 항로, 또는 속력과 항로 모두를 바꾸기도 한다. 최근에는 항해 위성으로부터 해상과 기상정보를 수신한 후 이에 따라 해상 상태가 나쁜 지역을 피해갈 수 있도록 항로를 수정하여 운항하는 경우도 있다.

(3) 횡동요(rolling)

횡동요는 주로 횡파에 의해서 일어나며, 바람도 원인 중의 하나이다. 간혹 화물을 옮기거나 항해 중에 타를 돌림으로써 횡동요가 발생하기도 한다. 작은 배에서는 승선원이 다른 쪽으로 움직여서 횡동요를 일으킬 수 있다. 횡동요는 선박을 전복시킬 수도 있지만, 이밖에도 여러 가지의 나쁜 영향을 주고 있다.

운동의 중심축으로부터 멀리 있는 승선원이나 물건들은 횡동요 때문에 발생된 힘을 받게 된다. 횡동요 진폭이 최대가 될 때 관성력이 최대가 된다. 따라서 마스트, 굴뚝 등과 같이 높이 솟아 있는 물품들은 선박의 횡동요 진폭이 최대가 된 후 반대쪽으로 움직이기 시작한 순간에도 여전히 직전 방향으로의 관성력을 갖게 되므로 순간적으로 상당히 큰 하중을 받게 되고, 심한 경우에는 큰 손상을 입을 수도 있다. 또 6자유도운동 중 뱃멀미와도 가장 관련이 깊은 것이 횡동요이다.

① 감요장치

과대한 초기복원력을 갖는 선박은 입사파의 파형 변화에 민감하게 반응하기 때문에 심한 횡동요를 하게 된다. 따라서 메타센터 높이 GM을 적절하게 택해야만 한다. 대형선에서는 GM값을 적절하게 택할 수 있는 여유가 있으나, 소형선에서는 충분한 여유가 없으므로 세심한 주의를 요한다.

대부분의 대형 선박은 『그림 5.2』에서와 같은 빌지용골(bilge keel)이 부착되어 있다. 선박이 횡동요를 하게 되면 빌지용골은 상당한 양의 물을 밀쳐내야 되고, 또 빌지용골 뒤쪽으로 와류(eddy)를 발생시키게 된다. 따라서 빌지용골은 횡동요를 억제하는 역할을 하게 되므로 동요 진폭을 줄이게 된다. 각진 빌지(square bilge)를 갖는 선박에서도 위와 같은 경향을 볼 수 있다.

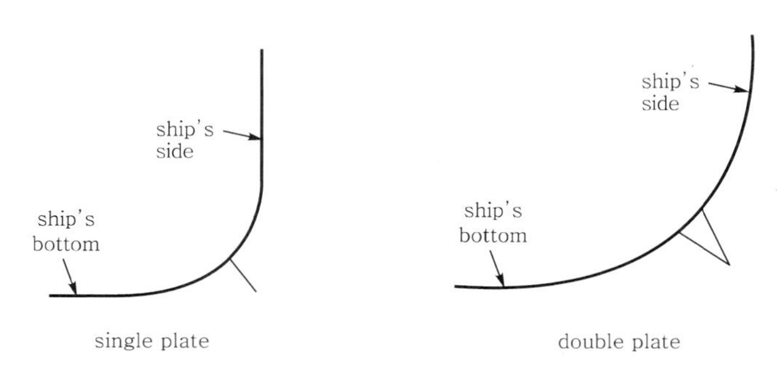

[그림 5.2] 빌지용골

어떤 선박에서는 횡동요를 줄이기 위해 『그림 5.3』에서와 같은 감요수조(antiroll tank)를 설치하고 있다. 이 시스템은 선박의 횡동요 고유주기와 감요수조 내에 있는 액체의 동요 주기가 같고, 액체의 동요에 의해 발생된 모멘트가 파에 의한 강제 횡동요 모멘트와 반대방향으로 작용하도록 설계된다. 감요수조는 횡동요를 멈추게 할 수는 없으나, 횡동요 진폭을 줄이는 데에는 상당히 효과적이다. 그러나 감요수조 내에 있는 액체의 중량이 많이 나가므로 이에 해당하는 만큼 선박의 재화중량이 줄어들며, 또 그림에서와 같은 수동식(passive) 감요수조는 공진주기 근처 이외의 주기에서는 오히려 횡동요 진폭을 크게 할 수도 있는 단점이 있다.

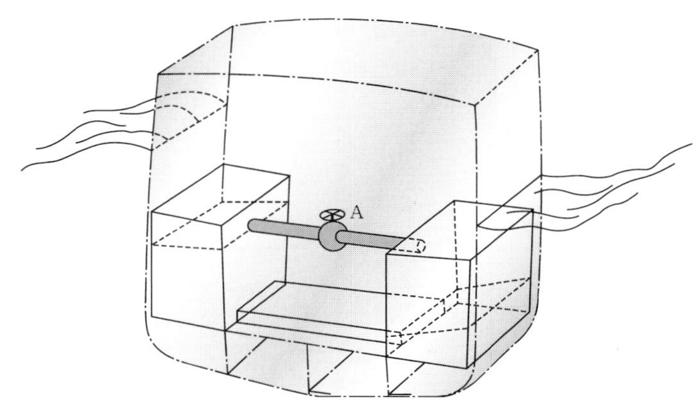

[그림 5.3] 감요수조

또 다른 하나의 방법으로 핀안정기(fin stabilizer)가 있다. 핀안정기에서는 『그림 5.4』와 같이 좌우현의 만곡부에 횡동요 방지용 핀이 부착되어 있다. 이 핀의 회전은 횡동요를 감지할 수 있는 센서의 입력에 따라서 제어되며, 선박이 항주할 때 핀이 회전하게 되면 상대적으로 낮은 쪽에 있는 핀에서는 윗방향으로의 양력을, 그리고 높은 쪽에 있는 핀은 아랫방향으로의 양력을 발생시키게 되어 있다. 또 입거시 또는 정박시에 핀의 보호를 위해서 대부분의 경우 핀은 선체 내부로 들어갈 수 있도록 되어 있다. 이 핀안정기는 양력을 사용하고 있으므로 정지시에는 거의 효과가 없는 단점이 있다.

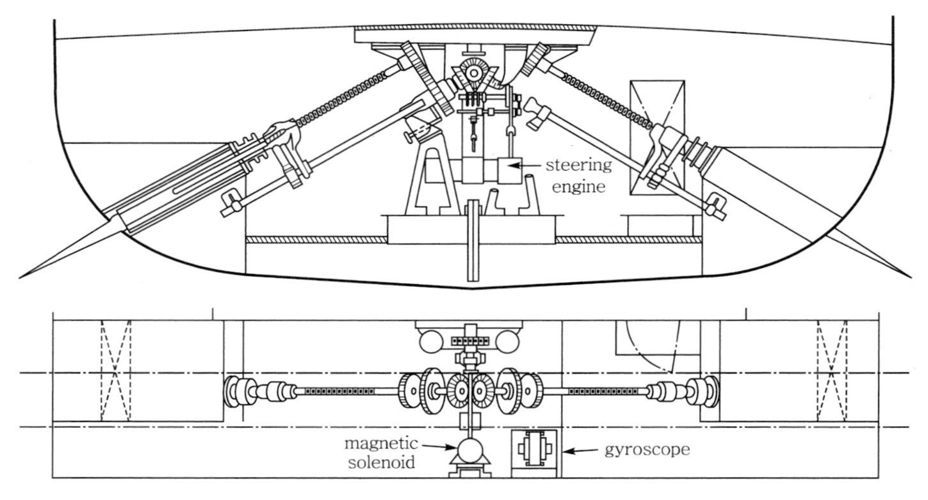

[그림 5.4] 핀안정기

이 밖에도 회전하는 물체는 그 회전축의 방향을 유지하려는 경향이 강하므로, 이 원리를 이용한 자이로 안정기(gyro stabilizer)가 있다. 최근에는 선실을 선체에서 세운 여러 개의 기둥 위에 올려놓고, 이 기둥의 높이를 조절함으로써 선체가 동요를 하더라도 선실은 일정한 위치를 계속 유지할 수 있도록 한 선박도 등장했다. 또 앞에서 타의 작용이 횡동요의 발생원인 중의 하나라고 언급한 바 있는데, 이 결과를 역으로 이용하여 횡동요의 감쇠장치로 타를 사용하는 조타장치도 있다.

선박의 횡동요주기는 그 선박의 관성반지름(radius of gyration)에 비례하며, 여기서 관성반지름은 횡동요축에 관한 선박의 질량분포를 나타내는 값이다. 따라서 관성반지름을 크게 할수록 선박의 횡동요주기는 점점 더 길어진다. 실제적으로 선박 내의 화물을 중심선으로부터 좌우현쪽으로 대칭적으로 옮겨놓음으로써 선박의 횡동요주기를 길게 할 수 있다. 소형 선박이 횡동요를 심하게 할 경우에는 그 침로를 바꾸면 조우진동수가 바뀌게 되어 극심한 횡동요로부터 벗어날 수도 있다. 대형 선박에서는 침로를 바꾸는 것 이외에 밸러스트 탱크에 물을 일부분 채워 주면 효과가 있다. 이 경우에 선박의 전체적인 무게중심 위치는 밑으로 옮겨질 수도 있다. 그러나 자유표면효과에 의해서 메타센터 높이가 작아지게 되므로 횡동요를 줄이게 된다.

② GM과 횡동요주기

선박의 고유 횡동요주기는 다음의 관계식으로부터 구해진다.

$$T=\frac{2\pi\kappa}{\sqrt{g\cdot GM}} \tag{5.1}$$

여기서, T : 횡동요주기(s)

κ : 횡동요 관성반지름(m)

GM : 메타센터높이(m)

g : 중력가속도(m/s^2)

횡동요 관성반지름 κ의 값은 선박의 폭 B와 깊이 관련되어 있으며, 일반상선의 경우 대략 $\kappa=0.4B$ 정도 되므로 횡동요주기에 대한 근사값은

$$T=\frac{0.8\pi B}{\sqrt{g\cdot GM}} \tag{5.2}$$

로부터 구할 수 있다.

(4) 종동요(pitching)

파중을 항해하는 선박은 언제나 종동요를 겪게 된다. 종동요가 심해지면 갑판 위로 물이 넘쳐 들어오게 되고, 갑판 위에 있는 창구 또는 화물들이 손상을 입게 된다. 가끔씩은 용골과 선수재가 만나는 부분, 즉 선수부 바닥(forefoot)이 심한 종동요에 의해 수면 밖으로 나왔다가 다음 순간 선수가 내려가면서 수면과 부딪치는 슬래밍(slamming) 현상에 의해 파손을 입기도 한다. 또 선미부에서는 프로펠러의 일부분 또는 전체가 수면 밖으로 나올 수도 있다. 이 경우에는 프로펠러에 부하가 순간적으로 적게 작용하게 되고, 이에 따라 추진기관이 과속으로 회전하게 되므로 추진기관이 손상을 입을 수도 있다.

운항 중에 심한 종동요가 발생하면 횡동요의 경우와 마찬가지로 침로나 선속 또는 두 가지를 모두 변경시키는 것이 종동요를 줄일 수 있는 가장 효과적인 방법이다. 또 가벼운 화물은 선수와 선미부에 싣고 무거운 화물은 선체중앙부 근처에 싣는 것이 가장 효과적인 방법이다. 이렇게 하면 종동요 관성반지름이 줄어들게 되어 큰 파도를 만났을 때 선수부가 파도를 쉽게 타고 올라갈 수 있게

된다. 작은 배에서도 배에 탄 사람이 모두 선체중앙부에 모여 낮은 자세로 앉아 있으면 위에서와 같은 이유로 물살이 거친 경우에 안전하게 운항할 수 있다.

종동요를 줄이기 위해서 선수 또는 선미부에 수평으로 핀을 설치한 경우도 있었으나 그렇게 큰 효과를 보지는 못했으며, 오히려 선체의 진동을 유발시키고 슬래밍에 의해 손상을 받기 쉽다.

설계자들은 종동요에 대비한 선박의 설계를 해야만 한다. 활주형 고속정(planing craft)의 경우에는 선수부 부근에 30° 정도의 선저구배(deadrise)를 주고 있다. 일반선박의 경우에는 선수부에 충분한 건현을 갖게 하거나, 또는 플레어(flare)를 줌으로써 파도나 물보라가 갑판 위로 넘쳐 들어오는 경우를 줄일 수도 있다. 선수부 근처의 갑판 위에 구조물을 설치하여 넘쳐 들어온 물이 선미부로 휩쓸고 지나가는 것을 막는 방법도 있다.

폭이 넓고 평평한 선미부를 갖는 선박에서는 선미파(following sea)를 받으면서 항해할 때 심한 종동요가 발생하게 되므로, 가급적이면 선수부와 같이 날씬한 형상이 되도록 설계하는 것이 좋다. 길이-흘수비가 큰 선박은 선수부 바닥과 프로펠러가 수면 밖으로 자주 튀어나오게 되며, 설계조건상 어쩔 수 없는 경우에는 선수부의 횡단면 형상을 V형으로 설계하면 손상을 어느 정도 줄일 수 있다.

(5) 선수동요(yawing)

선수동요는 바지(barge)와 같은 선박이 예인될 때 자주 발생된다. 긴 예인삭에 의해서 예인되는 선박의 선수나 선미부에 파도 등이 부딪치게 되면 선수각이 항로로부터 벗어나게 된다. 그러나 예인삭의 장력 때문에 선수각이 계속 커지지 못하고 얼마 후에는 일정한 각변위를 갖는 선수동요를 하게 된다. 피예인선에 선수동요가 발생하면 예인선(tug boat)은 예인선의 중심선과 다른 방향으로 장력을 받게 되므로 전복의 위험이 있게 된다.

선미파를 받으면서 항해하는 선박에 선수동요가 발생되면 선수각이 점점 증가하여 횡파(beam sea) 상태로 되는 경우도 있는데, 이와 같이 되는 현상을 브로칭(broaching)이라고 하며, 심한 경우에는 이 현상에 의해 전복되는 선박도 있다.

선박의 크기에 관계없이 선미트림(trim by the stern)을 주게 되면 선수동요를 줄일 수 있다. 타를 작동시킬 수 있는 선박이 예인되는 경우에는 그 선박에 타고 있는 조타수가 타를 적절하게 조작함으로써 선수동요를 막을 수 있다. 무인 바지가 예인되는 경우에 선수동요를 방지하기 위한 여러 가지의 방법들이 있다. 그 중 가장 널리 쓰이고 있는 방법은 안정핀 한 쌍을 선미 근처에 『그림 5.5』와 같이 부착하는 방법이다. 이 핀은 스케그(skeg)라고도 한다.

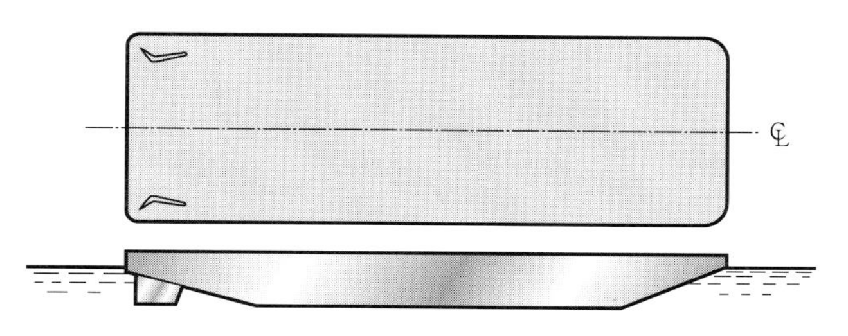

[그림 5.5] 선수동요방지 스케그(skeg)

종동요가 심하게 발생하는 것을 방지하기 위해서는 설계자는 선미부 형상이 폭이 넓고 편평하게 되지 않도록 하고 있다. 이러한 선미 형상은 선수동요에 의한 브로칭 현상을 방지하는 데에도 상당한 효과가 있다.

5.2 조종성능

이 단락에서는 선박이 파도나 바람 등의 교란력에도 불구하고 계속해서 일정한 침로를 유지시키고자 할 때, 또는 선박을 선회, 정지 또는 후진시키고자 할 때, 이들과 관련된 선박 본래의 문제, 즉 선박의 조종성능을 간략하게 알아보기로 한다. 또 위와 같은 상태를 의도한 대로 선박이 움직여 주기 위해서는 타 또는 기계적인 장치들을 어떻게 설계해야 되는가에 대한 기본적인 개념도 소개한다.

(1) 조타

많은 선박들이 직선안정성(straight line stability)을 갖고 있지 않다. 즉, 직선항로로 전진하고 있는 선박에 외력을 주어 항로를 조금만 벗어나게 하여 주면, 선수각이 점점 커져 영원히 직선항로를 되찾을 수 없게 된다. 이러한 선박에는 선수각의 증가에 대항할 수 있는 외력을 발생시킬 수 있는 장치가 있어야만 직선항로를 유지할 수 있게 될 것이다.

타의 주요 기능 중의 하나가 위에서 설명한 것처럼 선박의 침로를 유지시키는 것이다. 또 다른 주요 기능은 항로에서 벗어나 선회를 시키는 것이다. 그러나 타가 가져야 되는 위의 두 가지 역할은 서로 상반되므로, 설계자는 용도에 따라 적당한 선에서 타협을 해야만 한다. 대양을 횡단해야만 하는 상선 또는 여객선 등에서는 침로를 유지할 수 있는 능력이 중요하게 되고, 군함이나 예인선 등에서는 침로 유지능력보다는 선회능력이 더욱 중요하게 된다.

(2) 선형의 영향

침로 유지능력 즉, 직선안정성을 갖게 하기 위해서는 가능한 한 큰 선미트림이 된 상태에서 운항하는 것이 효과적이다. 설계시에는 선형을 날씬하게, 선미부에는 충분한 데드우드(deadwood)를, 그리고 경사진 선수를 갖게 하는 것이 좋다. 이러한 선형에서는 선수동요의 회전방향과 반대방향으로 동유체력에 의한 모멘트가 작용하게 되어 직선 항로로부터 벗어나는 것을 방지하게 된다. 반면에 선회 반지름은 상당히 큰 값을 갖게 된다.

선미파 중을 항해할 때 특히 선박의 침로를 유지하기가 어렵다. 선미파 중에서는 선수동요가 발생되기 쉽기 때문에 충분한 직선안정성을 갖고 있지 않은 선박은 순간적으로 브로칭(broaching) 현상이 발생하여 전복(capsizing)의 위험을 안게 된다.

(3) 선회항적

『그림 5.6』은 타를 작동시켜 우현 선회하는 선박의 항적을 보여주고 있다. 선박의 선회항적은 일반적으로 그림에 나타난 바와 같이 4개의 특성 값, 즉 전진거리(advance), 가로이동거리(transfer), 전체 선회지름(tactical diameter), 그리고 정상 선회반지름(steady turning radius)을 사용하여 나타내고 있다.

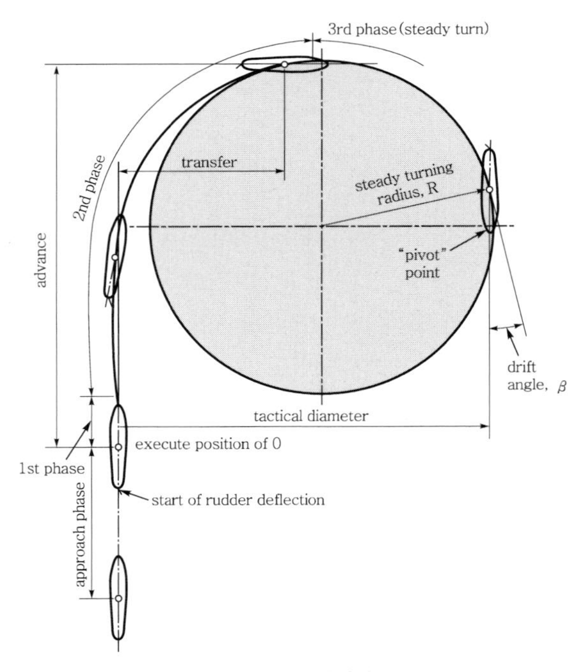

[그림 5.6] 선회항적

『그림 5.6』에서와 같이 타를 임의의 각(대부분의 선박에서는 최대 타각인 35°)까지 회전시키면, 타에 좌현 쪽으로 향하는 양력이 발생하게 되므로 잠깐 동안은 선체가 좌현 쪽으로 밀려나게 된다. 그러나 곧 타에서 발생한 양력 때문에 선체가 모멘트를 받게 되므로 선수가 침로의 안쪽으로 향하게 된다. 이때부터는 선체 자체에 발생한 동유체력에 의해 선체가 우현 쪽으로 밀리게 되며, 곧 이어 정상선회를 시작하게 된다. 선회 중에 선수는 항상 선회항적의 안쪽에 놓이게 된다.

(4) 타(rudder)

타에 의한 선회모멘트를 최대로 하기 위해서는 선박 자체의 선회 중심으로부터 가장 먼 위치에 설치하는 것이 유리하다. 이에 따라 거의 모든 선박의 선미에 타가 부착되어 있다. 그러나 후진시에는 선수에 부착하는 것이 유리하므로, 드물지만 선수에 타를 부착한 선박도 있다. 선미에 타를 부착시키는 또 다른 이유는 프로펠러의 후류를 이용하기 위한 것이다. 프로펠러의 후류는 프로펠러에 의해서 유체가 가속된 상태이므로 타의 효율을 상당히 높일 수 있다.

선박이 우수한 조종성능을 갖기 위해서는 타의 위치뿐만 아니라 타의 면적과 종류도 잘 선정해야만 한다. 일반적으로 타의 면적은 수면 아래에 있는 선체의 투영 측면적을 고려해서 결정된다. 경기용 요트의 경우에 타의 면적은 투영 측면적의 8~11% 정도 되며, 작은 요트일수록 큰 값을 가진다. 대형 선박에서는 투영 측면적이 흘수와 수선길이의 곱과 거의 비슷한 값을 가진다. 따라서 투영 측면적보다 구하기 쉬운 흘수와 수선길이(LWL)의 곱을 타면적의 결정에 필요한 기준값으로 사용하는 것이 편리하다. 이 값을 기준으로 한 타면적은 대략 대형 일축선(single screw ship)의 경우 1.5%로부터 원양 어선의 경우 5.0%까지 택하고 있다. 연락선(ferry boat) 또는 수로안내선(pilot boat)은 조종성능이 특별히 우수해야 되는 선박이므로 그 값이 4.0% 정도 된다.

『그림 5.7』은 선박에서 사용되고 있는 타의 전형적인 모양을 보여주고 있다. 타면적의 일부분이 타두재(rudder stock)보다 앞쪽, 즉 선체 쪽으로 놓여 있는 것을 균형타(balanced rudder)라고 한다. 이러한 타를 설계할 때는 타를 회전시켰을 때 발생한 압력의 중심점보다 약간 앞쪽에 타두재가 위치하도록 한다. 이렇게 함으로써 타두재에 걸리는 비틀림모멘트와 타를 회전시키기 위해 필요한 조타기관의 출력을 작게 할 수 있다. 불균형타(unbalanced rudder)에서는 타의 전면적이 회전축보다 뒤쪽에 있다. 타의 상부는 불균형타, 그리고 하부는 균형타의 형태로 되어 있는 타를 반균형타(semibalanced rudder)라고 한다.

소형 선박에서는 틸러(tiller)라고 하는 레버(lever)에 의해서 조타수가 직접 타를 회전시키며, 조금 큰 배에서는 레버 대신에 타륜(steering wheel)을 사용하기도 한다. 그러나 큰 배에서는 유압식 조타장치를 사용하고 있으며, 선교(bridge)에서 이 조타장치를 조종하게 되어 있다.

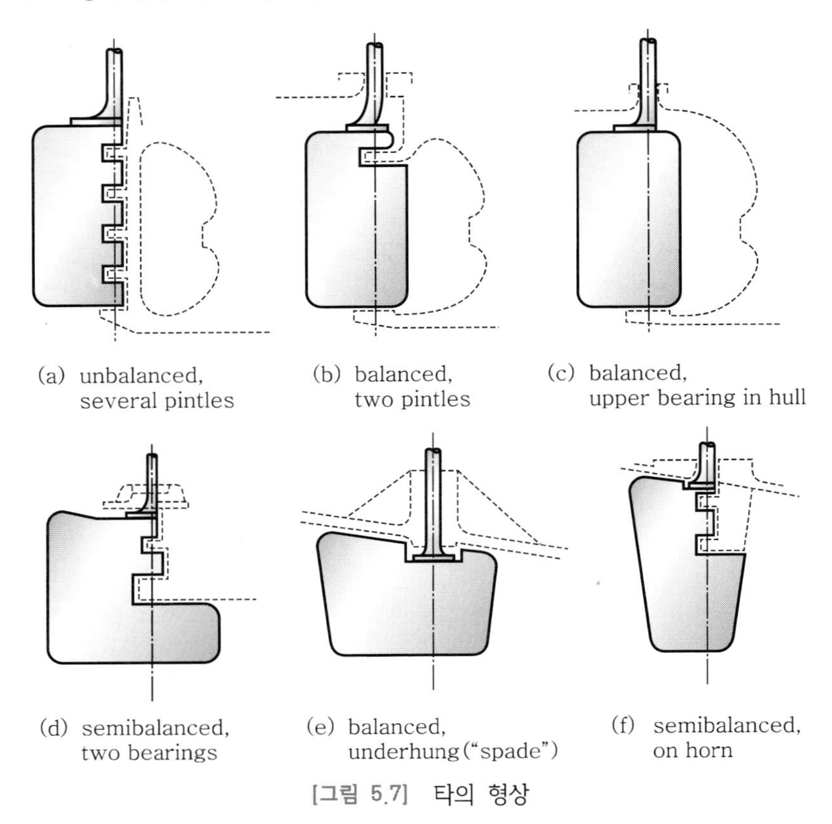

[그림 5.7] 타의 형상

(5) 후진

후진하는 동안 단축선은 조종하기가 매우 어렵다. 일반적인 선미형상을 갖는 선박에서는 역회전하는 프로펠러에 의해서 발생된 소용돌이가 추진축의 아래쪽보다는 위쪽에 있는 선체를 비대칭적으로 강하게 때리므로 선미가 좌현 쪽으로 회전하게 된다. 이 때 타는 효과가 거의 없다.

최근에는 제어용 전자장비의 발달로 선박 운항시의 많은 어려움이 해소되고 있다. 엔진의 후진과 전속 전진을 몇 초씩 주기적으로 반복하는 조작을 하면 후진시에 어느 정도 침로 유지가 가능하다.

(6) 기타 조종용 장치

특별한 조종성이 요구되는 선박에 적합한 여러 가지의 기계적 장치들이 있다.

이 중의 대표적인 것이 횡방향 추진장치(side thruster)이다. 이 장치에서는 선체의 좌우현을 관통하는 원통형 덕트(duct)를 용골 바로 위에 설치하고 그 안에 역회전도 시킬 수 있는 프로펠러를 설치함으로써 선박의 좌우현 방향으로 추진력을 발생시킬 수 있다. 일반적으로 대부분의 선박에서 선수부 근처에 이 장치를 설치하나 선미부 근처에 설치할 수도 있다. 또 2개 또는 3개의 횡방향 추진장치를 선수와 선미부 근처에 설치한 배도 있다.

선박이 어느 정도 이상의 속력으로 항해 중에는 쌍추진기가 효과적인 조종 수단이다. 그러나 선박의 항해속력이 아주 느릴 때 또는 정지시에는 횡방향 추진장치가 효과적인 방법이다.

그 밖의 여러 가지 선박 조종용 장치들이 개발되었으며, 그 대표적인 예를 『그림 5.8』에서 보여주고 있다.

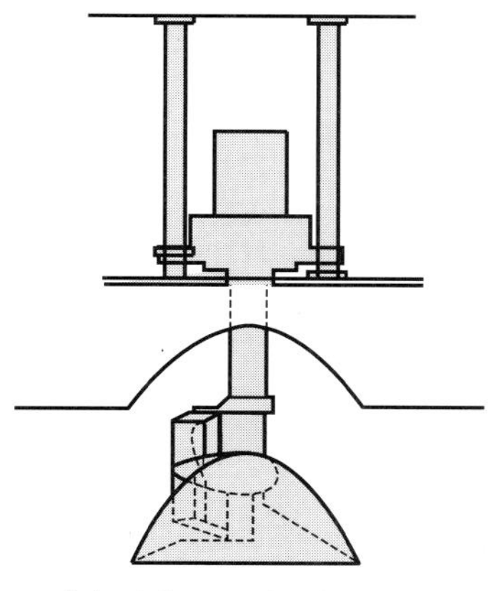

(a) right angle drive
vertically retractable

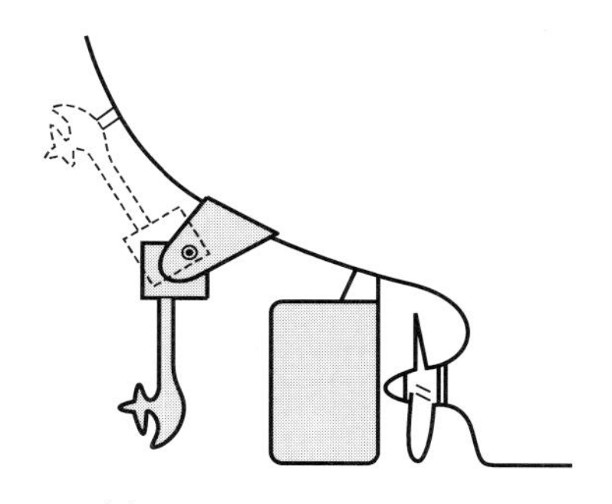

(b) right angle drive
fixed or retractable

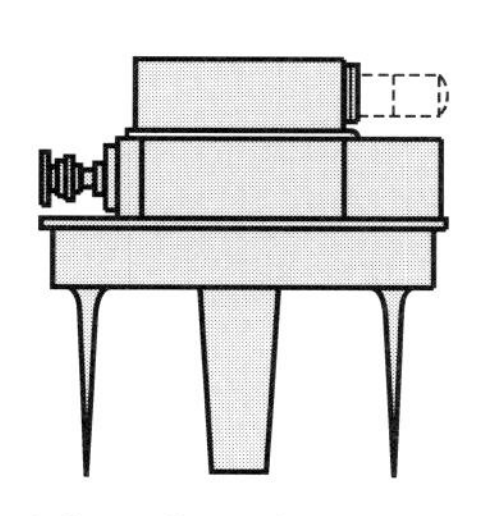

(c) voith-schneider propeller

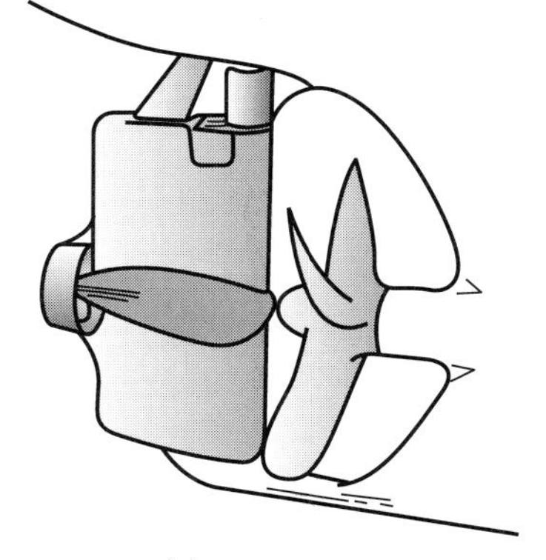

(d) active dudder

[그림 5.8] 조종용 장치

(7) 정지

선박에는 자동차와 같은 제동장치가 없다. 선박이 빠른 속력으로 항해할 때에는 제동 플랩, 수중낙하산 등과 같은 제동장치가 효과적이다. 그러나 선박의 제동이 필요한 대부분의 경우는 아주 느린 속도로 운항되는 항구 내에서 발생한다. 실제로 선박에서는 프로펠러를 역회전시켜서 제동을 걸고 있다. 선박이 정지할 때까지의 전진거리(head reach)는 초기 전진속도와 거의 비례 관계가 있으며, 위에서와 같은 실제 제동에서는 정지시까지 꽤 오랜 시간이 걸리므로 선박의 왕래가 빈번한 수역에서 사고를 피하기 위해서는 저속운항이 필수적이다.

대양 중에서는 전속 항해시에 프로펠러의 역회전에 의한 정지, 즉 급제동(crash stop)보다는 타를 최대 각도까지 회전시켜 선박을 선회시키는 것이 오히려 효과적인 방법이다. 실제로 어느 190000DWT 유조선으로 정지시험을 하였더니 선회에 의한 전진거리가 급제동에 의한 전진거리(약 4.5km)의 1/5정도 되었다는 보고도 있다.

항만 내에서와 같이 수심이 얕은 수역에서는 조금 더 복잡한 문제가 발생한다. 천수(shallow water)에서는 대양에 비하여 선박의 정지거리가 짧아진다. 그러나 선회 반지름은 반대로 증가한다. 따라서 긴급한 상황에서는 선박 운항자의 경험에 대부분을 의존하고 있는 실정이며, 앞으로 유능한 선박 운항자의 경험을 토대로 한 새로운 선박 조종방법의 등장이 예상되고 있다.

M.E.M.O

Chapter
06

선박 저항 · 추진의 기초

Chapter >>> 06 선박 저항 · 추진의 기초

6.1 저항의 종류

1 개요

운동장에서 축구경기를 하고 있는 운동선수들은 득점을 하기 위하여 동료선수들과 정교한 패스를 이용하여 상대편 수비를 뚫게 된다. 이러한 축구공의 패스는 공기에 의한 저항이 있기 때문에 가능한 것이다. 만일 축구공에 공기저항이 작용하지 않는다면 공중을 향해 찬 공은 멈추지 않고 축구장 밖으로 날아가 버릴 것이다. 날아가는 축구공과 같이 공기 중 혹은 수중에서 운동하고 있는 모든 물체는 그 진행을 방해하는 항력을 받게 되며 그 운동에 필요한 지속적인 에너지 공급이 없다면 그 물체는 정지하게 될 것이다. 만일 위의 축구선수가 같은 힘으로 축구공이 아닌 야구공이나 골프공을 찼다면 축구공이 날아간 거리(패스거리)와는 다를 것이다. 또는 축구장이 아니라 물속에서 찼다면 어떻게 될까? 이처럼 운동하는 물체에 작용하는 저항은 물체의 크기와 속도 그리고 운동을 하고 있는 공간의 물성에 따라 달라지기 때문에 같은 물체라 하더라도 그 저항 값의 크기를 단순히 비교할 수 없게 되므로 항력계수라는 지수를 정의하여 운동하는 물체의 저항을 나타낸다.

선박이 해수면 위를 일정한 속도로 전진할 때 선박은 운동장의 축구공의 경우처럼 진행하는 반대 방향으로 항력을 받게 되며 이 항력을 이길 수 있는 전진력을 제공받지 않게 된다면 결국 선박은 정지하게 될 것이다. 이 때 선박에 작용하는 항력을 선박의 저항(resistance)이라 정의하며, 이 저항을 극복하고 일정한 속도로 운항할 수 있도록 제공되는 전진력을 선박의 추진력(thrust)이라 정의한다. 실제로 운항중인 선박의 동력 공급을 중단하면 그 배는 자신의 길이의 대략 50배의 거리를 지나서 정지하게 된다. 즉, 그 배는 해수에 의해 그만큼의 저항을 받는다는 의미이며, 계속해서 전진하기 위해서는 그 만큼의 추진력을 공급받아야만 한다.

저항이 없는 선박은 존재할 수 없으므로 선박이 일정한 속도로 지속적으로 운항하기 위해서는 추진력 제공을 위한 동력원의 존재가 필수 불가결하다고 할 수 있다. 동력기관이 발명되기 이전의 시절에는 풍력, 인력과 같은 자연력이 동력원이 되어왔으나 현대의 대형 선박을 운항하기 위해서는 그 크기가 3~4층 건물과 맞먹을 정도의 크기의 엔진이 사용되고 있으며 이러한 엔진에서 생성된 동력은 프로펠러와 같은 추진장치를 통하여 선박에 추진력을 공급하게 된다. 선박의 저항은 선박의 형상과 밀접한 관련이 있으며 우수한 선박은 낮은 저항 값과 높은 추진효율을 갖도록 최상의 결합을 이루어야 하며 일반적으로 이러한 최상의 결합은 선체와 프로펠러가 적절하게 조화를 이룰 때 얻어지게 된다.

2 선체가 받는 저항

선체는 수상에 있느냐, 수중에 있느냐에 따라 수상함의 선체와 수중함(잠수함)의 선체로 구분되며 각각의 차이는 자유표면에 노출 유무에 따른 차이라고 할 수 있다.

(1) 수중함(잠수함)의 선체가 받는 저항

잠수체에는 자유표면이 없기 때문에 잠수체의 운동이 파도를 일으키지 않는다. 따라서 잠수체는 마찰저항, 점성압력 항력, 박리저항 등을 받는다. 방금 언급했던 저항들에 대해서는 '저항의 분류와 그 종류' 파트에서 다루기로 한다.

(2) 수상함의 선체가 받는 저항

해상에서 움직이는 배도 잠수체에서와 마찬가지로 마찰저항, 점성압력 항력, 박리저항을 받는다. 그러나 이 경우에는 자유표면의 존재에 의한 또 다른 저항 성분인 조파저항과 조와저항 등이 추가된다.

물 속으로 움직이는 선체 부분은 잠수체에서와 비슷한 압력분포를 일으킨다. 즉, 선수부와 선미부에서는 압력이 높아지고, 선체 중앙부에서는 압력이 떨어진다. 한편 물 위로 움직이는 선체 부분에 의해 자유표면과 그 바로 아래에서 발생하는 압력변화는 수면을 교란하여 파도를 일으키고, 그들이 배의 뒤쪽으로 퍼져 나감에 따라 연속적으로 다시 파도가 생겨나게 되어 지속적인 에너지의 유출이 일어나며, 이를 조파저항(wave making resistance)이라 부른다.

3 저항의 분류와 그 종류

좋은 배를 만들기 위해서는 배가 받는 저항에 대해서 알아야 한다. 잠수함이 물 속 깊이 잠항해 있을 때를 제외하면 일반적으로 배는 물과 공기의 경계면에서 항주하므로, 물과 공기의 양쪽으로부터 저항을 받는다. 배가 필요한 속력으로 달리기 위해서는 이 양쪽의 저항을 이겨내야 할 필요가 있다. 선형을 연구하는 연구자 또는 설계하는 기술자들은 이들의 저항이 되도록 적은 배를 만들려고 많은 노력을 기울인다. 배가 받는 저항을 크게 나누면 배의 수면하에서 받는 물의 저항과 수면상에서 받는 공기의 저항으로 분류할 수가 있다. 배가 물로부터 받는 저항은 배의 저항의 대부분을 차지하는 가장 중요한 것으로 이것을 다시 분류할 수가 있는데, 그 방법에는 두 가지가 있다.

(1) 종래의 방식(W. Froude 방식)

최초의 분류법인 William Froude의 방식에 따르면 물과 선체 표면과의 마찰에 기인하는 마찰저항(frictional resistance), 배가 항주함으로써 수면에 생성되는 파랑으로 인한 조파저항(wave making resistance)과 선체 표면의 급격한 형상의 변화 때문에 생기는 소용돌이로 인한 조와저항(eddy making resistance)으로 구분된다. 이 중 조파저항과 조와저항을 합한 것을 잉여저항(residual resistance)이라고 부른다.

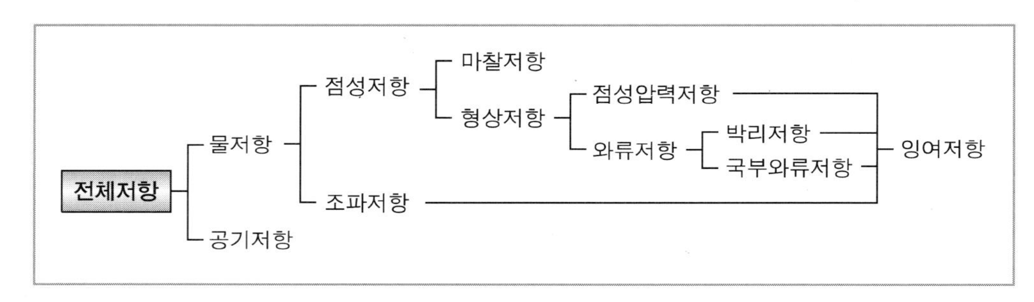

[그림 6.1] 저항의 종류

지금부터 W. Froude 분류법에 대해 더 자세히 알아보자. W. Froude 분류법에 따르면 저항을 다음과 같이 나누는데,

$$전저항(R_t) = 마찰저항(R_f) + 잉여저항(R_r)\{= 조파저항(R_w) + 조와저항(R_e)\} + 공기저항(R_a)$$

전저항은 전체저항(total resistance)이라고도 하며, 바람이 없는 공기 속에서 잔잔한 물 위를 전진하는 배가 받는 저항을 말하고, 이는 그 배의 유효마력(effective horsepower)을 결정하는 근본이 된다. 전체저항은 모든 저항들의 합이며, 이 저항들을 요약하면 점성저항, 조파저항, 공기저항의 세 가지 요소로 나누어 볼 수 있다. 여기서 점성저항(viscous resistance)이란 물의 점성에 기인하여 발생하는 마찰저항, 점성압력항력, 박리저항을 모두 포함한 것이다.

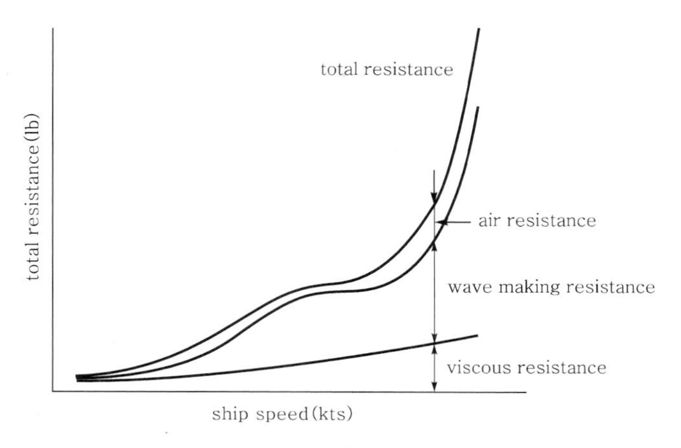

[그림 6.2] 전저항-배의 속도 간 상관곡선

『그림 6.2』는 전체저항과 배의 속도 사이의 관계를 보여주는 대표적인 곡선이다. 낮은 속도 범위에서는 점성저항이 가장 큰 비중을 차지하는데 속도가 증가됨에 따라 조파저항의 비중이 더 커지는 점과, 속도의 증가에 따라 전체저항이 급격히 증가되는 점에 주목할 필요가 있다. 아울러 중간 부분에 속도의 증가에도 불구하고 전체저항이 거의 증가되지 않는 부분이 존재하는데, 이는 대부분의 선형에서 공통적으로 발생하는 현상이다.

전저항을 구성하는 각각의 저항에 대해 알아보면 다음과 같다.

① 마찰저항

마찰저항은 선박이 운항하면서 물과 선체의 표면이 접촉하게 됨으로써 발생하는 저항성분으로서 배가 어떤 일정한 속도로 항해할 때, 선체 표면에서 물의 점성에 의하여 접선방향으로 작용하는 마찰력에 의해 발생하는 저항이다. 전저항의 큰 부분을 차지하며 실험에 따르면 새로 건조된 매끄러운 표면의 저속선인 경우에는 마찰저항이 전체저항의 80~85%에 달하며 고속선박의 경우는 50%에 달하는 것이 그 동안의 연구결과로 확인된 바 있다.

W. Froude의 마찰저항 공식은 아래와 같다.

$$\text{마찰저항(lbs)} : R_F = f\rho g S V^{1.825} \tag{6.1}$$

여기서, S : 침수표면적(ft^2)

V : 속도(kts) ($V^{1.825}$: 표면의 성질, 속력 등에 따라서 변화. 배에 대하여는 1.825를 사용)

L : 길이(ft)

$$f = \frac{1}{1000}\left(0.1392 + \frac{0.258}{2.68 + L}\right)[1 + 0.0043(15 - t)] \qquad (6.2)$$

* **길이에 따른 마찰계수** : 길이가 길면 작고, 짧아지면 크게 된다. 또한 표면이 매끈하면 작고, 거칠면 크게 된다. 수압, 수심 등에는 관계가 없다.

② 점성저항, 마찰저항, 점성압력 항력, 박리저항에 대한 고찰

위에서 기술한 마찰저항에 대해 조금 더 고찰해 보자.

제한이 없는 유체 속에 깊이 잠긴 채로 수평한 직선 위를 일정한 속도로 움직이는 유선형 잠수체가 있다고 하자. 이 유선형 잠수체는 가장 간단한 형태의 저항을 받게 된다. 이 경우에는 자유표면이 없기 때문에 잠수체의 운동이 파도를 일으키지 않는다. 만일 그 유체가 완전 유체라면(즉, 점성이 없다면) 마찰이 발생하지 않으므로, 아래와 같이 Bernoulli의 정리에 따른 속도와 압력의 분포로 달랑베르의 역설(d'Alembert's paradox)이 성립할 것이다. 달랑베르의 역설이란, 모든 압력은 어디에서나 선체에 수직으로 작용할 것이므로 선수부에서는 운동을 방해할 것이나, 선미부에서는 그 반대의 경우가 되므로 운동을 돕게 될 것이며, 이와 같은 저항력의 합력은 서로 같으므로 결과적으로 선체는 아무런 저항도 받지 않는다는 것이다.

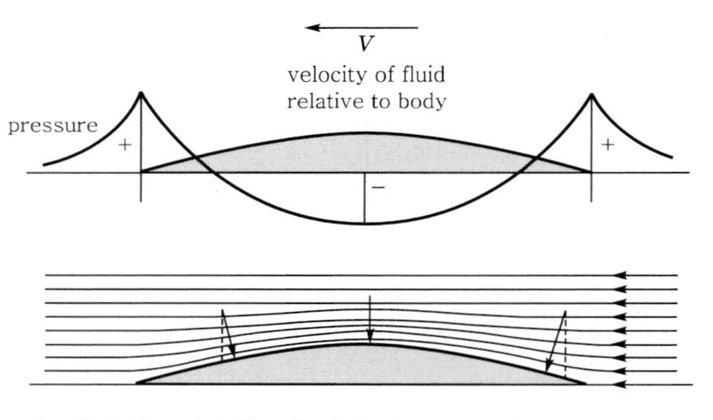

[그림 6.3] 달랑베르의 역설(d'Alembert's paradox)

위 예에서 유체의 압력은 선수부 가까이에서 정수압보다 높아지며, 중앙부로 감에 따라 감소하여 정수압보다 낮아졌다가 선미부에서 다시 증가한다. 그 속도는 Bernoulli의 정리에 따라 선체 중앙부분에서는 배의 전진속도 V보다 빨라지고, 선수미 부분에서는 느려질 것이다. 반면, 물과 같은 실존 유체는 점성을 가지고 있으므로, 선체의 표면과 접촉하고 있는 유체는 그 표면과 같은 속도로 함께 운동할 것이며, 그 근처의 유체는 바깥쪽으로 감에 따라 차차 속도가 늦어지는 형태로 선체와 같은 방향으로 움직이게 될 것이다.

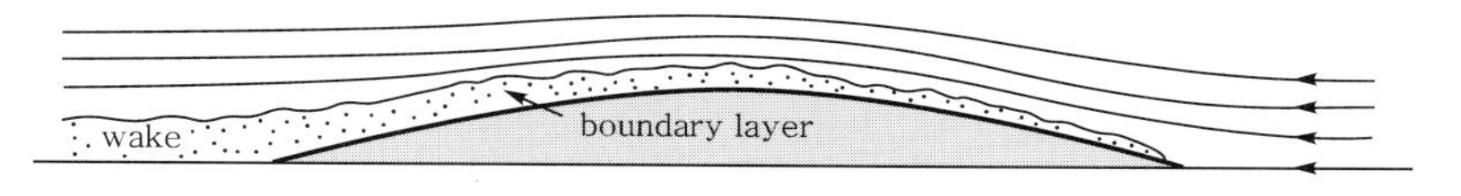

[그림 6.4] 경계층(boundary layer)

이와 같이 선체와 같은 방향으로 움직이는 유체의 층은 선미 쪽으로 갈수록 차차 두꺼워지는 형태를 띄며, 경계층(boundary layer)라고 불린다. 선체로부터 경계층 속의 유체에 공급되는 운동량은 마찰저항(frictional resistance)으로 표현된다. 선체는 그것과 같은 방향으로 움직이는 항적(wake)을 뒤에 남기고 계속 전진하며, 앞쪽의 잔잔한 물을 가속하여 지속적으로 경계층을 형성해 나가기 때문에 에너지의 유실은 계속된다. 또한 이 경계층의 영향으로 선미부분의 모양이 변한 효과가 발생하며, 그 근처의 압력분포가 변화하여 앞쪽으로 향하는 성분이 감소된다. 반면에 선수부분에서의 압력분포는 완전유체 속에서의 그것과 거의 같으므로, 결과적으로 선체의 운동과 반대 방향인 합력이 남게 되어 저항으로 작용한다. 이 저항을 점성압력 항력(viscous pressure drag)이라 부른다. 선체의 뒷부분이 뭉툭하다면, 유체의 흐름은 박리점(separation point)이라 불리는 어떤 점에서 선체 표면으로부터 떨어져 나갈 것이며, 아래 그림에서 보는 바와 같이 와류를 형성하여 더 큰 에너지의 손실을 초래한다. 이와 같은 저항을 박리저항(separation resistance)이라 한다.

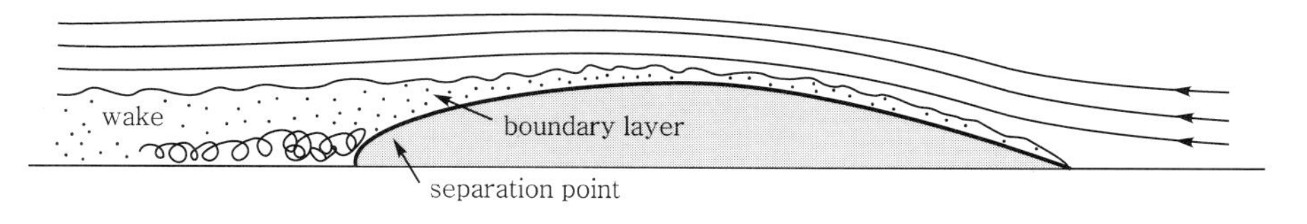

[그림 6.5] 박리저항(separation resistance)

한편, 다음의 예를 보자.

『그림 6.6』은 선체 주변의 대표적인 유체 흐름의 형상이다. 유체가 교란되기 전인 선수부에서는 층류(laminar flow)의 형태이고, 어느 정도 지나 유체가 교란되면 난류(turbulent flow)의 형태로 전환되는 것을 보여주고 있다.

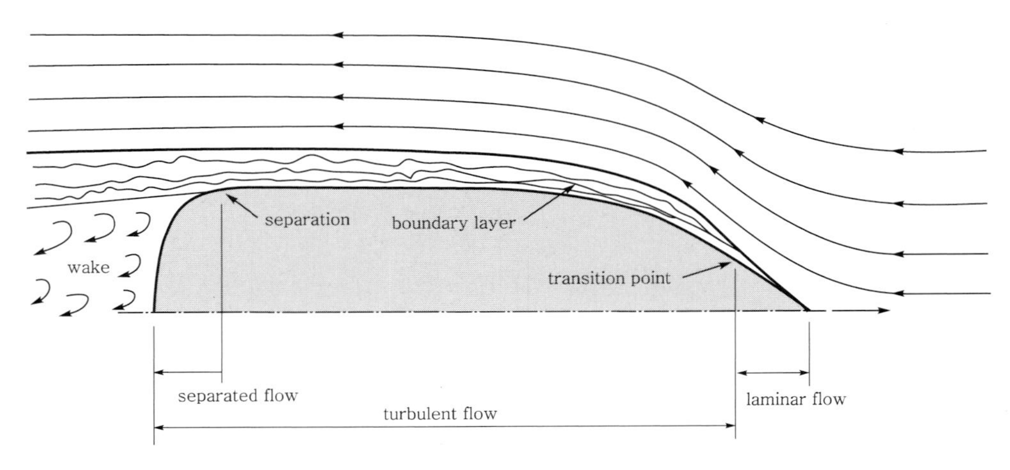

[그림 6.6] 선체 주변의 대표적인 유체 흐름의 형상

층류(laminar flow)는 유체가 옆으로 서로 섞이지 않는 층 속을 흐르는 것을 말하며, 각 층의 상대속도가 고르지 않은 경우 서로 미끄러지면서 흐른다. 상대적으로 낮은 저항을 나타낸다. 층류가 교란되어 유체가 와류 운동 속에서 옆으로 섞이게 되면 난류(turbulent flow)가 되며 저항이 증가된다. 선박의 속도가 증가하면, 경계층의 두께가 증가하고 전환점의 위치가 선수 쪽으로 이동하여 결과적으로 마찰저항이 증가될 것이다.

마찰저항(frictional resistance)은 선체의 표면에 물의 점성에 의하여 접선방향으로 마찰력이 작용하는 것을 말하며, 유체가 점성을 갖기 때문에 저항이 나타나므로 점성저항(viscous resistance)이라고도 한다. 다만 차이가 있다고 하면, 고체와 고체 사이의 마찰저항은 접촉면에 작용하는 법선방향의 압력에 비례하지만 유체에서는 점성저항은 압력과 무관하고 유체입자의 형태의 변형속도에만 비례한다는 차이가 있다.

③ 조파저항

조파저항(wave making resistance)은 선박이 진행함에 따라 수면 상에 형성된 파계가 유지되도록 선박에 지속적으로 공급되어야 하는 에너지로 인한 저항으로서 배가 전진하여 파도를 발생할 때 선체표면에 작용하는 법선방향의 수압의 총합에 의해 발생한다. 선체가 파도를 일으키는 과정을 가장 먼저 설명한 사람은 켈빈(William T. Kelvin)이라고 알려져 있는데, 『그림 6.7』에서 보이는 바와 같이 수면위를 움직이는 압력점(pressure point)으로부터 만들어지는 파도가 조합되어 특정한 파도의 모양이 만들어진다고 생각하였다. 물 위를 진행하는 배는 『그림 6.7』과 같이 두 종류의 파도를 만드는데 압력점으로부터 퍼져나가는 발산파(divergent wave)와 그 뒤를 따르는 횡파(transverse wave)가 바로 그것이다. 발산파는 큰 선수파로 시작되고, 선수 양쪽에 이를 뒤따르는 비스듬한 파도들이 차례로 사다리꼴을 이루며 퍼져나간다. 배의 양쪽으로 퍼져나가는 발산파 사이에는 가로파가 발생한다. 횡파의 파정(crest)은 선체 근처에서는 배의 진행 방향에 수직하나, 발산파에 접근함에 따라 뒤로 굽으면서 결국 그것과 합쳐진다(『그림 6.8』 참조).

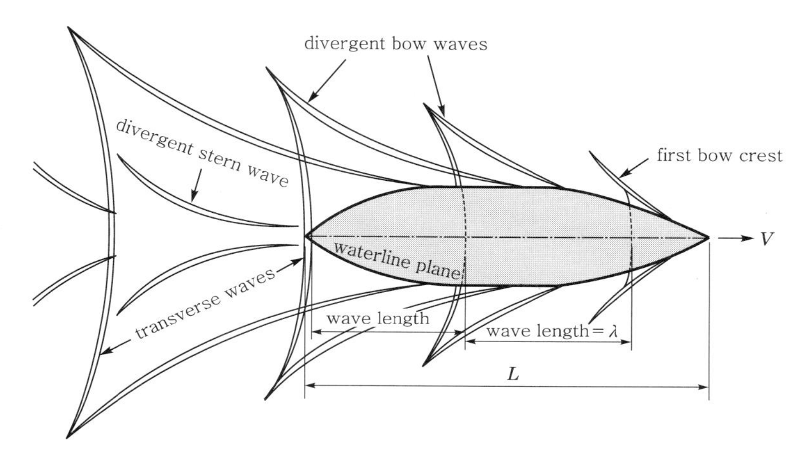

[그림 6.7] 켈빈의 파도모양

[그림 6.8] 선체 주변의 횡파(transverse wave)의 파정

배의 어깨와 선미에서도 또 다른 발산파와 횡파가 형성되지만, 이들은 먼저 나타난 선수파로부터 교란을 받기 때문에 항상 명확하게 식별할 수는 없다. 횡파는 중앙 평행부를 가진 배의 중앙부 또는 고속으로 달리는 배의 바로 뒤에서 쉽게 볼 수 있다.(『그림 6.9』 참조)

물의 밀도를 ρ, 선체의 침수표면적을 A_S, 선체의 속도를 V라고 하면 조파저항의 크기 R_W의 크기는 다음과 같이 구할 수 있다.

$$R_W = C_W \frac{1}{2} \rho A_S V^2 \quad (6.3)$$

여기서, C_W는 조파저항계수(coefficient of wave-making resistance)이다.

[그림 6.9] 선체 주변의 횡파(transverse wave)

④ 조와저항

조와저항은 선체나 선체부가물의 형상이 유선형으로 되어 있지 않거나 흐름을 거슬리지 않도록 놓여있지 못했을 때나 선체의 형상이 급격히 변하는 경우 물이 선체 표면을 따라 흐르지 못하게 되어 형성되는 소용돌이와 같은 유동에 의한 저항으로서 급격한 형상의 변화로 발생하는 유체의 소용돌이에 의해 발생한다. 다시 말해 선박이 전진할 때 선체 후부에서 흐름의 일부가 박리(separation)되어 소용돌이(eddy)가 생기는데 이 소용돌이가 생성되면서 소요된 에너지 손실에 해당하는 저항을 말한다. 와류의 크기는 레이놀즈 수의 크기에 관련이 있으며, 타(rudder), 빌지킬(bilge keel), 스트럿 베어링(strut bearing) 등 선체 부가물의 단면 모양이나 선체의 모양에 따라 달라진다.

물의 밀도를 ρ, 선체의 침수표면적을 A_S, 선체의 속도를 V라고 하고 선체에 작용하는 전저항을 R_T라고 할 때, R_T는 다음과 같이 나타낼 수 있다.

$$R_T = C_T \frac{1}{2} \rho A_S V^2 \quad (6.4)$$

여기서, C_T는 전저항계수(coefficient of total resistance)이다.

이때 선체가 조파저항의 영향의 크지 않은 저속으로 움직일 때 총저항 계수 C_T와 마찰저항계수 C_F 사이에는 일정한 차이가 나타나는데 이를 와류저항의 영향으로 보면 C_T와 C_F의 차이가 와류저항계수(coefficient of eddy resistance) C_E의 값이 된다. 일반적으로 조파저항과 조와저항의 합인 잉여저항은 저속선의 경우 총저항의 10~25%, 고속선의 경우 총저항의 40~50%를 차지하는 것으로 알려져 있다.

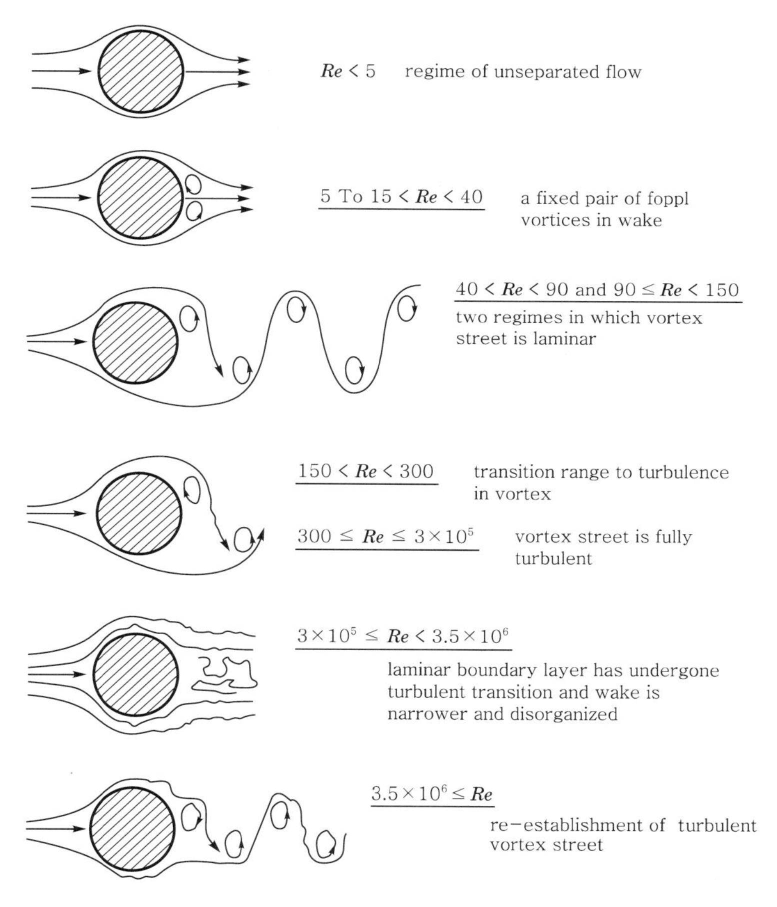

[그림 6.10] 레이놀즈 수의 크기에 따른 와류

⑤ 잉여저항

잉여저항은 조파저항과 조와저항의 합으로 나타내어진다. 잉여저항의 계산은 모형선을 사용하여 계측한 전저항에서 마찰저항의 차이로 산정하게 되며 식은 다음과 같다.

$$\text{잉여저항} : R_R = R_T - R_F \tag{6.5}$$

Froude의 가정

기하학적으로 상사한 두 배의 Froude 수가 같으면 두 배의 무차원화된 잉여저항계수는 같다.

여기서,

$$\text{잉여저항계수} : C_R = \frac{R_R}{\frac{1}{2}\rho S V^2} \tag{6.6}$$

여기서, 대응속도 : Froude의 비교법칙이 성립하는 속도

$$F_n = \frac{V}{\sqrt{gL}} \tag{6.7}$$

잉여저항에 대해서는 뒤에서(모형선 시험의 결과를 이용한 전체저항 산출 부분에서) 더 설명하기로 한다.

⑥ 공기저항

잔잔한 바다 위에서 조용한 공기 속을 항해하는 배는 수면 윗부분에 공기저항(air resistance)을 받게 될 것인데, 이러한 공기저항은 수면 상에 노출된 주 선체와 선루가 공기 중에서 움직여서 발생하는 저항을 말한다. 공기저항은 배의 속도와 수면 윗부분의 면적과 모양에 의해 결정되므로 바람이 불고 있다면, 이 저항은 바람의 속도와 그 상대적인 방향에도 영향을 받는다. 선루는 충족시켜야할 많은 기능 때문에 적당한 유선형으로 만들 수 없으며, 또한 유선형으로 만들어도 정면에서 불어오는 바람에 대해서만 유효할 것이다. 선루의 유선형화로 얻을 수 있는 전체 저항의 감소는 그리 크지 않으므로, 비용을 고려하면 경제적이지 않다.

옆바람이 불 때 선체와 선루의 대부분의 면적이 바람에 연직하게 놓이게 되므로, 그 투영 면적이 모두 저항에 대한 유효면적이 되어 최대의 힘을 받게 되지만 이 힘은 배의 운동 방향에 대해 연직하게 작용하므로 그 값이 전진 운동에 대한 최대의 바람저항을 뜻하지는 않는다. 정면에서 불어오는 바람은 그대로 배의 전진 운동을 방해하는 영향을 주지만, 바람의 작용 면적은 작기 때문에 그것이 최대 저항을 주는 바람의 방향은 아니다. 바람의 방향이 정면으로부터 벗어나 각도를 갖기 시작하면, 바람을 받는 면적이 급속히 커지기

때문에 바람의 저항도 급히 증가하게 된다. 실험을 통하여 밝혀진 바에 의하면 바람의 상대적인 방향이 선수로부터 약 30° 벗어났을 때 최대의 바람저항이 나타난다는 것이다.

[그림 6.11] 상자형 선루를 가진 화물선

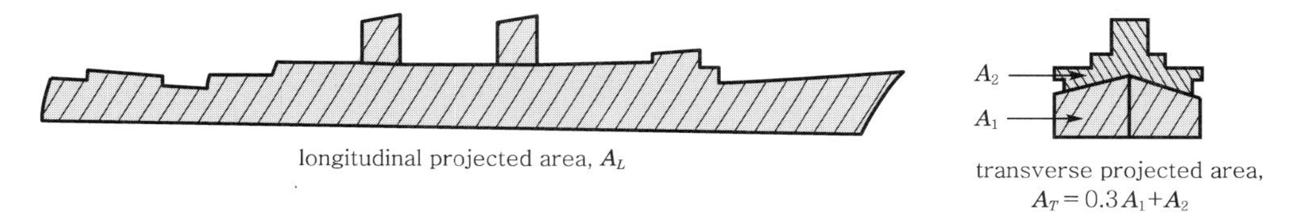

[그림 6.12] 공기 저항을 받는 면적

실험에서 얻어진 또 다른 주목할 사항은 속도가 느린 배에서 바람저항의 상대적인 효과가 훨씬 크다는 것이며, 이는 속도가 빠른 배보다 느린 배에서 바람저항에 대한 여유를 더욱 크게 고려해야 한다는 점을 알려주고 있다.
바람이 불지 않을 때 공기의 밀도를 ρ_A, 수면 위에 나와 있는 부분의 투영면적(projected area)을 A_T, 선체의 속도를 V라고 하면 공기저항의 크기 R_A는 다음과 같이 구할 수 있다.

$$R_A = f_A \frac{1}{2} \rho_A A_T V^2 \tag{6.8}$$

여기서, f_A는 비례상수이고, 바람이 불 때는 선체 속도 V대신에 선체와 바람의 상대속도 V_R을 사용한다. 선체가 맞바람을 받고 있을 때 수면 위에 있는 선체(hull) 부분의 공기 저항은 같은 크기의 투영면적을 가지는 상부 구조물의 공기 저항보다 작다. 따라서 선체의 투영면적에 0.3을 곱한 값을 등가 투영면적(equivalent project area)으로 본다.

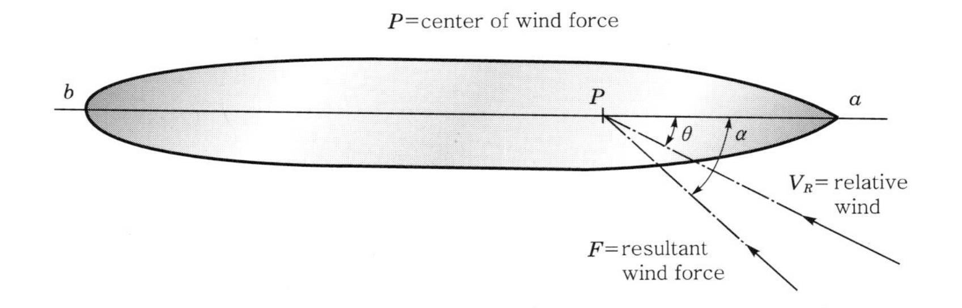

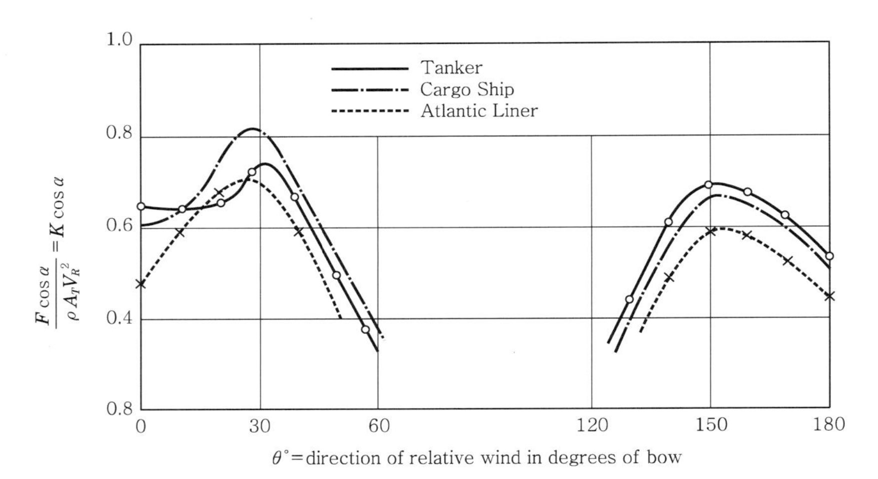

[그림 6.13] 최대의 바람저항 각도와 바람의 합력

⑦ 선체 부가물 저항

선체 부가물 저항(appendage resistance)은 선체에 부착되어 있는 빌지용골, 타 등의 부가물에 의해 발생하는 저항을 말한다. 단추진기선에서의 주된 부가물은 빌지킬(bilge keel)과 타(rudder)이고, 다추진기선에서는 보싱(bossing), 노출축(open shaft), 스트럿(strut) 등이며, 타가 두 개가 될 수도 있다. 이러한 모든 부가물들은 그 자신들로 인해 마찰 저항을 증가시킬 뿐만 아니라 선체 전체의 침수표면적을 증가시키므로 배의 전저항을 증가시키게 된다.

『그림 6.14』는 4개의 추진기와 2개의 타를 가진 미해군의 항공모함 Nimtz 호의 모습이다.

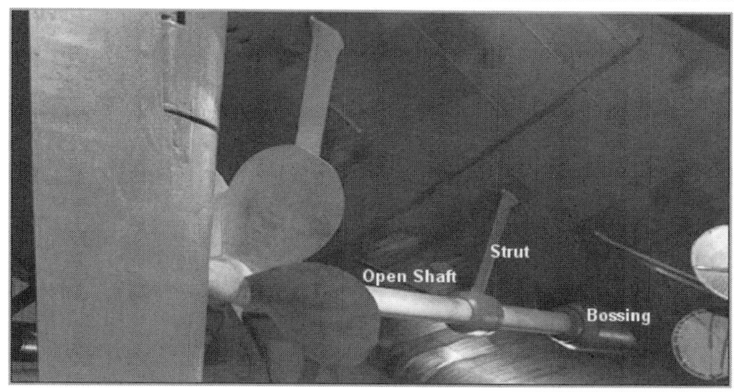

[그림 6.14] 미해군의 항공모함 Nimtz 호의 부가물

타의 저항은 모형시험에 의해 측정될 수도 있고, 비슷한 특성의 airfoil에 대한 항력계수와 그 길이와 속도에 적합한 레이놀즈수(Reynolds number)를 사용하여 계산할 수도 있다. 타가 추진기의 후류 속에 있지 않는 경우에는 타를 지나는 물의 속도는 반류효과(wake effect) 때문에 배의 속도보다 다소 낮지만, 후류 속에 있는 경우에는 대개 후류의 효과가 반류를 상쇄하는 것보다 크기 때문에 타를 지나는 물의 속도가 배의 속도보다 빨라진다. 2개의 타를 가진 배에 대해서는 모형시험에서 타각 0°의 위치를 적절히 결정하는 것이 필요하다. 그 이유는 선미에서 유선이 안쪽으로 휘기 때문에 타각 0°의 위치가 배의 중심선과 평행하지 않게 될 수 있기 때문이다.

(2) 근래의 방식(G. Hughes 방식)

종전의 방식에 비해 비교적 근래에 이르러 G. Hughes 등에 의해 제창된 분류법에 의하면 배가 점성이 없는 이상유체 속에서 운동할 때도 발생하는 파랑으로 인한 조파저항과 유체의 점성 때문에 발생하는 점성저항(viscous resistance)으로 배의 저항을 크게 나누고 있다. 이 중 점성저항은 다시 선체가 물에 잠기는 표면적과 같은 표면적을 갖는 평판의 마찰저항과 선체가 평판이 아닌 어떤 형상을 가진 물체이기 때문에 발생되는 형상저항으로 생각하고 있다. G. Hughes 분류법에 따르면 저항을 다음과 같이 나누고 있다.

$$전저항(R_T)=점성저항(R_V)\{=평판의\ 마찰저항(R_F)+형상저항(R_{\mathrm{FORM}})\}$$
$$+조파저항(R_W)+공기저항(R_A)$$

① 형상저항

이제 잉여저항에서 조파저항 성분을 제외하고 남는 부분이 어디에서 오는 것인가를 찾아내는 일이 남았다. 아래의 실험결과 비교에서 실험에 사용한 물체는 모형선과 평판으로 두 물체 간의 중요한 차이점은 바로 모양이 다르다는 것이며, 이 남는 부분은 그 형상의 차이에서 오는 것으로 보아 이 부분을 형상저항(form resistance) 혹은 형상항력(form drag)이라고 부른다. 형상저항의 발생은 주로 세 가지의 원인에 기인한다. 그 중 두 가지 원인은 앞에서 언급된 점성압력항력과 박리저항이며, 나머지 하나의 원인은 다음과 같다. "평판의 길이와 모형선의 길이가 같으므로 실제로는 유선형인 모형선의 선수에서 선미에 이르는 유선의 길이가 더 길다. 이것은 흐름의 평균속도가 더 높아야 한다는 것을 말하며, 그 결과 실제 표면마찰은 평판의 그것보다 커지게 된다."

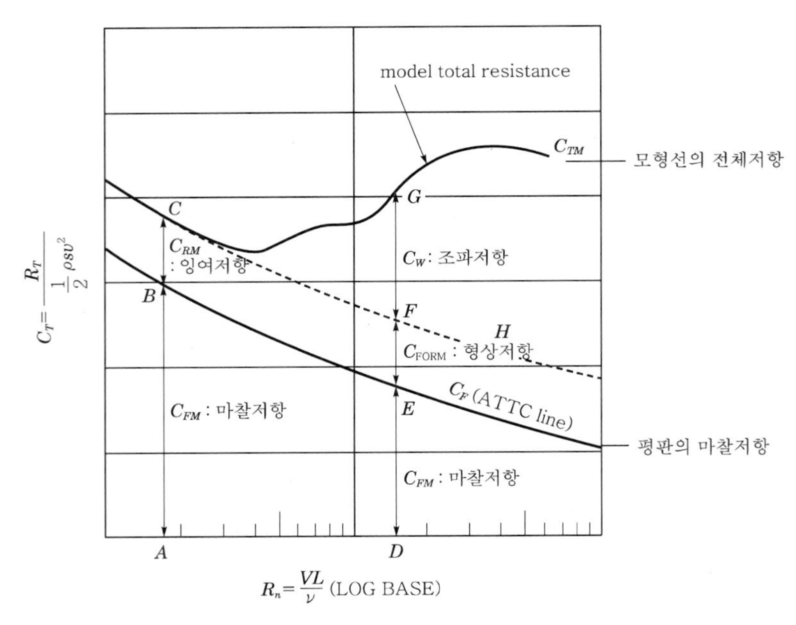

[그림 6.15] 형상저항에 대한 모형선과 평판의 실험

6.2 Froude의 비교법칙

1 개요

선박의 저항은 파도의 발생으로 여러 가지 저항 성분들이 상호작용을 일으켜 대단히 복잡한 양상으로 발생하게 된다. 따라서 이를 계산만으로 추출해 낸다는 것은 불가능하며, 모형선을 이용한 실험의 결과로 전체저항을 알아내는 방식을 사용한다. 모형선의 실험에는 선루(superstructure)가 없는 선체(hull)의 모형만 사용하는 것이 일반적이므로, 여기에서 얻어지는 전체저항에는 공기저항이 제외된 점성저항과 조파저항의 합이라고 볼 수 있다. 전체저항으로 유효마력을 알아내어 주기관의 크기를 결정하는 것도 중요하지만, 그 전체저항을 이루고 있는 성분들을 분석하여 각각의 성분을 줄여 전체저항을 낮출 수 있는 방법을 찾아내는 것도 효율적인 선박의 설계에서 매우 중요한 일일 것이다. 전체저항 중에서 가장 큰 성분은 마찰저항이다(저속선의 경우 80~85%, 고속선의 경우 50% 정도). 따라서 그에 대한 이론 및 실험적인 연구가 오랜 세월에 걸쳐 진행되어 왔으며, 여러 성분 중 가장 정확히 추정해낼 수 있게 되었다. 어떤 속도 범위에 걸쳐 모형선의 전체저항(R_{TM})을 계측한 뒤에, 레이놀즈수(Reynolds number)에 대한 계수로 나타내면 『그림 6.15』의 C_{TM}과 같은 일반적인 모양의 곡선을 얻게 된다. 여기에 완전한 난류에서의 매끈한 평판(모형선과 같은 길이와 침수면적을 갖는)에 대한 마찰저항 계수 C_F 곡선을 넣어서 비교해 보면 C_{RM}만큼의 차이가 있음을 알 수 있다. 이러한 차이, 즉 모형선의 전체저항에서 마찰저항을 제하고 남는 부분을 잉여저항(residuary resistance)라고 부른다. 잉여저항에는 마찰저항 이외의 점성저항 성분들과 조파저항이 포함되어 있다. C_{TM}곡선과 C_F곡선은 R_N(Reynolds number)이 작은(즉, 속도가 대단히 낮은) 범위에서는 거의 평행하고, R_N이 커지면서(속도가 높아지면서) 그 차이가 크게 벌어지고 있다. 속도가 대단히 낮은 범위에서는 조파저항이 극히 작을 것이므로, 속도가 증가하면서 두 곡선의 차이가 크게 벌어지게 한 C_W부분이 조파저항 계수를 나타낸다고 볼 수 있다.

2 상사법칙

영국의 William Froude는 1868년에 역학적 상사성의 일반 법칙에 근거를 두고 크기가 다른 상사선형의 파형을 관찰한 결과로서 그의 유명한 상사법칙(law of comparison)을 다음과 같이 발표하였다. "기하학적으로 상사한 실선과 모형선에서 속도가 치수의 제곱근에 비례한다면, 잉여저항은 치수의 세제곱에 비례한다." 이때, 속도가 치수의 제곱근에 비례하는 수를 무차원량으로 표시한 것이 프루드 수(Froude number)라고 정의하고 따라서 이 프루드 수에 맞추어 모형시험을 할 것을 제안하였다. 또한 모형시험으로부터 얻은 전체저항에서 모형선의 길이와 평균 폭이 같은 평판의 마찰저항을 뺀 치수의 세제곱을 곱하고, 다시 실선의 마찰저항을 더함으로써 실선 저항을 추정할 것을 제안하였다.

[그림 6.16] William Froude(1810~1879)

(1) 대응속도

William Froude는 크기가 다른 동일 선형의 모형의 파형을 관찰한 결과 배의 길이에 상응하는 속도가 있다는 것을 발견하였다. 이 속도는 모형선과 실선에서 속도-길이 비(speed-to-length ratio)가 같을 것을 요구하며, 이를 무차원량으로 표시한 것이 프루드수(Froude number ; F_n)로 불린다. Froude는 그의 비교법칙이 성립하는 속도, 바꾸어 말하면 기하학적으로 상사한 두 배 사이의 속도의 비가 길이의 제곱근에 비례할 때 그 속도를 대응속도(corresponding speed)라고 불렀다. 즉, 모형선과 실선에서 프루드수(Froude number)인 $V/\sqrt{gL}$ 의 값이 같아지는 속도를 대응속도라고 한다.

$$\text{Froude number : } F_n = \frac{V}{\sqrt{L}} \qquad (6.9)$$

여기서, V : 속도(ft/s)

g : 중력가속도(ft/s^2)

L : 모형선 또는 실선의 길이(ft)

(2) 속장비(속도-길이비)

배의 속도와 길이의 제곱근의 비 $V/\sqrt{L}$ 를 속장비(speed-length ratio)라고 부른다. 속장비의 값은 V를 kts로 L을 ft로 표시한 값을 의미하는 것이 보통이다. 이 비는 수치 계산이 쉽기 때문에 저항 자료를 표시할 때 흔히 쓰이지만, 무차원량이 아니라는 결점이 있다. 한편 $V/\sqrt{gL}$ 는 무차원량으로서 Froude의 속장비 $V/\sqrt{L}$ 과 밀접한 관련을 가지기 때문에 이를 프루드수(Froude Number)라고 부르고, 기호 F_n으로 표시한다. V를 kts로, L을 ft로, g를 ft/s^{2}으로 표시하면, $V/\sqrt{L}$ 과 F_n과의 관계는 다음과 같다.

$$F_n = 0.298\frac{V}{\sqrt{L}} \tag{6.10}$$

$$V/\sqrt{L} = 3.355F_n \tag{6.11}$$

Froude number 혹은 속장비를 가로축으로 잡고 전체저항 계수의 곡선을 그리면 보통『그림 6.17』과 같이 여러 개의 봉우리와 골이 존재하는 형태가 된다. William Froude는 실험을 통해 조파저항을 다음과 같이 해석하였다. 배의 속도가 증가하면, 파장이 길어지고 파정과 파저의 상대적인 위치가 달라지므로 파형이 변하게 된다. 배의 속도가 연속적으로 증가해 가면, 발산파와 가로파의 파정들이 서로 겹쳐서 보강되는 경우와, 파정과 파저가 서로 상쇄되는 경우가 교대로 나타날 것이다.『그림 6.18』은 발산파와 가로파가 각각 조파저항에 어떻게 기여하는 가를 보여주는 사례이다. 상호간의 간섭효과로 조파저항 계수의 곡선에 봉우리와 골이 생기게 되었고, 이는 전체저항에도 영향을 미쳐 전체저항 곡선에도 봉우리와 골이 나타나게 되는 것이다.

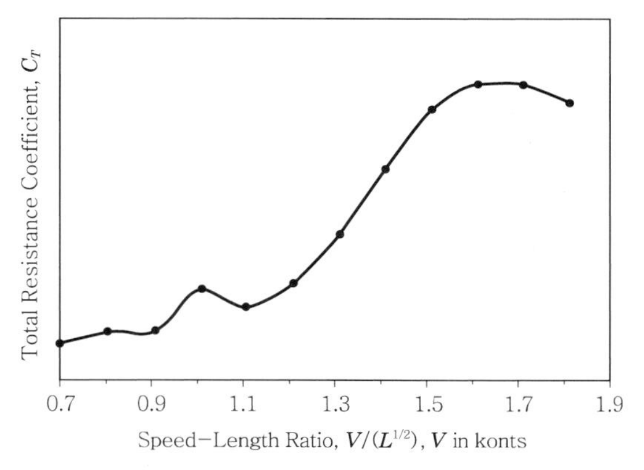

[그림 6.17] 속장비(Speed-length Ratio)

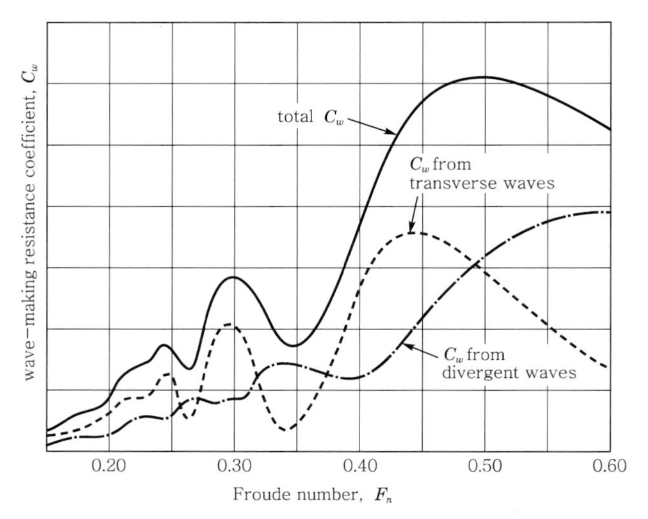

[그림 6.18] 조파저항과 F_n비

이 봉우리와 골은 Froude number에 지배되며, 이 관계로부터 배의 길이와 경제속도 사이의 밀접한 관계가 설명된다. 따라서 이와 같은 간섭효과를 배의 설계에 고려하면 유리한 속도로 달리는 것을 계획할 수 있다.

(3) 모형시험

앞에서 설명한대로 잉여저항은 모형시험으로부터 산정해야 한다. 모형시험에 의해 실선의 저항을 산정하는 방법을 W. Froude는 배의 전저항은 서로 독립적인 마찰저항과 잉여저항으로 나눌 수 있다는 그의 기초가정과 대응 속도에서는 잉여저항이 배의 길이의 세제곱에 비례하며, 같은 대응속도에서는 두 상사선 사이의 잉여저항계수가 동일하다는 비교법칙에 입각하여 다음과 같은 방법을 제안하였다.

모형시험에서는 배의 형상과 파도조건, 선속(ship speed)을 축척비(scale ratio : $\lambda = L_S / L_M$)에 맞추어 상사시켜 실험실에서 파도 중 선박의 저항을 관찰하고 계측하여 해석함으로써 실선에서의 저항을 예측하는 것을 목표로 한다. 모형선의 크기와 파고는 축척비에 따라 줄이고 선속과 파주기는 축척비의 제곱근($\sqrt{\lambda}$)으로 줄임으로써 실선-모형선의 상사조건(similitude)을 만족시킨다.

① 실선의 치수를 $1/\lambda$로 줄인 상사 모형선 제작하여 대응속도로 모형선을 예인하여 시험

② 모형선의 전저항을 계측한 뒤 전저항계수 C_{TM}계산

$$C_{TM} = \frac{R_{TM}}{\frac{1}{2}\rho S V^2}$$

③ 모형선 마찰저항 R_{FM}을 대등한 평판의 마찰저항과 같다고 가정하고, 마찰저항공식 및 마찰저항계수식을 이용하여 모형선의 마찰저항계수(C_{FM}) 계산

④ 모형선 전저항계수 및 마찰저항계수를 이용하여 잉여저항계수 계산

$$C_{RM} = C_{TM} - C_{FM}$$

⑤ 대응속도에서 모형선의 잉여저항계수와 실선의 잉여저항계수가 같다는 Froude의 가정을 이용

$$C_{RS} = C_{RM}$$

⑥ 마찰저항공식을 이용하여 실선의 마찰저항(R_{FS}) 및 실선의 마찰저항계수(C_{FS}) 계산

⑦ 위에서 구한 실선의 마찰저항계수와 잉여저항계수를 이용하여 실선의 전체저항계수(C_{TS}) 계산

$$C_{TS} = C_{FS} + C_{RS}$$

⑧ 전저항계수를 이용하여 전저항 계산

$$R_{TS} = C_{TS}\frac{1}{2}\rho S V^2$$

6.1

Froude의 저항분류방법을 이용한 모형시험을 통해 얻어진 실제 모형선의 전체저항을 계측한 결과를 이용하여 실선의 전체저항을 추정하시오.

이 때, ITTC coefficient는 $C_F = \dfrac{0.075}{(\log_{10} R_n - 2)^2}$를 이용하시오.

구 분		조 건
ship	length	$L_S = 200\text{m}$
model	length	$L_M = 2\text{m}$
	volume	$\nabla M = 1.2\text{m}^3$
	wetted surface area	$S_M = 2.5\text{m}^2$
	resistance	$R_{TM} = 25\text{N}$
	speed	$U_M = 2.05\text{m/s}(=4\text{kts})$
properties of water	for fresh water	$\nu_M = 1.139 \times 10^{-6}\text{m}^2/\text{s}$
		$\rho_M = 1000\text{kg/m}^3$
	for sea water	$\nu_S = 1.188 \times 10^{-6}\text{m}^2/\text{s}$
		$\rho_S = 1025\text{kg/m}^3$

풀이

① model의 $R_{nm} = \dfrac{U_M L_M}{\nu_M} = \dfrac{2.05 \times 2}{1.139 \times 10^{-6}} = 3.6 \times 10^6$

$$C_{FM} = \frac{0.075}{(\log_{10} R_{nm} - 2)^2} = \frac{0.075}{(\log_{10} 3.6 \times 10^6 - 2)^2} = 3.6 \times 10^{-3}$$

② $C_{TM} = \dfrac{R_{TM}}{\frac{1}{2}\rho_M S_M U_M^2} = \dfrac{25}{\frac{1}{2} \times 1000 \times 2.5 \times 2.05^2} = 4.75 \times 10^{-3}$

③ $C_{RM} = C_{TM} - C_{FM} = 4.75 \times 10^{-3} - 3.6 \times 10^{-3} = 1.15 \times 10^{-3}$

④ $C_{RS} = C_{RM} = 1.15 \times 10^{-3}$

⑤ $U_S = \sqrt{\dfrac{L_S}{L_M}}\, U_M = \sqrt{\dfrac{200}{2}} \times 2.05 = 20.5\,\text{m/s}$

$$R_{ns} = \frac{U_S L_S}{\nu_s} = \frac{20.5 \times 200}{1.188 \times 10^{-6}} = 3.45 \times 10^9$$

$$C_{FS} = \frac{0.075}{(\log_{10} R_{ns} - 2)^2} = \frac{0.075}{(\log_{10} 3.45 \times 10^9 - 2)^2} = 1.32 \times 10^{-3}$$

⑥ $C_{TS} = C_{FS} + C_{RS} = 1.32 \times 10^{-3} + 1.15 \times 10^{-3} = 2.47 \times 10^{-3}$

⑦ $S_S : S_M = {L_S}^2 : {L_M}^2$

$$S_S = \left(\frac{L_S}{L_M}\right)^2 \cdot S_M = \left(\frac{200}{2}\right)^2 \times 2.5 = 25000\,\text{m}^2$$

⑧ $R_{TS} = C_{TS} \times \frac{1}{2}\rho_s S_s U_s^2$

$$= 2.47 \times 10^{-3} \times \frac{1}{2} \times 1025 \times 25000 \times 20.5^2$$

$$= 13299599\,\text{N} = 13.3\,\text{MN}$$

(4) 시험수조

W. Froude는 1868년 재래식 예인수조에 한계를 느껴 새로운 방식의 예인수조 건설을 계획하고 시험수조 건설과 일련의 실험에 대한 계획을 제안하였다. 이 계획서에는 비교법칙과 대응속도 그리고 저항성분의 분리와 실선 저항성능 추정방법까지 포함되어 있었다. 당시 조선학계에서는 그 계획에 대해 거의 모두 부정적인 견해를 보였으나 다행히 해군의 지원으로 1870년 6월에 수조건설을 시작하여 다음해 수조가 완성되었으며, 첫 모형시험은 1872년 4월에 수행되었다. W. Froude는 이를 experiment tank(시험수조)라고 부르기 시작하였다. 이 수조에는 기계식 예인차가 있었고, 수조의 길이는 278피트, 수면에서의 폭은 36피트, 중심선에서의 깊이는 10피트이었다. 이 시험수조는 1886년까지 15년 동안 해군 수조로서 그 역할을 계속하였다.

[그림 6.19] W. Froude의 초기 예인수조

저항을 측정하기 위한 수조의 형식은 크게 두 가지가 있다.

① 중력식 수조

1775년 경 프랑스에서는 d'Alembert, Condorcet, Bossut 등이 여러 가지 형상의 모형선의 저항특성에 대한 비교실험을 수행하였는데, 그들은 모형선에 묶인 줄을 수조 반대편의 도르래에 걸고, 여러 가지 무게의 추를 달아 그 중력에 의한 모형선의 속도를 계측하였다. 이러한 실험을 통해 배의 저항은 대개 속도의 제곱에 비례하여 증가하며, 고속에서는 그 비율이 더 커지는 것을 발견하였다. 이 방식에서는 추의 무게, 그것이 곧 예인력이 되고 따라서 저항이 되므로 그 때의 속도를 측정하면 되는 것이다. 이 방식은 가장 오래된 방식으로 소규모의 수조에서나 사용할 수 있는 것이다. 따라서 모형선의 크기나 측정할 수 있는 속도의 범위가 상당히 제한을 받게 되는 결점이 있다. 반면 건조비가 싸고 그 운용이 경제적이며 비교적 손쉽게 모형시험을 할 수 있으므로 교육기관에서 많이 사용하고 있다.

② 예인수조(예인차식 수조)

예인수조(towing tank)는 현재 가장 많이 사용되는 형식이다. 대표적으로 서울대학교에 있는 예인수조를 예로 들 수 있다. 예인수조는 대형 철근 콘크리트 제의 수조를 만들고 그 수조의 측벽 위에 레일을 부설하여 그 위를 동력으로 구동되는 예인차(towing carriage)가 모형선을 끌고 다니도록 되어 있다. 이 예인차는 필요로 하는 속도로 모형선을 끌 수 있도록 Ward-Leonard 방법, Thyrister-Leonard 방법 등의 속도 제어 방법에 의해 정확히 일정한 속도를 낼 수 있게 되어 있다.

[그림 6.20] 서울대학교의 예인수조

[그림 6.21] 현대식 예인수조와 모형선박

6.3 선체 저항의 증가와 선체 저항 감소를 위한 노력

1 선체 저항의 증가

선체의 저항(추진기의 부하)은 날씨, 선박의 운항 상태, 수심, 선체의 상태 및 배수량의 변화에 영향을 받는다.

(1) 파도(Heavy Waves)

선박이 큰 파도를 헤치고 항진할 때는 추진 저항이 증가된다. 맞바람까지 받을 경우에는 선체에 작용하는 저항이 더욱 커진다. 이 경우 선체를 전진시키는데 필요한 추력이 더 커져야 하므로 추진기에 전달해야 할 회전력도 더 커져야 한다. 따라서 파도가 없을 때 추진기에 전달한 동력과 같은 크기의 동력을 추진기에 전달할 경우에는 추진기의 회전수를 작게 해야 한다. 파도가 클 때는 선체에 가해지는 충격과 손상을 줄이고, 심한 피칭(pitching)으로 인해 추진기가 공회전(racing)하는 것을 방지하기 위해 선박의 속도를 낮추어야 한다. 통상 악천후에 의한 저항의 증가는 50~100% 정도인 것으로 알려져 있다. 다음 표는 주요 항로에서의 해류 및 해상상태에 의한 선박의 추진 저항의 증가 정도를 나타낸다.

[표 6.1] 주요 항로에서의 저항 증가율

항로명	저항의 증가율
북대서양 서향 항로	25~35%
북대서양 동향 항로	20~25%
유럽 - 호주 항로	20~25%
유럽 - 아시아 항로	20~25%
태평양 항로	20~35%

(2) 가속(Acceleration)

선박이 일정한 속도로 항진하고 있는 중에 항진 속도를 크게 하면 선체의 가속에 필요한 힘이 저항으로 작용하므로 추진 저항은 정속 항진(free sailing) 때보다 커진다. 그러므로 가속하기 위해서는 추진기에 전달되는 회전력과 동력이 커져야 하고 따라서 추진 원동기축의 회전력과 출력도 커져야 한다.

(3) 배의 치수(Hull Dimensions) 영향

일정한 배수량에서는 길이가 길수록 조파저항은 감소하나 마찰저항이 증가하기 때문에, 긴 길이는 높은 속장비로 달리는 배에서는 유리하지만, 낮은 속장비에 대해서는 불리하다.

$$\text{속장비} = \text{speed to length ratio} = \frac{V}{\sqrt{L}} \tag{6.12}$$

흘수(draft) d를 증가시키는 것이 일반적으로 저항에 유리하며, 원가면에서도 싼 치수이다. 그러나 흘수는 항구, 운하, 강 및 도크의 문턱(dock sill)의 깊이에 의해 제한된다. 폭 B는 적당한 복원성의 확보를 위해 B/d(폭-흘수)가 어떤 최소값 이상이 될 것을 요구하는 것이 보통이다. B를 증가시키면 그것을 상쇄할 만큼 비척계수(fitness coefficient)를 줄이지 않는 한 저항이 증가한다. 그러나 대부분의 경우 길이를 약간 줄이고 그것을 보상할 만큼 폭을 증가시키면 침수 표면적이 줄게 되므로 저항이 약간 증가하거나 거의 증가하지 않는다.

낮은 속장비 값으로 운항하는 배에서는 저항이 거의 마찰에 기인하므로 주어진 배수량에서의 침수 표면적을 가능한 한 줄여야 하지만, 속장비 값이 높아지면 조파저항의 중요성이 점점 커진다. 따라서 속장비가 낮은 배에서는 짧고 뚱뚱한 선형이 적합하고, 속장비가 클수록 길고 가는 선형이 요구된다는 것을 알 수 있다. 주어진 배수량에 대한 최소 침수 표면적은 B/T에 민감하고, B/T의 적당한 값은 방형비척계수가 0.80인 경우 약 2.25이고, 0.50일 경우 약 3.0이 된다. 일반적으로 복원성에 대한 고려와 흘수의 제한 때문에 B/T의 값은 뚱뚱한 배에서 2.25 이하로 되기 어렵고, 날씬한 고속선에서는 2.5보다 작게 취할 수 없게 된다.

(4) 배의 형상계수(Coefficients of Hull Form) 영향

『그림 6.22』의 곡선들에서 배의 속도와 비척도에 따라 조파저항의 봉우리에 의한 영향이 나타남을 볼 수 있다. C_P(주형계수)가 0.83인 연안선(coaster)은 저항의 급격한 증가를 각오하지 않고는 속장비 값이 0.53을 넘는 속도로 운항할 수 없으며, 화물선과 유조선도 속장비가 0.6~0.8 사이에서 저항이 갑자기 증가하기 시작한다.

C_P가 0.57인 날씬한 선형을 가진 트롤어선(trawler)에서는 속장비가 0.76~0.80 이상이 되면 곡선이 급격히 상승하기 시작한다. 그러나 이러한 배에서는 빨리 어장에 도착하고 다시 귀항하여 어획물을 시장에 공급해야 하기 때문에 속도가 대단히 중요하므로 보통 속장비의 값이 1.0에 이를 만큼 과대한 속도로 운항하고 있다. C_P가 0.58인 해협 연락선(cross-channel)은 과대한 저항을 받지 않고 속장비 값이 1.10에 이르는 속도로 운항할 수 있는데, 그것은 이 배의 C_P가 트롤어선과 거의 같음에도 불구하고 선박의 길이가 2배쯤 될 것이므로 조파저항이 급격히 커지는 속도가 크기 때문이다.

상업적인 경제성을 중요시하지 않는 구축함(destroyer)에서는 보통 속장비 값 1.60 부근에서 나타나는 마지막 봉우리를 훨씬 넘어 속장비 값이 2.0 또는 그 이상의 최대 속도를 갖는다.

[사례 1] 6000TEU container ship

- L=318m, B=42.8m, T=14.5m
- speed=24.6kts
- 속도-길이 비=1.25
- B/T=2.95

[사례 2] 310K DWT VLCC

- L=333m, B=70m, T=16.76m
- speed=16.9kts
- 속도-길이 비=0.86
- B/T=4.18

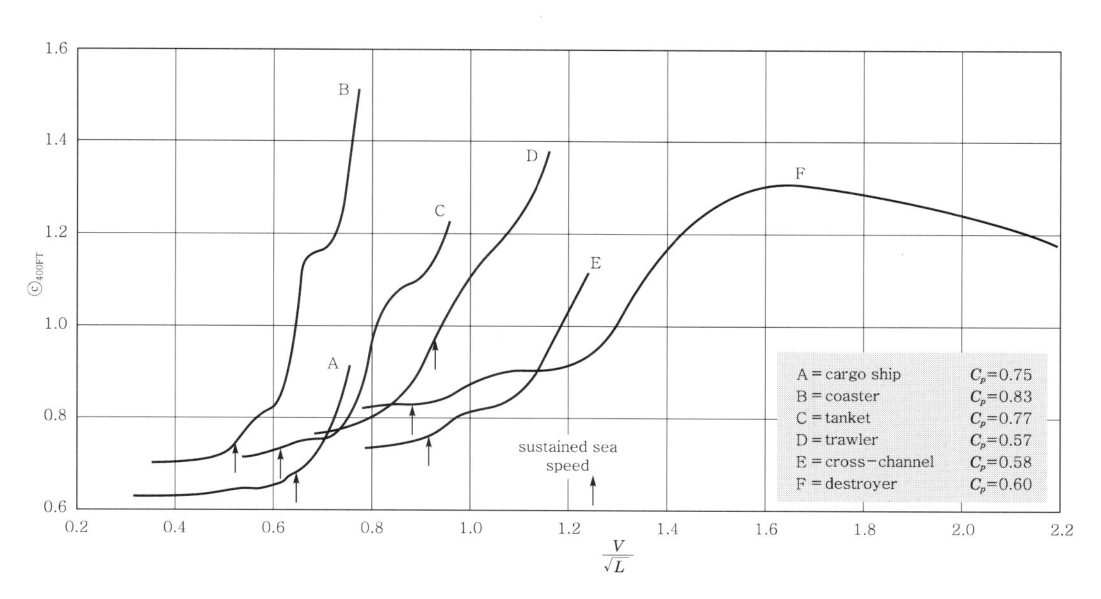

※ ⓒ는 Froude가 고안한 저항계수
ⓒ 400FT는 길이가 400ft(122m)인 배에 대한 ⓒ의 값(배의 길이가 다른 경우 수정하여 사용)

[그림 6.22] 여러 가지 형의 배에 대한 대표적인 ⓒ 곡선

(5) 배수량(Displacement)

선박에 화물을 적재하면 배수량이 커진다. 때로는 열대지역 만재흘수선 또는 담수구역 만재흘수선까지 화물을 적재하기도 하는데, 이 경우 설계흘수선인 여름철 만재흘수선까지 화물을 적재했을 때보다 배수량이 약 10% 커지고 선박의 추진저항도 커진다. 반면 공선상태에서는 배수량이 작아지므로 추진저항도 작아진다. 선체의 배수량이 작을 때는 배수량이 클 때보다 단위배수량에 대한 침수표면적이 커지기 때문에 단위배수량에 대한 마찰저항은 커지지만, 흘수가 작아지므로 수면 하에 잠긴 선체 부분의 비척계수가 작아져 단위배수량에 대한 잉여저항은 오히려 작아진다. 일반적으로 같은 선체에서 배수량이 작아지면 단위배수량에 대한 저항은 커지지만 선체에 작용하는 전체저항은 작아진다.

(6) 선체의 자세 – 트림 효과(Trim Effect)

배의 속도가 달라지면 배 주위 물의 압력 분포가 달라지기 때문에 선체의 자세도 변하게 되는데 전체적으로 떠오르거나 가라앉거나 또는 트림을 일으키게 된다.

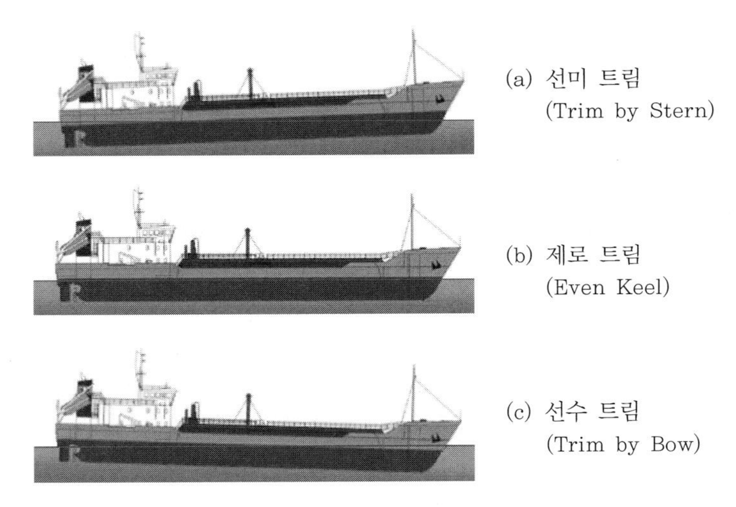

[그림 6.23] 선박의 트림(trim)

저속에서는 『그림 6.24』에서 보는 바와 같이, 정지 상태에 비하여 일반적인 침하와 가벼운 선수 트림이 발생한다.

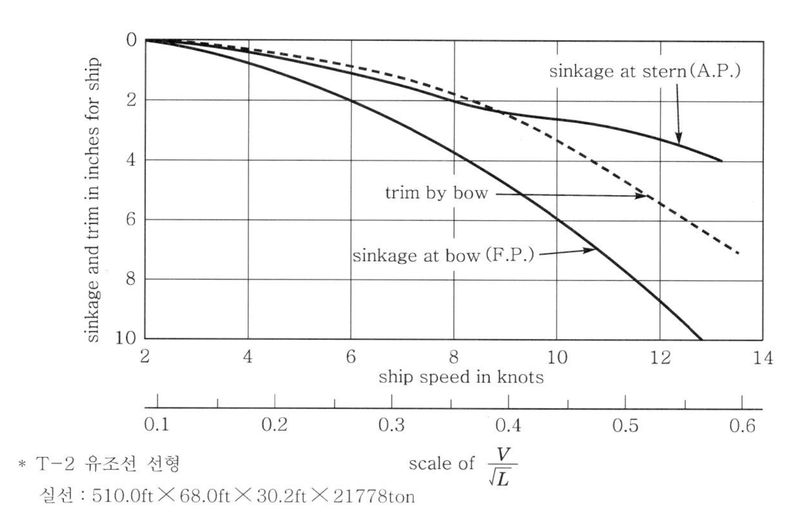

[그림 6.24] 속도에 따르는 침하와 트림의 변화

속도가 증가하면 아래 도표와 같이 선수의 움직임이 거꾸로 되어, 속장비의 값이 1.0 부근일 때 선수가 눈에 띄게 올라가기 시작하고 선미가 더욱 잠겨서 뚜렷한 선미 트림 상태가 오게 된다.

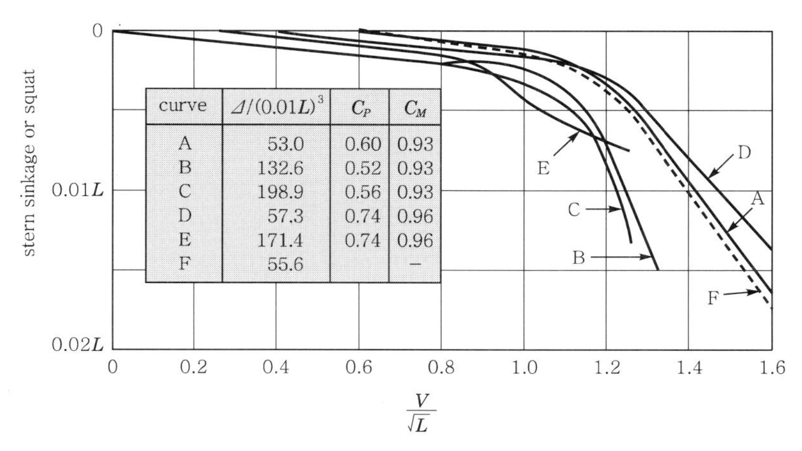

[그림 6.25] 깊은 물에서의 선미침하 곡선

큰 트림 변화나 침하는 저항 증가의 징후이므로 무게중심을 앞뒤로 옮김으로써 정지 상태에서의 트림을 변화시킬 필요가 있는 경우도 있다. 배수량이 큰 배에서는 이와 같이 트림을 변화시킴으로써 얻을 수 있는 저항 감소가 대단히 작지만, 고속 평저선(planing craft)에서는 무게중심의 위치와 정수에서의 트림이 성능에 중대한 영향을 끼친다. 보통의 상선 선형에서는, 정지 상태에서의 선미트림을 증가시키면 저속에서는 저항이 증가하고, 고속에서는 저항이 감소되는 것이 보통이다. 저속에서는 선미부의 흘수의 증가에 따라 선미가 뚱뚱해지는 효과가 나타나기 때문에 형상저항과 분리저항이 증가하게 되지만, 고속에서는 트림으로 인한 선수각의 감소에 기인하는 조파저항의 감소효과가 이를 상쇄하고도 남는 크기로 된다.

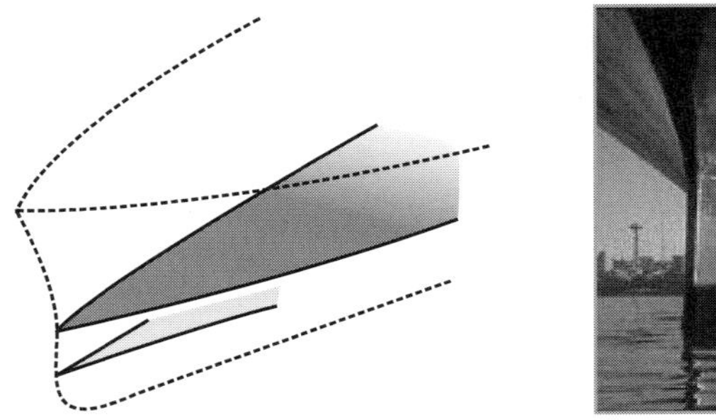

[그림 6.26] 선미트림＝선수들림＝선수각 감소

(7) 선체의 변형 또는 선체 표면의 조도(roughness)

화물의 적재가 적절하지 못한 상태에서 악천후를 만나게 되면 선체는 비틀림 모멘트를 크게 받아 선체의 바닥이 뒤틀리게 된다. 또 선박을 장기간 운항하면 선체 표면의 페인트 피막이 벗겨지고 조개 등과 같은 해양생물이 선체 표면에 달라붙게 된다. 이러한 상태에서는 선박의 마찰저항이 커지게 된다. 추진기 표면에 해양생물이 달라붙어도 마찰저항이 커진다. 선체의 변형 및 오손, 그리고 추진기 표면의 오손 등에 의한 저항의 증가는 보통 25~50% 정도나 된다.

(8) 천수(얕은 수심, shallow water)의 영향

배의 저항은 수심에 대단히 민감하다. 깊이에 제한이 있고 폭이 무제한인 흐름 속에 배가 정지해 있다고 가정하면, 그 배 밑을 지나가는 물은 깊은 물에서보다 빨라져야 하기 때문에 압력이 크게 감소하며, 이에 따라 침하와 트림이 발생하고 결과적으로 저항이 증가하게 된다. 이에 더하여 강이나 운하에서와 같이 폭에도 제한이 있는 경우에는 그 영향이 더욱 커진다. 상당히 얕은 물에서의 트림과 침하는 배가 바닥에 닿지 않고 움직일 수 있는 속도에 제한을 준다.

① 천수영향에 의한 좌초 사례

1992년 8월 호화여객선 Queen Elizabeth 2호가 미국 메사추세츠 연안의 Cuttyhunk 부근 모래톱(reef) 지역을 25kts의 속력으로 지나던 중에 해저면에 좌초되어 선수와 선저부에 손상을 입는 사고를 당하였다.

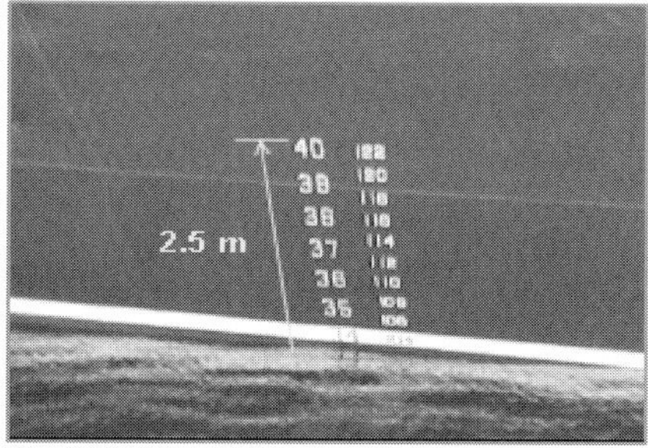

[그림 6.27] 천수 영향에 의한 좌초 사례 : Queen Elizabeth 2호

사고지역의 수심은 12m 내외로 통상적인 흘수에 대하여 2m 이상의 여유가 있었으나, 25kts의 속도가 약 2.5m의 침하를 발생시켜 사고가 발생하였다. 승객들을 대피시킨 후 본선은 입거(docking)하여 수리되었고, 1230만불(약 170억 원)의 비용이 발생되었다.

② 천수가 조파저항에 미치는 영향

배가 깊은 물에서 얕은 물로 항행시 파형에 변화가 나타난다.

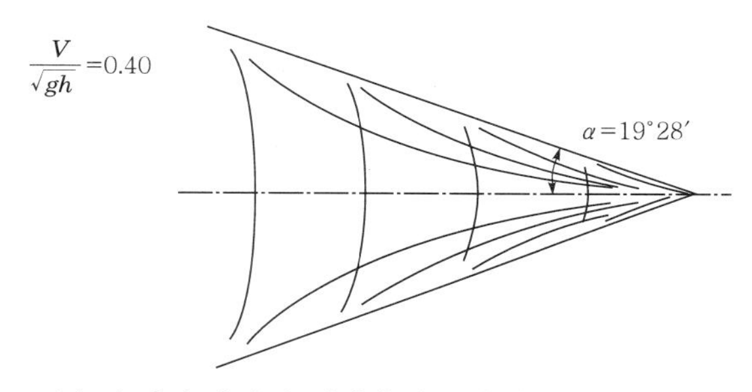

(a) 수심이 충분히 깊거나 속도가 충분히 낮을 때

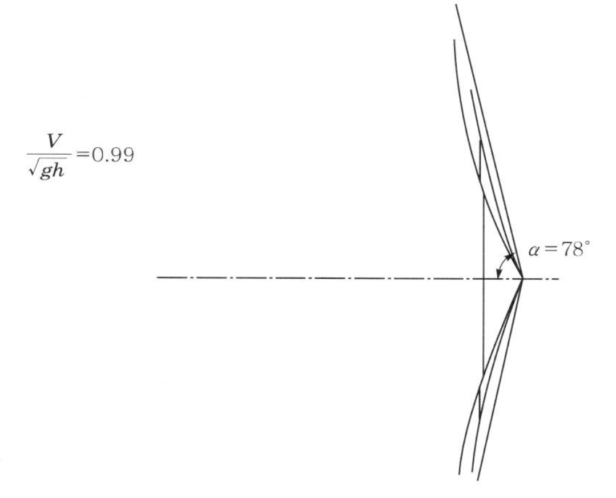

(b) 임계파를 발생시키는 수심 혹은 속도에 근접했을 때

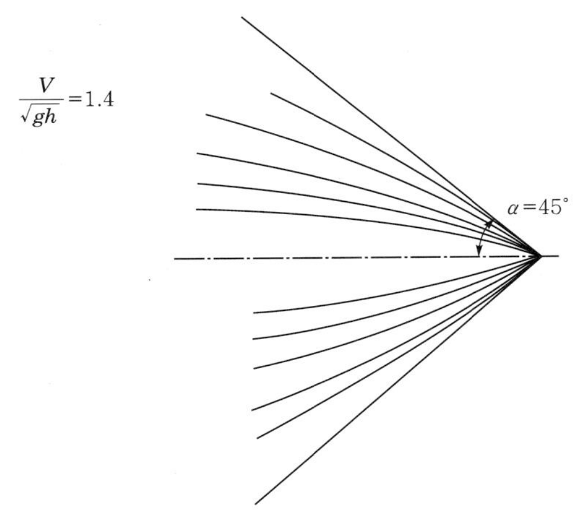

(c) 임계파를 발생시키는 수심 혹은 속도를 넘어섰을 때

[그림 6.28] 천수 항행시 선박 주위의 파형 변화

속도가 $V=\sqrt{gh}$ 보다 낮은 경우의 파계는 깊은 물에서와 같이 가로파와 발산파로 구성된다. 속도가 대략 $V=0.4\sqrt{gh}$ 보다 낮은 동안은 중심선과 $\alpha=19°28'$ 의 각을 이루는 두 직선 사이에 파형이 포함된다.

속도가 $V=0.4\sqrt{gh}$ 를 넘어서면 각 α가 커지게 되고, $V=\sqrt{gh}$ 에 가까워지면 α는 $90°$ 에 접근하게 된다. 속도가 $V=\sqrt{gh}$ 와 같아지면, 압력점은 그와 같은 속도로 움직이는 교란을 일으키고, 이로 인한 모든 조파효과는 그 점을 지나며 진행 방향과 직각을 이루는 1개의 파정에 집중된다. 모든 에너지는 그 파도를 타고 퍼져 나가며, 이 파도는 임계파(wave of translation)라 불린다. 속도가 $V=\sqrt{gh}$ 를 넘어서면, 각 α가 다시 작아지기 시작하고 파계는 $\sin^2\alpha=gh/V^2$ 로 주어지는 두 직선 사이에 포함되게 된다. 이 경우에는 파계가 발산파만으로 구성되고 가로파나 첨점(cusp)은 없다.

두 직선은 선두를 달리는 발산파의 파정들 자신이 이루는 선이며, 이를 뒤따르는 파정선들은 깊은 물에서는 중심선에 대하여 밖으로 휘어 나가는 데 반하여 이 경우에는 안쪽으로 휘어 들어오게 된다.

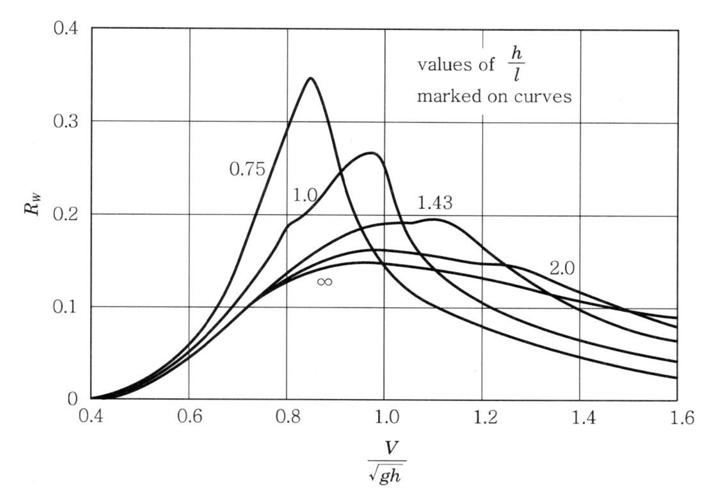

* R_W=조파저항, l=교란의 길이, h=물의 깊이

[그림 6.29] 천수가 조파저항에 미치는 영향

2 선체저항 감소를 위한 노력

(1) 마찰저항 감소기술

선박의 마찰저항을 감소시키기 위하여서는 일차적으로 침수 표면적을 줄여주는 방법을 생각할 수 있으며 이러한 방법 이외에는 유효한 감소방법이 알려져 있지 않다. 유체와 고체벽 사이에 일어나는 마찰저항은 선박 이외의 수송기계나 유체기계, 파이프를 이용한 유체수송 등에 있어서도 에너지 손실의 주요한 원인이 되고 있다. 따라서 마찰저항을 유효하게 감소시킬 수 있는 방법이 실용화된다면 에너지 효율을 향상시킬 수 있는 것은 물론이고 나아가 지구의 온난화 방지에도 기여하게 될 것이다. 유체마찰을 감소시킴으로써 많은 경우에 있어서 유체소음을 감소시키는 효과를 가지게 되며 열 수송효율을 높여주는 등 부가적인 효과를 얻을 수 있다.

① 탄성피막법(Compliant Wall)

1936년 영국의 생리학자 James Gray는 15kts로 항주하고 있는 선박을 쫓아오고 또 쫓아서 추월하기도 하는 돌고래의 무리를 보고 놀랐다. 그래서 돌고래와 같은 크기의 모형을 제작하여 실험으로 저항을 계측하였다. 그리고 그 속도에서 돌고래가 수영에 필요한 단위중량당의 근육에서 발생하는 추력을 추정하여보니 사람이나 육상의 포유동물의 약 7배의 출력을 내고 있다는 것을 알게 되었다. 이러한 것은 생물학적으로 불가능에 가까운 현상이므로 의

문을 품게 되었다. 그 후 Kramer는 돌고래의 고속유영을 가능하게 하는 비밀이 피부조직에 있다고 생각하여 얇은 고무 막을 사용하여 돌고래의 피부를 모의시킨 인공피부를 만들고 세장체의 표면에 씌우고 저항을 계측하였다. 그 결과 강체 모형보다도 최대 60%의 저항 감소가 얻어지는 것을 확인하였다. 이것이 탄성피막에 대한 연구가 시작된 계기가 되었다. 그러나 Kramer의 생각을 이어받은 연구들에서는 그의 고찰을 뒷받침하는 결과가 얻어지지 못하였기 때문에 이 분야의 연구는 침체되어 있는 상황이다.

② 공기주입법(Air Injection)

Micro bubble이라고 불리어지는 미소기포를 물체표면 가까이에 주입하면 마찰저항이 줄어드는 것으로 알려져 있다. 최근의 연구 결과에 의하면 주입하는 기포의 양이 증가함에 따라서 마찰저항의 감소량도 커지게 되고, 최대 80%의 저항감소가 이루어지는 것으로 보고되고 있어 매우 주목받고 있다. Micro bubble에 의하여 큰 폭의 마찰저항의 감소가 가능하다는 것이 수많은 실험 결과에서 입증되었으나 실제 선박에 실용화하기 위하여서는 효율적인, 즉 적은 기포 공급으로도 보다 큰 마찰저항 감소효과가 있는 방법을 개발할 필요가 있다.

③ Riblet

유동의 조직적인 구조를 바꿔서 마찰저항의 감소를 꾀하려는 장치로서 Riblet은 벽면 상에 흐름의 방향으로 작은 홈을 나란히 파준 것이다. 홈의 깊이나 폭이 일정크기 이하로 작아야지만 저항의 감소에 유효하며 그보다 큰 경우에는 역으로 저항의 증가가 나타난다. 마찰저항의 감소량은 최대 8%가 얻어지고 있다. 실제 항공기나 선박에 적용하기 위해서는 홈의 배치방법, 표면의 조도의 영향 등에 관하여 보다 깊은 검토가 필요하다. 특히 선박의 경우에는 최적한 홈의 깊이나 폭은 약 0.1mm가 되고 있어 제작상의 문제점과 해양 미생물의 부착 등에 대한 방오 대책이 현재의 기술로써는 매우 어려운 상황에 있다. 『그림 6.30』은 상어의 표피조직으로써 마찰저항이 지배적인 몸통부위의 피부 조직의 Riblet 구조이다.

[그림 6.30] 상어의 표피조직(Riblet 구조)

(2) 조파저항 감소기술 – 구상선수(bulbous bow)

D. W. Taylor는 돌출된 선수모양에 의해 이차적으로 발생된 선수파가 일차적으로 발생된 파도를 상쇄시킬 수 있을 것이라는 생각으로 돌출형 선수를 수면 아래로 보다 더 잠기게 만들고 보다 부풀린 형태(벌브, bulb)로 만들어줌으로써 최초의 구상선수 선형을 설계하였다. 이와 같은 구상선수가 1907년에 전함 USS Delaware에 설치하여 뛰어난 성능을 나타나게 하였다.

[그림 6.31] USS Delaware(1909~1923)

1928년에 Havelock은 일정한 유속을 가지는 흐름 속에 잠겨있는 구 주위에서 나타나는 자유수면파를 계산하였다. 이 파형의 가장 중요한 특성은 구의 바로 뒤쪽에서 골이 나타나게 된다는 것으로서 그러한 사실은 구를 선수근처 수면 아래쪽에 달아주게 되면 선체에 의하여 나타나는 선수파를 줄여줄 수 있는 가능성이 있음을 보여주었다. Wigley는 1935~1936년에 걸쳐 Havelock의 방법에 따라 선측파형과 조파저항에 관련된 계산을 하게 되었으며 구상선수에 관련된 구체적 이론을 발표하게 되었다. 저속에서는 마찰저항과 형상저항의 증가로 인하여 전저항을 증가시키게 된다는 것을 Wigley는 발견하게 되었다. 고속에 이르게 되면 선체와 구의 파계(wave system)가 상호간섭을 일으켜서 조파저항을 줄여줄 수 있게 되고 적당하게 배치되어 있다면 구로 인하여 나타나게 되는 마찰저항이나 형상저항의 증가 효과를 극복할 수 있게 되어 궁극적으로는 전저항의 감소를 가져오게 된다.

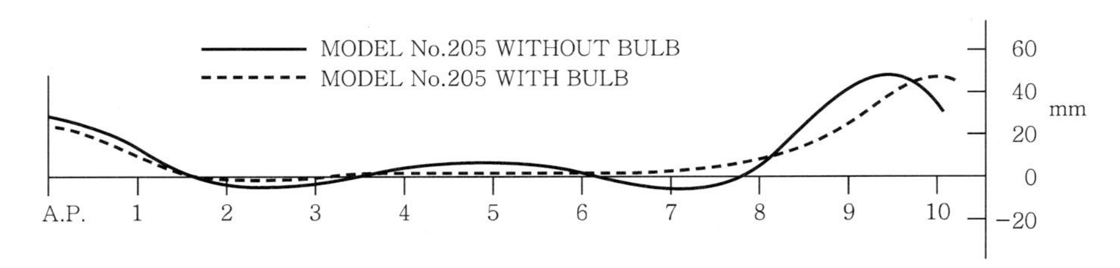

[그림 6.32] 벌브를 가진 배와 가지지 않은 배의 파형, $F_n = 0.267$(계획 속도)

한편, 1963년에 일본 MHI Nagasaki 조선소에서 건조한 선박 Yamashiro Maru는 조파저항을 줄이기 위한 구상선수를 처음으로 상선에 적용한 선박으로 동일한 크기의 선박이 만재 상태에서 20kts의 속력을 내는데 17500~18000HP의 동력을 필요로 하는데, 이 배는 13000~13500HP 정도만 소요되었다고 한다.

[그림 6.33]
Yamashiro Maru(1963~1974)

최근 대형 유조선이나 산적화물선과 같이 낮은 프루드 수에서 운항하게 되어 조파저항이 상대적으로 적은 선박에 구상선수가 적용되고 있다. 저항 감소는 근사적으로 만재상태일 때 5% 정도이고 밸러스트 상태일 때 15% 정도에 이르는 것이 실험에서 확인되고 있다. 이와 같은 결과는 실선 시운전에서도 확인되며, 일반적으로 약 1kts의 속도증가가 밸러스트 상태에서 확인되고 있다. 다음은 VLCC급 유조선의 공선 상태에서 벌브(bulb)가 드러난 모습과, 만재 상태에서 벌브가 물에 잠긴 채 운항하는 모습이다.

[그림 6.34] 구상선수와 이에 의한 파도 발생

[그림 6.35] 벌브(bulb)가 수면 바로 아래에서 진행하는 모습

6.4 추진 저항과 동력의 산출

1 개요

선박을 어떤 속력으로 전진시킬 때 선박의 진행을 방해하는 저항은 주로 선체에 작용하는 저항이다. 동력이란 저항성분을 극복하고 전진운동을 위한 일을 수행할 수 있는 능력이므로 선체를 어떤 특정한 속력으로 잡아끌 때 발생하는 전체 저항을 알면 선체를 전진시키는 데 필요한 추력과 동력의 크기도 알 수 있다. 선체의 저항은 모형선의 시험 또는 축적된 자료를 바탕으로 한 계산으로 구한다. 실제 선박은 추진기의 운동에 의한 발생한 추력이 선체에 작용하여 선박을 전진시키는데 선체의 운동은 추진기의 성능에 영향을 미치고 추진기의 운동은 선체의 성능에 영향을 미

친다. 선체의 성능과 추진기의 성능을 알면 선체에 작용하는 저항의 크기로부터 추진기가 물에 전달해야 할 추력과 추진기를 회전시키는데 필요한 회전력의 크기도 알 수 있고 이로부터 추진기관의 동력을 구할 수 있다. 또 선박은 운항상태, 해상상태 및 선체의 상태 등에 의해 선체에 작용하는 저항의 크기가 이상적인 상태에서 구한 저항과 달라지므로 선체의 추진에 필요한 추력 및 추진기 구동에 필요한 회전력과 동력의 크기도 달라져야 한다.

2 동력의 개념

엔진의 출력을 표시는 국제표준단위(SI unit)인 kW를 사용하는 것이 일반적이며, 업계에서 관용적으로 사용하고 있는 마력을 병기하는 경우가 많다. 마력이란 한마디로 표현하여 동력의 단위, 즉 일을 할 수 있는 능력의 단위이다. 영미단위로는 HP(horse power), SI단위로는 PS(pferde starke, 마력의 독일어 표기)로 표기한다.

(1) 힘(Force)

Newton의 제2법칙($F = ma$)에 의하면 「force(힘)=mass(질량)×acceleration(가속도)」이며, 1kg의 질량에 1m/s^2의 가속도를 주는 힘을 1N(Newton)이라고 한다.

$$1\text{N} = 1\text{kg}\cdot\text{m/s}^2 \tag{6.13}$$

(2) 토크(Torque)

물체를 회전시키려는 힘을 torque라고 하며, 그 크기는 힘과 팔의 길이의 곱 「torque=force×distance」으로 나타낸다. 팔의 길이가 1m인 곳에서 1N의 힘이 작용하면 torque는 1N·m이다.

다음 그림은 연료의 연소에 의한 실린더 내의 압력이 피스톤에 작용하고 이 힘이 트랭크 축을 회전시키는 torque로 작용하는 모습(torque= $F \cdot d$)을 보여준다. 영국 단위로는 1N=0.225lb, 1m=3.28ft이므로 1N·m=0.225lb×3.28ft=0.738lb·ft이며, 1lb·ft=1.355N·m이다.

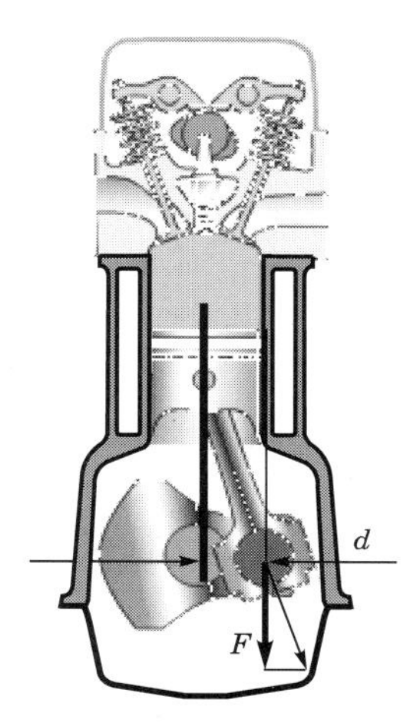

[그림 6.36] 실린더 내의 토크(torque)

(3) 동력(Power)

영국의 James Watt(1736~1819)는 탄광에서 말이 석탄 바구니를 끌어올리는 데서 동력의 단위를 고안해 내었다. 330lb 무게의 석탄 바구니를 1분에 100ft 끌어 올리는 동력을 1마력(horse power)로 정의하였고, 이는 영국 마력으로 불리며 다음과 같이 표시된다.

$$1\text{HP}=330\text{lbf/min}=33000\text{lbt}\cdot\text{ft/min}$$
$$=550\text{lbf}\cdot\text{ft/sec}=746\text{W(watt)}=0.747\text{kW} \quad (6.14)$$

미터마력(metric horse power)은 초당 75kgf·m의 일을 하는 것을 의미하며 다음과 같이 표시된다.

$$1\text{PS}=75\text{kgf}\cdot\text{m/s}=735\text{W(watt)}=0.735\text{kW} \quad (6.15)$$

동력의 국제표준단위(SI 단위)는 W(watt)이며, 이는 초당 1J(Joule, 1N·m)의 일을 하는 것을 말한다.

$$1\text{W}=1\text{J/sec}=1\text{N}\cdot\text{m/sec} \quad (6.16)$$

동력은 위의 예와 같이 직선적인 일(하중×변위속도)을 하는 것과 프로펠러를 돌리는 회전축 같이 회전운동을 하는 경우(토크×회전각속도)의 두 가지 중요한 형식이 있다.

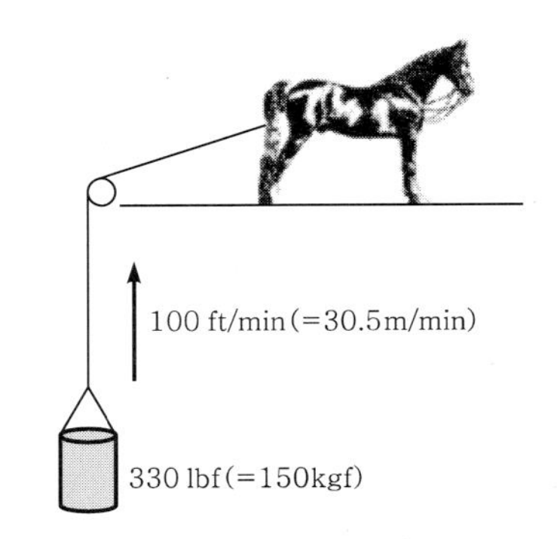

[그림 6.37] 마력(horse power ; HP)

(4) 동력(Power)과 회전역률(토크, Torque)의 관계

동력의 단위 「W(watt)=N·m/s」로 표시될 수 있고, 이는 다시 「W=N×m/s (직선적인 일)」 혹은 「W=N·m/s(회전운동 일)」로 표시될 수 있다. 엔진의 출력을 표시하는 것은 후자의 개념이며, 「N·m(Newton-meter)」는 회전역률(torque)의 단위임을 위에서 설명하였고, 「/s」는 회전각속도를 표시한다.

회전각속도를 흔히 회전수를 표시하는 rpm 단위로 전환하여 생각해보면,

$$1\text{rpm(revolution per min)} = 1/60\text{rps(revolution per sec)} = 2\pi/60\text{per sec} = 0.1046/\text{sec} \qquad (6.17)$$

따라서, 「출력(W)=토크(N·m)×회전각속도(0.1046×rpm)」이 되며, 이를 사용에 편리한 형태로 바꾸면, 「출력(kW)=토크(N·m)×회전수(rpm)/9560」이 된다.

3 추진기관의 소요동력

추진기관의 마력이 그대로 추진기(propeller)에 전달된다고는 말할 수 없지만, 여러 가지 원인으로 기인된 마력 손실 때문에 추진기에 전달되는 마력은 기관마력보다 작고, 그 위에 선박을 추진시키기 위한 마력은 한층 더 작아진다. 마력은 기관의 종류에 따라 측정법이 다른데, 상용되고 있는 마력에는 다음과 같은 종류가 있다.

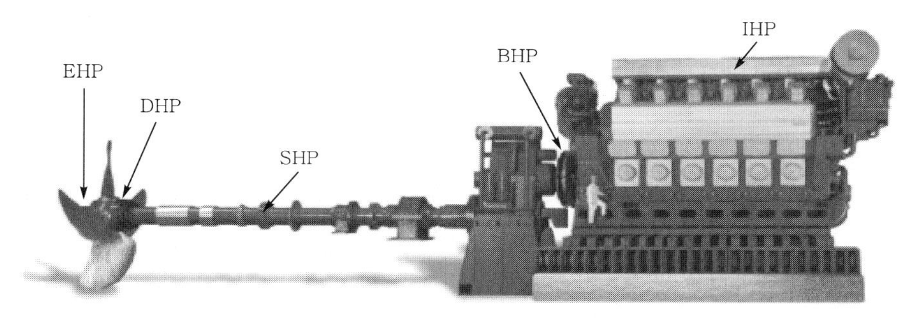

[그림 6.38] 엔진 출력(engine power output) 계측 위치

(1) 지시마력(Indicated Horse Power ; IHP)

지시마력(indicated horse power)은 도시마력 또는 실마력이라고도 하지만, 왕복동 기관(reciprocasting engine)에 사용되면서(증기 왕복동 기관에는 사용) 내연 기관에서도 사용된다. 이 마력은 실린더(cylinder) 내에 발생된 평균 유효 압력을 기초로 해서 산출되므로, 지압계(indicator)가 작동할 때 실린더 내의 압력 변화를 나타낸 지압도로부터 구해진 평균 유효 압력을 이용하면 계산할 수 있다.

저압실린더에서 환산된 평균 유효 압력이 P_m(kg/cm^2) 저압 실린더의 단면적이 A_L(cm^2), 평균 피스톤(piston) 속도가 V_m(m/s)이면, 지시마력 IHP(PS)는

$$IHP = \frac{P_m \cdot A_L \cdot V_m}{75} \text{(PS)} \tag{6.18}$$

으로 계산된다. 내연기관인 경우 실린더의 수가 Z, 각 실린더의 도시 평균 유효 압력이 P_m(kg/cm^2), 각 실린더의 단면적이 A_L(cm^2), 평균 피스톤 속도가 V_m(m/s)이면,

$$IHP = \frac{Z \cdot P_m \cdot A \cdot V_m}{4 \times 75} \text{(PS)} \cdots \text{4사이클 단동} \tag{6.19}$$

$$IHP = \frac{Z \cdot P_m \cdot A \cdot V_m}{2 \times 75} \text{(PS)} \cdots \text{2사이클 단동, 4사이클 복동} \tag{6.20}$$

$$IHP = \frac{Z \cdot P_m \cdot A \cdot V_m}{75} \text{(PS)} \cdots \text{2사이클 복동} \tag{6.21}$$

으로 계산된다.

(2) 제동마력(Brake Horse Power ; BHP)

제동마력(brake horse power)은 순마력(net horse power)이라고도 하는데, 피스톤이나 모든 축베어링 등의 마찰 및 펌프 등과 같은 부속 기계의 운전 등에 소비되는 마력이 제외된, 기관이 실제로 외부로 내보내는 마력이다. 내연기관에서는 육상 운전시에 크랭크축의 끝에 동력계(dynamometer)를 붙여 제동마력을 측정하고, 이를 BHP로 사용하는 경우가 많다. 제동마력과 동시에 측정된 지시 마력과의 비가 기계효율 η_m이다.

$$\eta_m = \frac{BHP}{IHP} \tag{6.22}$$

η_m의 값은 동일한 기관일지라도 부하의 상태에 따라 변한다. 즉, 부하가 증가하면 처음에는 급격하게, 그 다음에는 완만해지면서 전체 부하(연속 최대 출력) 부근에서 대체로 가장 높은 값을 갖는다.

[그림 6.39] 엔진 출력(engine power output)의 계측

(3) 축마력(Shaft Horse Power ; SHP)

증기 터빈은(turbine)은 그 기구의 특성상 IHP의 측정이 불가능하고, 육상 운전시의 BHP의 측정도 보일러(boiler) 등의 설비 관계상 곤란하기 때문에 축마력(shaft horse power)을 사용하고 있다. 이러한 축마력은 기관과 추진기를 연결하고 있는 중간축에 전달된 토크(torque)로부터 산정이 된다. 토크가 Q(kg·m), 분당 회전수가 N(rpm), 축의 지름이 D(m), 축의 횡탄성 계수가 G(kg/cm^2), 비틀림 각이 θ(rad), 비틀림 계측을 위한 축의 측정 길이가 l(m)일 때, 축마력 SHP(PS)는,

$$SHP = \frac{2\pi N \cdot Q}{75 \times 60} = \frac{2\pi N}{75 \times 60} \cdot \frac{\pi D^4 \cdot G \cdot \theta}{32 \cdot l}\,(\mathrm{PS}) \tag{6.23}$$

이다. 비틀림계는 비틀림각 θ를 측정하는 데 사용되면서 그것의 설치 위치에 따라 SHP가 변하는데, 이것이 기관에 가까울수록 SHP가 정확해지고 추진기에 가까울수록 DHP가 정확해지므로 명확하게 할 필요가 있다.

(4) 전달마력(Delivered Horse Power ; DHP)

전달마력(delivered horse power)은 추진기 마력(propeller horse power)이라고도 하는데, 이것은 추진기에 실제 공급되는 마력으로서 추진기관의 출력 BHP로부터 축계에서의 마찰과 기타 손실을 뺀 마력이다. 전달마력과 제동마력과의 비가 전달효율 η_t이다. 즉,

$$\eta_t = \frac{DHP}{BHP} \text{ 또는 } \eta_m \cdot \eta_t = \frac{DHP}{IHP} \tag{6.24}$$

η_t의 값은 기관의 종류와 설치 위치, 기관과 추진기와의 연결 방법뿐만 아니라 추력 베어링의 종류, 중간축 베어링의 종류와 수, 축계의 설치정도 및 만재상태에 의한 선체의 굴곡 등 여러 가지 원인에 따라 변하는데, 동일한 선형이더라도 반드시 이 값이 일정하지가 않다. 그런데 실선에 관한 DHP를 직접 측정하는 방법이 없으므로, η_t의 정확한 값을 안다는 것도 불가능하다. 지극히 개략적인 값으로서는 중앙부 기관에서 추진기가 직결구동식일 때 $\eta_t = 0.95$이고, 함미기관에서는 추진기가 직결구동식일 경우 $\eta_t = 0.97$을 사용한다. 그러나 축계의 설치 정도가 나쁘고 선체가 굴곡이 큰 때에는 $\eta_t = 0.90$까지 낮게 취하는 경우가 있다.

(5) 추력마력(Thrust Horse Power ; THP)

추력마력(thrust horse power)은 배를 추진시키는데 사용되는 마력으로서, 추진기가 발생시킨 추력 T에 주위의 물에 대한 추진기의 전진속도(speed of advance) V_a를 곱한 값으로 표시된다. 즉, 추진기의 추력이 T(kg), 추진기와 그 주위의 물과의 상대속도를 V_a(m/s)라고 할 때, 추력마력 THP(PS)는,

$$THP = \frac{T \cdot V_a}{75}\,(\mathrm{PS}) \tag{6.25}$$

이고, 추력마력과 전달마력과의 비가 추진효율 $\eta_{p'}$이다. 즉,

$$\eta_{p'} = \frac{THP}{DHP} \text{ 또는 } \eta_m \cdot \eta_t \cdot \eta_{p'} = \frac{THP}{IHP} \quad (6.26)$$

이다. $\eta_{p'}$의 값은 추진기의 종류, 함체와 추진기 또는 타(rudder)의 유체역학적인 상호작용에 따라 변한다.

(6) 유효마력(Effective Horse Power ; EHP)

유효마력(effective horse power)은 물이나 공기의 저항에 대항해서 군함이 전진하기 위해 필요한 마력인데, 군함의 속도와 전저항의 곱에 비례한다. 즉, 배의 속도가 v(m/s) 또는 V(kts), 전저항이 R_T(kg)라고 할 때 유효마력 EHP(PS)는,

$$EHP = \frac{R_T \cdot v}{75} = \frac{R_T \cdot V}{146} \text{(PS)} \quad (6.27)$$

이면서, 유효마력과 추력마력과의 비는 선각효율 η_h이고, 함체와 추진기와의 유체역학적인 상호작용을 수량적으로 나타낼 수도 있다.

$$\eta_h = \frac{EHP}{THP} = \frac{R \cdot v}{TV_a} = \frac{1-t}{1-w} \quad (6.28)$$

여기서 t와 w는 추력감소계수(thrust deduction)와 반류계수(wake fraction)로서, 추력이 T(kg), 전저항이 R(kg), 배의 속도가 v(m/s), 추진기의 전진속도를 V_a(m/s)라고 하면,

$$t = \frac{T-P}{T} \text{ 또는 } w = \frac{v-V_a}{v} \quad (6.29)$$

인 식으로 표시된다.

η_h의 값은 일반 상선에서는 1.01~1.04 정도인데, 속도가 빠르면 빠를수록 작아진다.

(7) 각 동력성분 사이의 관계

위에서의 내용을 종합해 볼 때, 각 동력성분 사이의 관계는 다음과 같은 식으로 종합해 볼 수 있다.

$$\frac{P_E}{P_I} = \frac{P_E}{P_T}\frac{P_T}{P_D}\frac{P_D}{P_B}\frac{P_B}{P_I}, \qquad \eta = \eta_h \cdot \eta_{p'} \cdot \eta_t \cdot \eta_m \quad (6.30)$$

4 총저항과 유효동력의 산출

물 위에 떠있는 선체를 밧줄(rope)로 연결하여 특정한 속도 V로 끌 때 밧줄에 걸리는 힘, 즉 선체에 작용하는 힘을 총저항(total resistance) 또는 예인 저항(towing resistance)이라고 하는데 선체에 작용하는 마찰저항, 조파저항, 와류저항 및 공기저항의 합과 같다.

$$R_T = R_F + R_W + R_E + R_A \quad (6.31)$$

총저항 R_T가 작용하는 선체에 저항과 같은 크기의 힘을 가해 속도 V로 전진시키는데 필요한 동력을 유효동력(effective power) 또는 예인동력(towing power)이라고 하고 다음과 같이 나타낸다.

$$P_E = R_T \times V \quad (6.32)$$

선박이 어떤 속도로 전진할 때 선체에 작용하는 저항의 크기와 이 저항을 이기고 주어진 속도로 항진하는 데 필요한 유효동력을 산출하는 방법은 다음과 같은 것이 있다.

(1) 총저항을 구하여 유효동력을 구하는 방법

선체의 총저항 R_T를 알면 총저항에 선속을 곱하여 유효동력을 구할 수 있다. 선체에 작용하는 총저항은 다음과 같은 방법으로 구한다.

① 예인저항으로 구하는 방법

선체를 밧줄로 끌 때 밧줄에 걸리는 힘은 총저항과 같으므로 이 힘을 측정하여 총저항을 구하는 방법이다. 밧줄에 걸리는 힘과 선체의 전진 속력의 곱으로 나타나는 예인동력은 유효동력과 같다.

$$P_E = P_T = R_T \times V \quad (6.33)$$

② 계산으로 구하는 방법

앞에서 기술했듯이 선체에 작용하는 저항을 크게 마찰저항 성분과 잉여저항 성분으로 구분하고 각각의 저항성분을 계산으로 구하여 합한 것을 총저항으로 하는 방법이다. 계산으로 구한 총저항에 선체의 속력을 곱하면 유효동력을 구할 수 있다.

$$P_E = (R_F + R_R) \times V \quad (6.34)$$

③ 마찰저항의 계산으로 구하는 방법

선체 가운데 수면 하에 잠긴 부분의 표면적에 어떤 계수를 곱하여 선체의 마찰저항의 값을 구하고, 이 마찰저항의 값에 다시 어떤 계수를 곱하여 총저항을 구하는 방법이다. 유효동력은 총저항에 선속을 곱하여 구한다.

$$R_F = C_F \times A_S \tag{6.35}$$

$$R_T = C_T \times R_F = C_T \times C_F \times A_S \tag{6.36}$$

$$P_E = R_T \times V = C \times A_S \times V \tag{6.37}$$

여기서 C_F는 침수표면적으로부터 마찰저항을 구하는 계수, C_T는 마찰저항으로부터 총저항을 구하는 계수, C는 C_F와 C_T의 곱을 나타내는 것으로 선체 길이와 속력에 따라 달라진다.

(2) 애드미럴티 계수(Admiralty Coefficient)법

보통의 속도에서는 마찰저항이 선체가 받는 저항의 대부분을 차지한다. 마찰저항은 앞서 기술된 바와 같이 다음 식과 같이 나타낼 수 있다.

$$R_F = C_f \times 1/2 \times \rho \times A_S \times V^2 \tag{6.38}$$

즉, 마찰저항은 선체의 침수표면적과 선속의 제곱에 비례한다.

$$R_F \propto A_S \times V^2 \tag{6.39}$$

상사선에서 배수량 Δ, 수면 밑에 잠긴 부분의 표면적 A_S 및 선체의 수선길이 L_{WL}의 관계는,

$$\Delta \propto {L_{WL}}^3,\ A_S \propto {L_{WL}}^2 \text{ 또는 } A_S \propto \Delta^{2/3} \tag{6.40}$$

이므로 총저항은,

$$R_T = R_F \propto \Delta^{2/3} \times V^2 \text{ 또는 } R_T = C_f \times 1/2 \times \rho \times \Delta^{2/3} \times V^2 \tag{6.41}$$

이 된다. 따라서 유효동력은,

$$P_E = R_T \times V = C_f \times 1/2 \times \rho \times \Delta^{2/3} \times V^3 \tag{6.42}$$

과 같다. 추진원동기의 동력은 유효동력을 추진기관의 축 끝에서부터 선체까지 동력이 전달되는 경로의 전체 효율로 나누면 다음과 같이 된다.

$$\begin{aligned} P_B &= \frac{P_E}{\eta_T} = \frac{C_f \times 1/2 \times \rho}{\eta_T} \times \Delta^{2/3} \times V^3 \\ &= \frac{1}{C_A} \times \Delta^{2/3} \times V^3 \end{aligned} \qquad (6.43)$$

위 식에서 C_A를 애드미럴티 계수(admiralty coefficient)라고 하는데 그 값은 선체의 길이, 선체의 모양 및 선속에 따라 달라진다. 어떤 선체의 애드미럴티 계수를 알면 이로부터 바로 추진기관의 동력을 구할 수 있다.

(3) 수조시험으로부터 구하는 방법

모형선을 이용한 수조시험으로부터 모형선에 작용하는 저항을 구하고 이로부터 다시 계산으로 실선의 총저항을 구하는 방법이다. 유효동력은 실선의 총저항에 선속을 곱하여 구한다.

$$P_E = R_T \times V \qquad (6.44)$$

이 방법은 가장 정확하게 유효동력을 계산할 수 있고 어떤 선형에도 이용할 수 있으므로 선형을 바꾸어 가면서 시험하여 가장 효율이 좋은 선형을 결정할 수 있다. 그러나 설비의 운영에 많은 비용이 든다.

(4) 비교법칙으로부터 구하는 방법

실선과 닮은꼴인 상사선의 총저항 또는 유효동력을 알 때 상사법칙으로부터 실선의 총저항 또는 유효동력을 구하는 방법이다. 실선과 닮은 꼴 선박의 배수용적 ∇ 및 ∇_S, 각각의 선속 V 및 V_S, 상사선의 총저항 R_{T_S} 또는 유효동력 P_{E_S}와 실선의 총저항 R_T 또는 유효동력 P_E의 관계는 다음과 같다.

$$\frac{R_T}{R_{T_S}} = \left(\frac{\nabla}{\nabla_S}\right) \times \left(\frac{V}{V_S}\right)^2 \qquad (6.45)$$

$$\frac{P_E}{P_{E_S}} = \left(\frac{\nabla}{\nabla_S}\right)^{\frac{2}{3}} \times \left(\frac{V}{V_S}\right)^3 \qquad (6.46)$$

6.5 선박 추진기와 추진장치의 종류

추진기와 선체는 상호작용을 하고 있는데, 선체가 추진기에 작용하는 영향은 반류(wake)로써, 그리고 추진기가 선체에 작용하는 영향은 추력감소(thrust deduction)로써 표시된다.

1 선체와 추진기의 상호작용

선박의 동력 추진에 사용되는 기계요소는 추진기이다. 추진기를 사용하여 선박을 속도 V로 전진시키는데 필요한 추력 F_T는 선박의 예인저항(총저항) R_T보다 크게 된다. 이는 선박이 전진할 때 선체 주위, 특히 선미 쪽의 물의 흐름은 추진기의 운동에 의하여 영향을 받아 선체의 저항에 영향을 미치기 때문이다. 이와 같이 선체와 추진기를 분리하여 작동시켰을 경우와 달리 선체에 추진기를 설치하여 선박을 추진시켰을 경우에는 선체와 추진기가 서로 영향을 미치게 된다.

(1) 선체가 추진기에 미치는 영향

실제 선박에서는 추진기가 선체 뒤쪽에 놓이게 되는데, 이 경우 추진기는 선체의 전진운동에 의해 교란된 물속에서 작동하게 된다. 선체가 움직이면 선체 표면과 점성이 있는 물의 마찰에 의해 선체 주위의 물이 선체의 진행방향으로 움직이게 된다. 이 때 선체 표면에 붙어있는 물의 입자는 선체의 속도와 같은 속도를 갖고 있고 선체 표면으로부터 어느 정도 떨어진 곳에서는 물의 속도가 '0'이 된다. 이와 같이 선체와 물의 마찰에 의해 선체 주위의 물이 선체의 진행방향으로 움직이는 것을 반류(wake)라고 하고 반류가 만들어진 영역을 경계층(boundary layer) 또는 마찰영역(friction belt)이라고 한다. 경계층의 두께는 물이 선수 근처에서부터 선미까지 흐르는 동안 선체와의 마찰에 의해 앞쪽으로 끌리기 때문에 선미 쪽으로 갈수록 두꺼워진다. 따라서 경계층의 두께는 선미 쪽에서 가장 두껍고 그 크기는 선체길이에 비례한다.

선박이 항주할 경우, 선체 부근의 물은 군함의 속도를 증가시키는 반류를 형성한다. 즉 어떤 점 A에서 군함의 속도 V(m/s)와 그 점에서의 물의 흐름속도 V_A(m/s)와의 차이가 그 점에서의 반류속도 V_W(m/s)인데, 반류는 군함의 진행방향과 같은 경우를 (+), 반대인 경우를 (−)로 한다. 일반적으로 반류는 유선반류, 마찰반류, 파반류의 세가지로 나누어서 고려가 되며, 이들 중 선체와의 마찰에 의해 생기는 마찰반류가 가장 크지만 실제로는 그것들이 합성되어 이루어진다.

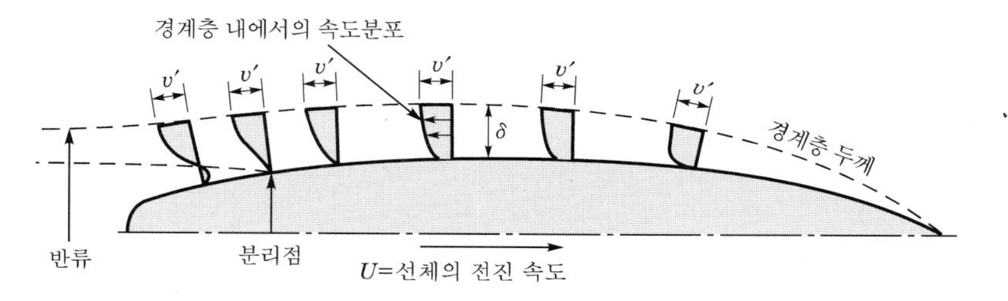

[그림 6.40] 선체와 물의 마찰에 의한 경계층의 모양

① 유선반류(Stream Line Wake 또는 Potential Wake)

이 반류는 선체 주위에서 일어나는 유선류에 의해 생기는 것으로서 물이 선체 옆을 따라 선미쪽으로 흘러갈 때 유선이 오므라들면서 물의 압력이 높아지고 선체에 대한 상대속도가 선속보다 작아지므로, 선체 뒤쪽의 물은 선체로부터 멀리 떨어져 있는 정지해 있는 물위에서 보면 선체 진행방향으로 움직이는 것과 같게 되는데 이를 유선반류라고 하며 배수반류로도 일컬어진다. 이는 함형의 영향을 받으므로 함수미에 있어서는 (+), 함체 현측부에서는 (−)가 된다.

② 마찰반류(Frictional Wake)

이 반류는 선체와의 마찰에 의해 선체 주위의 물의 흐름이 선체의 진행 방향과 같아지는 반류로서 군함의 길이, 침수 표면적 및 외판면의 조도 등의 영향을 받아서 선미 부근에서 그 값이 커지고, 외판으로부터 먼 곳에서는 급격히 감소된다. 마찰반류의 값은 모형선보다 실선 쪽이 작다.

③ 파반류(Wave Wake)

선체가 전진하면서 파도를 일으키는데, 이때 파도 가운데 있는 물의 입자는 궤도 위를 회전하게 된다. 즉, 파정(wave crest)에서는 앞쪽(선체의 진행방향)으로 움직이고 파곡(wave trough)에서는 뒤쪽으로 움직인다. 따라서 선미에 있는 추진기가 파도의 파정에 놓이면 추진기와 물의 상대속도가 작아지고 파곡에 놓이면 추진기와 물의 상대속도가 커진다. 즉, 물 입자의 속도가 폭의 방향으로는 변화가 작은 반면 깊이 방향으로는 감소하는데, 이와 같이 파도 속의 물 입자가 갖는 절대 속도에 의하여 생기는 반류를 파반류(wave wake)라고 한다. 이것은 추진기의 설계에 영향을 미치게 되나, 추진기 위치에 의한 값은 유선반류와 마찰반류가 비교적 작으므로 문제되지는 않는다. 보통 고속인 날씬한 형으로 2축인 군함에서 파반류가 커질 때 합성반류로서 (−)가 되는 경우가 있는데, 추진기의 위치로부터 반류로 인한 물의 흐름속도 V_A(m/s) 대신에 추진기의 전진속도 V_a(m/s)를 사용하면,

$$V_w = V - V_a = w \cdot V, \quad \therefore w = \frac{V - V_a}{V} \tag{6.47}$$

가 된다. 이 경우에 w가 반류계수이지만, 추진기의 위치로 인한 반류는 균일한 축방향의 흐름이 아니므로, 그 크기와 방향이 위치 때문에 변하게 된다. 위치에 따라 달라지는 반류를 추진기 원판 상에서 평균해서 구한 평균 반류가 공칭반류(normal wake)이다. 그리고 배 뒤쪽에 추진기가 설치된 상태에서 측정된 값과 추진기를 단독으로 한 상태에서 측정된 값을 비교해서 얻은 평균반류가 유효반류(effective wake)이다. 공칭평균반류와 유효반류와는 일반적으로 약간의 차이가 있다. 그리고 반류의 불균일성은 다음과 같은 점에서 나쁜 영향을 미치게 된다.

㉠ 추진기 효율을 저하시킨다.
㉡ 날개가 반류를 따라서 추력분포를 불균일하게 해서 각종 진동의 기진력이 된다.
㉢ 원주 상에서의 불균일성은 주기적으로 변하는 우력을 발생시켜, 각종 진동의 기진토크가 된다.

(2) 추진기가 선체에 미치는 영향

선체를 잡아끌어 전진시킬 때 선미 부근에서는 선체 표면을 따라 흐르는 물의 압력이 높아져 선체에 작용하는 힘의 합력 가운데 전진방향 성분이 발생한다. 그러나 선체 뒤에 놓인 추진기의 작동에 의하여 선체가 전진할 때는 추진기가 앞쪽에서 물을 흡입하여 가속하기 때문에 선미 쪽의 물의 압력이 예인될 때보다 조금 낮아지고 선체에 작용하는 힘의 전진 방향 성분도 작아진다. 그러므로 추진기로 추력을 발생하여 선체를 전진시킬 때 선체에 작용하는 저항은 선체를 예인하여 같은 속도로 전진시킬 때 선체에 작용하는 저항보다 크다. 즉, 추진기가 발생해야 하는 추력 F_T는 선체의 예인저항 R_T보다 크다. 추력과 예인저항의 차이를 저항의 증가(augment of resistance) R_a라고 하고, 예인저항에 대한 저항 증가의 비를 저항 증가비(resistance augment fraction) a라 한다.

$$R_a = F_T - R_T \tag{6.48}$$

$$a = \frac{R_a}{R_T} = \frac{F_T - R_T}{R_T} \tag{6.49}$$

저항 증가비를 사용하여 추력과 저항의 관계를 나타내면,

$$F_T = (1 + a)R_T \tag{6.50}$$

가 된다. 위 식에서 $1+a$를 저항 증가 계수(resistance augment factor)라고 한다.

선체의 뒤쪽에 있는 추진기의 운동에 의해 선체의 저항이 증가했다는 것은 추진기가 물에 전달한 추력은 예인 저항과 추진기의 운동에 의해 증가된 저항의 합과 그 크기가 같다는 의미이다. 따라서 추진기의 관점에서 보면 물에 전달한 추력의 일부가 감소되어 선체의 추진에 사용되지 못한 것이 된다. 추력과 예인 저항의 차이를 추력 감소(thrust deduction) F_R이라고 하고, 추력에 대한 추력 감소의 비를 추력감소비(thrust deduction fraction) t라고 한다.

$$F_R = F_T - R_T \tag{6.51}$$

$$t = \frac{F_R}{F_T} = \frac{F_T - R_T}{F_T} \tag{6.52}$$

선체의 예인 저항을 추력감소비와 추력을 사용하여 나타내면,

$$R_T = (1 - t)F_T \tag{6.53}$$

가 된다. 여기서 $1-t$를 추력감소계수(thrust deduction factor)라고 한다.

추력감소비는 추진기의 위치, 선체와 추진기 사이의 틈, 추진기의 직경, 선속 등의 영향을 받는데 다른 모델의 추력감소비를 조사한 결과를 바탕으로 만든 계산 모델을 사용하여 구할 수 있다. 일반적으로 반류비의 값이 커지면 추력감소비의 값도 커진다. 선체의 모양은 추력감소비의 크기에 영향을 미친다. 예를 들면, 구상선수(bulbous bow)를 갖는 선체는 저속에서 추력감소비를 감소시키는 것으로 알려져 있다. 추진기가 하나인 선박의 추력감소비의 크기는 보통 0.12~0.30 정도인데 선체의 방형계수가 클수록 추력감소비도 커진다. 두 개의 추진기를 갖는 선박은 추진기가 선체로부터 멀리 떨어져 설치되므로 추진기의 흡인 작용에 의한 추력감소가 작다. 『그림 6.40』은 선체에 의한 마찰 반류가 추진기에 미치는 영향으로 인한 선속과 추진기 전진 속도의 관계 및 추진기의 작

용이 선체의 추진에 미치는 영향으로 인한 예인저항과 추진기 추력과의 관계를 보여주고 있다.

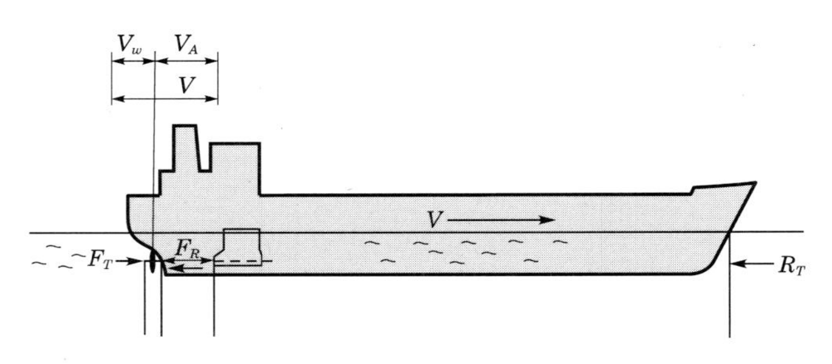

여기서, V : 선수

V_A : 추진기 전진 속도

V_w : $V-V_A$: 반류속도

$w=\dfrac{V-V_A}{V}$: 반류비

R_T : 예인 저항

F_T : 추진기 추력

$F_R=F_T-R_T$: 추력 감소

$t=\dfrac{F_T-R_T}{F_T}$: 추력 감소비

[그림 6.41] 반류비와 추력감소비

(3) 추진효율

① 추진기 효율(단독) η_p와 추진기 효율비 η_γ

군함의 추진기, 특히 단추진기인 군함의 추진기는 복잡하면서도 불균일한 분포로 이루어진 반류 중에서 작용할 뿐만 아니라, 추진기의 바로 후방에 설치된 타의 정류 작용에 의해서도 성능이 변화하므로, 추진기가 단독으로 작용하는 경우와 비교해 볼 때, 그 성능에는 차이가 있다.

추진기가 정수 중에서 단독으로 작동할 때는 추진기로 흘러 들어오는 물의 흐름이 균일하므로 단독 추진기 효율(open propeller efficiency) η_p는 추진기를 구동하기 위해 추진기에 전달된 동력(추진기 구동에 필요한 회전역률 Q_0와 추진기의 회전속도 ω의 곱으로 표시되는 전달동력)에 대한 추진기가 물에 전달한 동력(추력 T_0(kg)와 추진기의 전진속도 V_a의 곱으로 표시되는 추진동력)의 비로 나타낼 수 있다. 추진기가 정수 중에서 단독으로 작용하고 있을 경우의 전진속도를 V_0(m/s), 매초 회전수를 n(rps), 추력을 T_0(kg), 회전역률을 Q_0(kg·m)이라고 할 때, 단독 추진기 효율(open propeller efficiency) η_p는,

$$\eta_p = \frac{T_0 \times V_0}{2\pi n_0 Q_0} \tag{6.54}$$

이다.

그러나 추진기가 선체 뒤에 있을 때는 추진기로 흘러 들어오는 물의 흐름이 균일하지 않게 되고, 추진기가 회전할 때 임의의 날개요소를 지나는 물의 흐름이 추진기 단독운전 때와 달라지므로 날개요소의 효율도 달라진다. 따라서 추진기가 선체 뒤에 설치되어 단독으로 작동할 때와 같은 회전수, 전진속도, 추력을 얻기 위한 추진기 회전력의 크기는 단독으로 작동할 때의 회전력과 같지 않다. 추진기가 함체에 설치되었을 경우의 전진속도를 V_a(m/s), 매초 회전수를 n(rps), 추력을 T(kg), 회전역률을 Q(kg·m)라고 할 때, 추진기 효율 $\eta_{p'}$는 다음과 같이 나타낼 수 있다.

$$\eta_{p'} = \frac{THP}{DHP} = \frac{T \times V_a}{2\pi n Q} = \frac{T_0 \times V_0}{2\pi n_0 Q_0} \cdot \frac{n_0 \times V_a}{n \times V_0} \cdot \frac{T \times Q_0}{T_0 \times Q} \tag{6.55}$$

여기서 단독인 경우와 함체에 설치된 경우와의 전진율을 같게 하면,

$$\frac{n_0 \times V_a}{n \times V_0} = 1 \tag{6.56}$$

이 되고, 선체 뒤에 놓여 작동되는 추진기의 효율과 단독 운전되는 추진기의 효율의 비를 상대회전 효율(relative rotative efficiency) 또는 추진기 효율비 η_r이라고 하면,

$$\eta_r = \frac{T \times Q_0}{T_0 \times Q} \tag{6.57}$$

이므로,

$$\eta_{p'} = \eta_p \times \eta_r \tag{6.58}$$

이 된다. η_r의 값은 함체의 형상, 추진기, 타 등의 형상과 치수 및 배치에

따라 변하므로, η_r의 약산식을 구하는 것이 곤란하지만 η_r의 크기는 '1'의 범위를 크게 벗어나지 않는다. 일반적으로 1축인(1개의 추진기가 있는) 군함에서는 이 값이 1.04(1.0~1.1) 정도 내에 있고, 2축인(2개의 추진기가 있는) 군함에서는 대략 0.98(1.00~0.95) 정도 내에 있다.

② 추진계수와 추진효율

유효마력과 전달마력과의 비가 추진계수인데, 다음과 같이 η로 나타낸다.

$$\eta = \frac{EHP}{DHP} = \frac{THP}{DHP} \cdot \frac{EHP}{THP} = \eta_{p'} \cdot \eta_h = \eta_p \cdot \eta_r \cdot \eta_h \tag{6.59}$$

또 증기왕복동 기관인 경우 유효마력과 지시마력과의 비, 그리고 내연기관인 경우 유효마력과 제동마력과의 비, 또 증기터빈인 경우 유효마력과 축마력과의 비가 추진효율(propeller efficiency)인데, 각각 η_{IHP}, η_{BHP}, η_{SHP}로 나타낸다.

$$\eta_{IHP} = \frac{EHP}{IHP} = \eta_n \cdot \eta_t \cdot \eta_p \cdot \eta_r \cdot \eta_h \tag{6.60}$$

$$\eta_{BHP} = \frac{EHP}{BHP} = \eta_t \cdot \eta_p \cdot \eta_r \cdot \eta_h \tag{6.61}$$

$$\eta_{SHP} = \frac{EHP}{SHP} = \eta_{t'} \cdot \eta_p \cdot \eta_r \cdot \eta_h \tag{6.62}$$

다만, η의 값은 일반적으로 1축인 군함에서는 0.6~0.8이고, 2축인 군함에서는 그보다 약간 낮다. η_{SHP}의 식 중 $\eta_{t'}$는 SHP를 측정한 장소로부터 후방에 설치된 추진기에 이르기까지, 축계의 손실마력에 대한 전달효율로서 η_t보다는 그 값이 크다.

(4) 함미재, 타와 추진기의 상호관계

① 추진기용 개구(Aperture)와 함미재

1축인 군함의 경우, 타와 함미재에 의해 둘러싸여진 부분이 추진기용 개구인데, 이 부분은 함체 진동이나 추진기의 추진성능에 큰 영향을 준다. 아울러 함체 구조에 따라 제한을 받으면서 추진기 지름 또는 회전수의 선정에도 영향을 미치므로, 이것의 설치에 주의가 요구된다. 추진기에 의한 진동을 감소시키기 위해서는 『그림 6.42』에서 간격 b를 크게 하면 할수록 좋지만, 지나치게 크게 하면 추진기의 돌출부(over hang) 때문에 굽힘모멘트(moment)가 증대하여, 선미관의 축베어링에 영향을 미치며, 추진 성능을 약간 저하시킨다. 간격 a와 d가 커지면 함체와 타의 진동이 작아지는 효과는 커지나, 추진 성능에 미치는 영향은 비교적 적다.

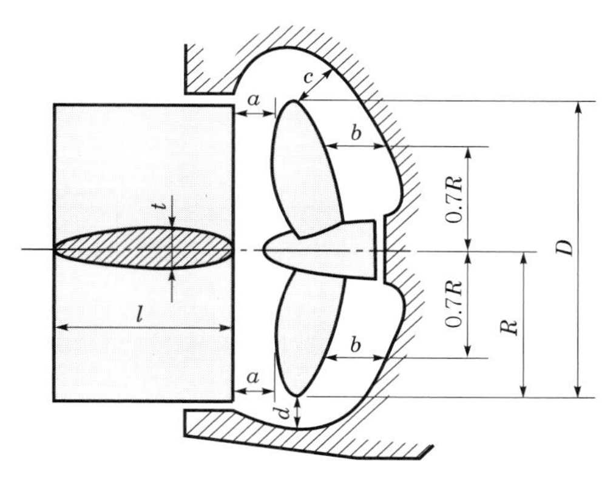

[그림 6.42] Propeller Aperture

② 추진기와 타와의 상호작용

타면적을 결정할 때에는 타와 추진기의 배치에 의한 효과가 고려되어야 한다. 타와 함체와의 간격을 작게 한 것과 추진기 바로 후방에 타를 배치한 것 등은 타의 효과를 좋게 할 수 있지만, 간격을 지나치게 작게 하면 함체 진동이 발생해 좋지가 않다. 타는 추진기 후류를 정류하여 추진기 효율을 좋게 하지만, 타의 수평 단면이 중심선에 대한 대칭한 복판 평형타보다는 상반 타(contra rudder)쪽이 추진기 효율 면에서 보다 유리하다.

2 추진기의 명칭과 기초 용어

추진기로는 분사추진기(jet propeller), 외륜(paddle wheel)과 보이스 슈나이더 추진기(voith-schneider propeller) 및 나선형 추진기(screw propeller) 등이 있지만, 일반 상선이나 화물선의 경우 보통 나선형 추진기가 사용되며, 군함에서는 주로 나선형 추진기의 한 분류인 가변피치 추진기(controllable pitch propeller ; CPP)가 많이 사용된다. 다음 그림에서 보이는 것과 같이 나사산의 일부가 추진기의 날개가 되는데 나사가 두 겹이면 날개의 수는 2매가 되고, 세 겹이면 날개의 수는 3매가 된다. 나선형 추진기가 엔진에 의해 회전하면 물을 뒤로 밀어내게 되고 그 반작용으로 추진력이 생겨 선박을 전진시킨다. 이러한 추진 원리를 좀 더 상세하게 살펴보면, 나선형 추진기는 여러 개의 날개를 갖고 있고, 이 날개들은 선풍기 날개처럼 회전면과 각을 갖고 있어, 추진기가 회전하면 날개의 한쪽 면은 물을 뒤로 밀어내고 반대 면은 앞쪽의 물을 빨아들이게 된다. 물을 밀어내는 날개 면은 압력이 높아지고, 빨아들이는 쪽은 낮은 압력이 되어 흡입력을 받게 된다. 따라서 나선형 추진기가 회전하면 이러한 날개 양쪽 면의 압력 차이가 발생하고 전진 방향으로 힘을 받게 되어 추진력이 생겨 추진기가 앞으로 나아가게 되는데 구조가 간단하고 효율도 높다.

[그림 6.43] 나선형 추진기의 원리

(1) 나선형 추진기(Screw Propeller)의 구조와 각 부 명칭

나선형 추진기(screw propeller)는 너트(nut)를 고정하고 그 속에서 볼트(bolt)를 회전시키면 볼트는 나사산을 따라 너트 속에서 앞으로 나아가는 원리를 이용한 추진기로 선박 추진기의 대부분을 차지하고 있다. 추진축에 연결되는 보스(boss)와 보스에 연결되어 있는 여러 매의 날개(blade)로 구성되어 있다.

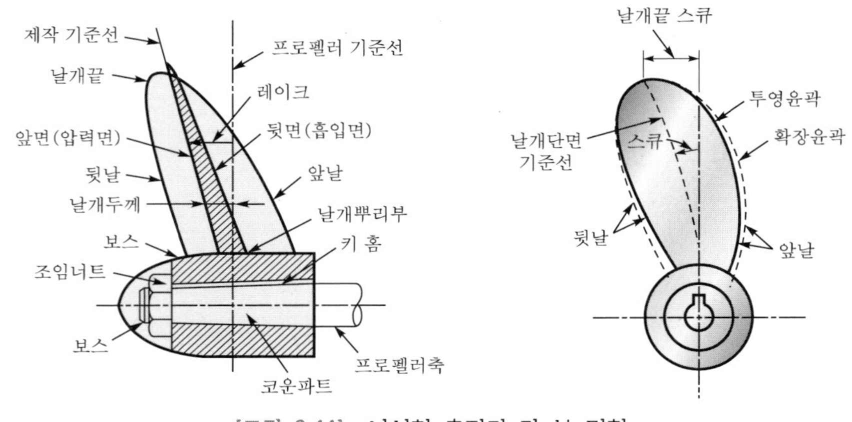

[그림 6.44] 나선형 추진기 각 부 명칭

① 날개(Blade)와 보스(Boss)

날개는 물을 가르는 부분이며, 날개를 상부 축에 끼워 넣은 부분이 보스이며, 프로펠러 날개를 프로펠러 축에 연결해 주는 부분이라는 의미로 허브(hub)라고도 한다. 허브(보스)직경은 날개의 중심선 부분에서 잘라서 잰 지름으로서 허브(보스)의 최대 직경을 말하며 날개의 경사선이 허브(보스)의 중심선과 만나는 곳에서 계측한 것을 사용한다. 허브(보스)비란 허브(보스)의 직경을 추진기의 직경으로 나눈 것이며 허브(보스)지름 d와 프로펠러 지름 D의 비로써 d/D로 나타낸다. 추진기의 효율이 좋아지기 위해서는, 추진기의 지름이 일정할 때 구조상 가능한 한 허브(보스)비를 작게 하는 것이 바람직하며, 허브(보스)비는 보통 일체형 추진기에서 0.2 이하이고, 조립형에서는 0.2 이상이다.

② 앞면과 뒷면

추진기가 전진하면서 회전할 때 물을 밀어내는 면으로서 낮은 유속으로 양의 압력을 갖는 면을 압력면(pressure side, thrust 또는 driving surface), 전진면, 피치면(pitch face) 또는 앞면(face)이라고 한다. 이것과 반대의 면으로 빠른 유속으로 음의 압력을 갖는 흡입면(suction side)을 배면(drag surface 또는 back surface), 후진면, 또는 뒷면(back)이라고 한다. 그리고 함미에서 보았을 경우 보이는 면, 즉 날개의 선미측 면이 압력면이다.

③ 전연와 후연

추진기가 전진하면서 회전할 때 먼저 물을 자르는 날개의 면(모서리)을 전연, 전진연, 선연 또는 앞날(leading edge)이라고 하며, 그것의 반대의 면(모서리)이 후연, 수반연 또는 뒷날(trailinging edge 또는 following edge)이라고 한다.

④ 날개의 끝과 뿌리

날개의 선단 부분을 익단(blade edge) 또는 날개의 끝이라고 하고, 보스에 끼워 넣은 방향으로 날개가 붙어 있는 부분, 날개가 보스에 연결되는 부분을 익근(blade root) 또는 날개의 뿌리라고 한다.

(2) 기초용어

① 지름(Diameter ; D)

지름 또는 직경(diameter ; D)은 프로펠러가 1회전 했을 때 날개 끝부분은 원을 그리게 되는데 이 원을 익단원(top circle)이라고 하고, 이 익단원의 직경을 추진기의 직경이라고 한다. 즉, 추진기의 중심에서 날개의 끝까지 추진기 축의 중심선에 수직인 직선 거리가 추진기의 반경이 된다. 추진기의 직경은 선박의 흘수에 따라 제한을 받으며 일반적으로 선미흘수의 2/3보다 작게 설정한다.

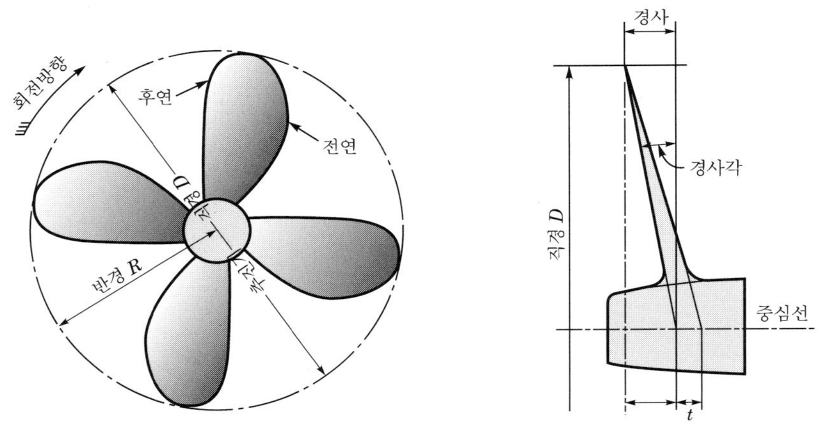

[그림 6.45] 나선형 추진기의 치수

② 추진기 길이

추진기를 옆에서 보았을 때 날개의 전연과 후연 사이의 거리, 즉 축방향으로 잰 날개의 길이를 추진기의 길이라고 한다. 일반적으로 보스의 길이와 같다.

③ 피치(Pitch ; P)

추진기가 한바퀴 회전할 동안 날개의 압력면 상의 어느 한 점이 그리는 궤적을 나선(helix)이라 하고, 프로펠러가 1회전 했을 때 각 날개의 반지름 위치에서 날개 단면이 축방향으로 전진하는 거리, 즉 추진기의 전진거리를 피치(pitch ; P)라고 한다. 추진기가 한바퀴 회전했을 때 날개면의 모든 점의 전진거리가 같은 것을 균일피치, 일정피치 또는 고정피치(uniform pitch 또는 constant pitch)라고 한다. 날개면의 익근부와 익단부의 전진거리가 서로 다른 것을 변동피치(variable pitch)라고 하는데, 이 변동피치에는 익근부에서 익단부로 갈수록 피치가 점차로 증가하는 점증피치(increasing pitch)와 피치가 점차로 감소하는 점감피치(decreasing pitch)가 있다. 변동피치를 가지는 날개는 추진기의 중심에서 추진기 반경의 70% 크기의 반경을 갖는 점의 피치를 그 날개의 피치로 한다. 균일피치 추진기는 제작이 쉬워 소형선에 많이 사용되고 변동피치 추진기는 균일피치 추진기에 비해 효율이 약간 더 좋으므로 대형선에 많이 사용된다.

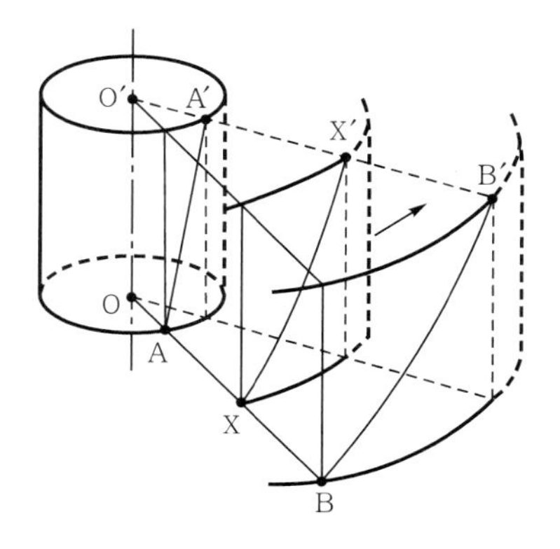

[그림 6.46] 프로펠러 피치

④ 피치각(Pitch Angle ; ϕ)

날개면의 한 점이 그리는 나선과 추진기의 중심선에 수직인 평면이 이루는 각을 피치각(pitch angle ; ϕ)이라고 하며 반지름 r 위치에서의 피치를 각으로 표시한다. 다음과 같이 나타낸다.

$$\phi = \tan^{-1}\frac{P}{2\pi r} \tag{6.63}$$

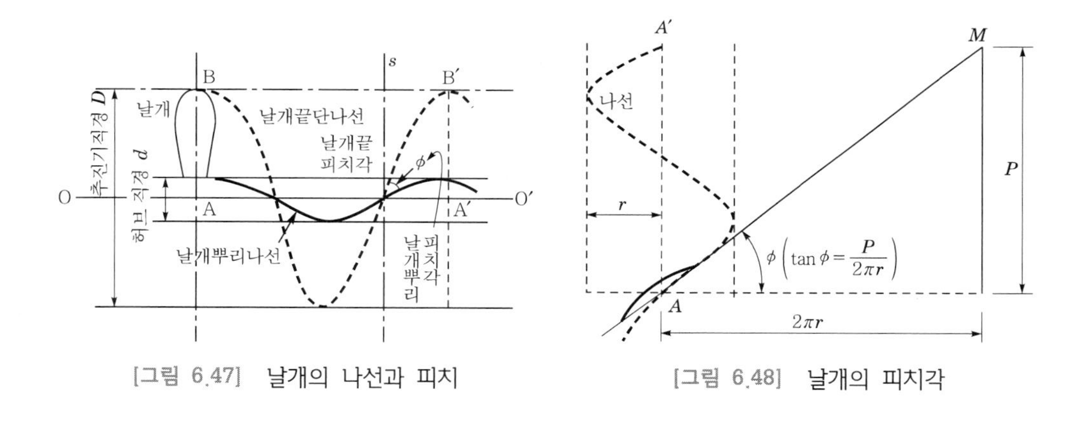

[그림 6.47] 날개의 나선과 피치

[그림 6.48] 날개의 피치각

피치각은 추진기의 중심에서 날개면 상의 임의의 한 점까지의 거리에 따라 달라진다. 날개가 한 바퀴 회전할 동안 날개면의 한 점이 추진기의 축 방향으로 나아간 거리와 회전방향으로 움직인 거리(추진기 중심에서 그 점까지의 거리를 반경으로 하는 원의 원주)의 비는 그 점에서의 피치각의 탄젠트(tangent) 값과 같다.

⑤ 피치비(Pitch Ratio)

추진기의 피치를 직경으로 나눈 것을 말한다. 피치 P와 지름 D와의 비율인 피치비(pitch ratio)를 h라고 하면,

$$h = \frac{P}{D} \tag{6.64}$$

이다. 추진기의 크기가 다르더라도 상사하면 피치비는 같으므로, 추진기의 성능을 비교하는 경우에 적절한 계수이다. 추진기의 회전이 일정할 때 직경을 작게 하면서 빠른 선속을 얻으려면 피치를 크게 해야 한다. 즉, 피치비가 커야 한다. 반면, 추진기에 전달되는 동력이 일정한 상태에서 추진기의 회전속도를 빠르게 하려면 피치비를 작게 해야 한다. 피치비는 군함의 종류, 용도, 기관의 출력 및 회전수 등에 의해 결정되므로 다양하지만 일반적으로 0.5~1.2 정도인 것이 흔하다.

⑥ 프로펠러 기준선과 제작기준선

프로펠러 기준선(propeller reference line)은 프로펠러 형상의 기준이 되는 직선으로서 프로펠러의 축심과 직각되게 설정되어 있다. 제작기준선(generator line, generatrix)은 프로펠러 제작의 기준이 되는 선이다.

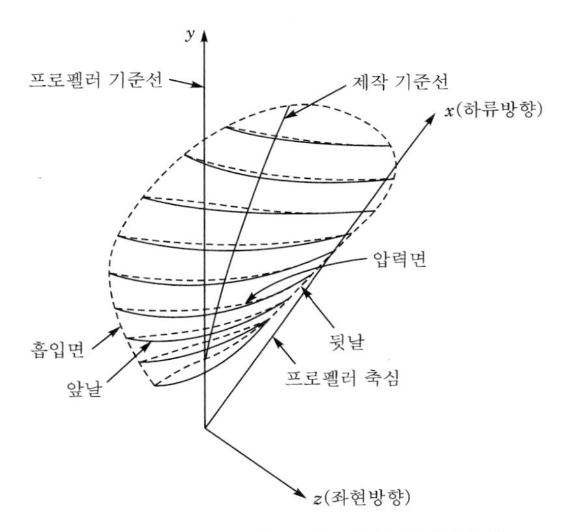

[그림 6.49] 프로펠러 기준선과 제작기준선

⑦ 경사와 경사비

보통 추진기에서는 날개가 추진기 축의 중심선에 대해 직각으로 심겨져 있지 않고, 함미 측으로 일정 각도만큼 경사져 있다. 이 경우 압력면의 연장선이 보스의 중심선과 만나는 점에서부터 날개의 끝에서 보스의 중심선에 대해 수직으로 그은 직선이 보스의 중심선과 만나는 점까지의 거리. 즉, 각 반지름 위치에서 프로펠러 기준선으로부터 제작기준선까지의 축방향 직선거리를 경사라고 하고 레이크(rake, XG)라고 부른다. 경사져 있는 각을 레이크 각(rake angle)이라고 하는데 프로펠러 기준선과 레이크 직선 사이의 각을 말하며, 10~15도인 정도인 것이 대부분이고 고속선의 경우에는 경사각이 0도 또는 선수쪽 경사를 갖는 추진기도 있다. 그리고 레이크의 크기, 즉 날개의 경사선이 보스의 중심선이 만나는 점 사이의 거리를 추진기의 직경으로 나눈 것을 경사비(rake ratio, r)라고 하는데, 지름 D에 대한 경사 γ의 비로써 다음과 같이 나타낸다.

$$r = \frac{\gamma}{D} \tag{6.65}$$

⑧ 날개윤곽, 익윤곽(Blade Outline/Contour)

날개윤곽(blade outline, blade contour)은 날개의 외형을 표시하는 것으로서 날개의 앞날과 뒷날을 날개 끝에서 연결한 선을 말하며, 일반적으로 전개윤곽 또는 확장윤곽(expanded contour)과 투영윤곽(projected contour)이 있다. 전개윤곽 또는 확장윤곽은 각 단면위치에 있는 날개단면을 평면 위에 펼쳐서 배열한 도형의 윤곽을 말하며, 투영윤곽은 프로펠러를 축방향으로 프로펠러 평면에 투영했을 때의 날개 윤곽 자취를 말한다. 일반적으로 날개는 전개윤곽의 형상인 전개형상으로 표시한다.

⑨ 날개두께, 익폭(Blade Thickness)

날개의 두께(blade thickness)는 강도계산을 통해 정해지지만, 날개 단면의 두께는 축중심에 가까울수록 직선적으로 증가한다. 날개가 축중심까지 이르고 있다고 가정했을 때, 축중심에서의 날개의 두께 t_0와 추진기의 지름 D와의 비를 날개 두께비라고 하고 이것을 t라고 하면,

$$t = \frac{t_0}{D} \tag{6.66}$$

가 된다. 추진기의 지름이 일정하다면, t가 큰 만큼 추진기의 효율이 떨어지게 되므로, 강도를 유지하고 있는 범위 내에서 t를 작게 하는 것이 바람직한데, 보통 $t=0.03\sim0.07$ 정도이다.

⑩ 날개폭의 비, 익폭비(Blade Width Ratio)

추진기 날개의 폭은 날개 뿌리에서 끝으로 가면서 일정하지 않으므로, 추진기 설계나 성능을 조사할 경우 하나의 날개 전개면적을 날개의 길이(날개 뿌리에서 끝까지의 거리)로 나눈 평균 날개의 폭(평균 익폭, mean blade width)을 사용한다. 평균 익폭을 추진기의 직경으로 나눈 것을 평균 날개의 폭비(평균 익폭비, mean blade width ratio)라고 한다. 크기가 다른 추진기를 비교할 때, 평균 날개폭과 추진기 지름과의 비인 평균 익폭비를 사용하는 쪽이 편리해서 자주 사용되고 있다.

한편, 추진기 날개의 단면에서 두께가 가장 두꺼운 곳은 궁형 단면(ogival section)의 경우에는 날개폭의 중앙부이고, 비행기 날개형 단면(aerofoil section)의 경우는 전연에서부터 날개폭의 1/3 정도 되는 곳이다. 날개 단면에서 두께가 가장 두꺼운 곳의 두께도 날개의 뿌리에서부터 끝으로 갈수록 두께가 얇아지는데 그 변화는 직선적인 경우가 많다. 따라서 날개의 두께를 나타내는 척도로 중심두께를 사용하는데, 날개의 단면에서 두께가 가장 두꺼운 곳에서 날개 양면의 두께선을 보스의 중심선까지 연장하여 보스의 중심에서 잰 두께를 말한다. 이를 추진기의 직경으로 나눈 것을 중심익후비(blade thickness fraction ratio)라고 하고 추진기 날개의 두께를 나타내는 척도로 사용한다.

⑪ 추진기의 회전방향

추진기의 회전방향은 선미에서 선수를 향해 본 경우의 회전방향을 의미한다. 전진하면서 회전시 추진기의 회전방향이 시계방향(CW)으로 회전하는 추진기가 우회전(right-handed turning, clockwise ; CW)추진기이고, 반시계방향(CCW)으로 회전하는 추진기가 좌회전(left-handed turning, counter clockwise ; CCW) 추진기이다. 일반적으로 추진기가 한 개인 1축(single screw)의 군함에서는 우회전 추진기를 많이 사용하고, 추진기가 두 개인 2축(twin screw)의 군함에서는 두 추진기의 회전 방향을 서로 다르게 한다. 이때 우현 쪽(starboard side)은 오른쪽으로 회전, 좌현 쪽(port side)은 왼쪽으로 회전시키는 방법이 많이 사용되는데, 이러한 배치는 두 추진기의 회전 방향이 선체 중심에서 바깥으로 향하므로 외향회전법(outer turning 또는

outward turning)이라 한다. 반대로 우현 쪽에는 좌회전 추진기, 좌현 쪽에는 우회전 추진기를 사용하는 경우에는 두 추진기의 회전방향이 선체 바깥에서 중심으로 향하므로 이러한 회전방법을 내향회전법(inner turning 또는 inward turning)이라고 한다.

⑫ 추진기 면적

추진기에 관하여 면적을 나타내는 용어는 다음과 같다.

㉠ 원판면적 또는 전원면적 : 다음 그림에서 보이는 것처럼 추진기가 한 바퀴 회전했을 때 날개의 끝이 그리는 익단원(tip circle)의 면적 즉, 추진기 날개의 끝이 그리는 원의 면적을 원판면적 또는 전원면적(disc area)이라고 한다. 날개, 보스 및 날개 사이의 틈의 면적이 포함된다.

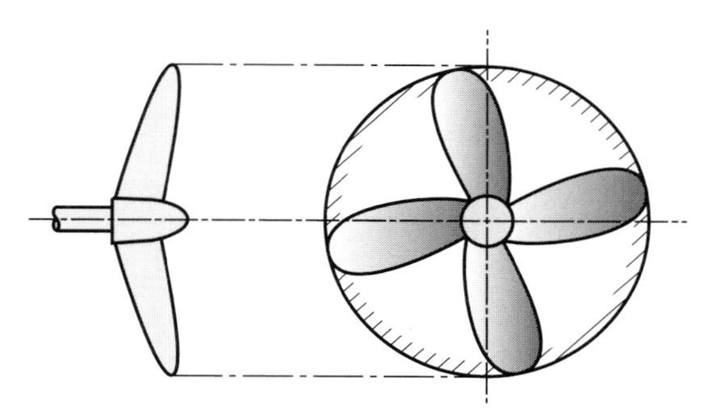

[그림 6.50] 나선형 추진기의 원판면적

㉡ 전개면적 : 일반적으로 추진기의 날개면은 평평하지 않고 비틀려 있으므로 날개의 면적은 날개면에 수직인 방향에서 본 윤곽으로 둘러싸인 면적과는 차이가 있다.

다음 그림에서 보이는 것과 같이 비틀린 날개면을 평평하게 펴고 이를 날개면에 대하여 수직인 방향에서 본 윤곽으로 둘러싸인 면적을 측정할 수 있는데, 이와 같은 방법으로 측정한 날개의 면적을 전개면적(developed area)이라고 한다. 전개면적은 각 단면위치에 있는 날개단면을 평면 위에 펼쳐서 배열한 도형의 면적을 구하여 날개의 수를 곱하여 구한다. 전개면적에는 보스와 날개 사이의 틈의 면적은 포함되지 않는다.

㉢ 전개면적의 비 : 전개면적에 대한 전원면적의 비를 전개면적의 비(developed area ratio)라고 한다.

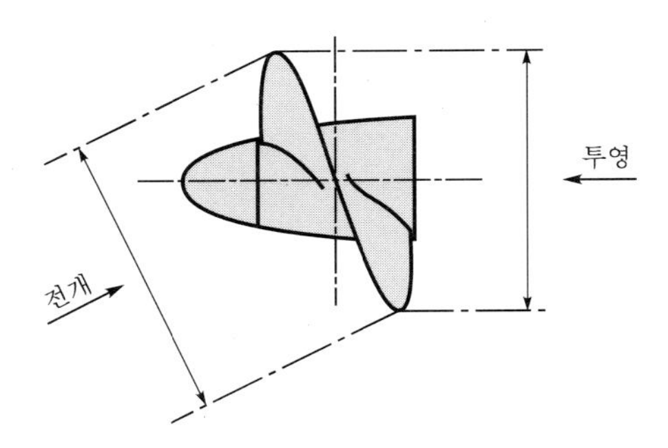

[그림 6.51] 날개의 전개면적과 투영면적

㉣ 투영면적 : 추진기를 보스의 중심선 방향에서 보았을 때 날개의 윤곽으로 둘러싸인 면적을 투영면적(projected area)이라고 한다. 따라서 이는 추진기를 보스의 중심선 방향으로 투사했을 때 나타나는 날개의 그림자 면적과 같다. 전개면적은 날개의 면적만 나타내고 보스와 날개 사이의 틈의 면적은 포함하지 않는데 이 값은 전개면적보다는 작은 값을 갖는다.

㉤ 투영면적의 비 : 투영면적에 대한 전원면적의 비를 투영면적의 비(projected area ratio)라고 한다.

(3) 추진기의 구조와 재료

① 추진기 구조

『그림 6.52』와 같이 군함에 사용되고 있는 추진기의 형식은 2~7매의 날개를 갖는 일체형(solid type)과 조립형(built-up type)이 있다. 일체형은 날개와 보스를 같은 재료로 하여 일체로 주조한 것이고, 보통 조립형은 날개를 구리합금으로, 보스를 철로써 별도 주조해서 조립한 것이다. 이 두 타입은 그 특징에 따라 장단점이 있는데 다음의 표와 같다.

[표 6.2] 일체형과 조립형의 비교

구 분	일체형	조립형
추진기 효율	양호	약간 떨어짐
중량	조립형에 비해 가벼움	일체형에 비해 무거움
가공작업 난이도	용이함	복잡함
보스비	작음	큼
피치변경 가능여부	할 수 없음	어느 정도 조절이 가능
가격	저렴	고가
보수/교체	1매의 날개 손상시에도 전체를 교체	손상을 입은 날개만을 교체
예비 프로펠러	예비로 1개의 완성된 추진기 준비	예비날개 1매 또는 2매 준비

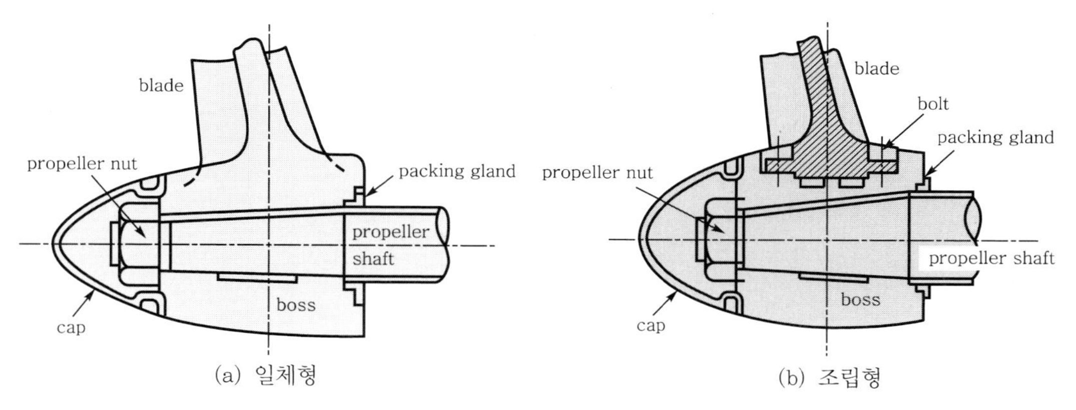

(a) 일체형 (b) 조립형

[그림 6.52] 추진기 구조

② 추진기 재료

추진기용 재료는 다음과 같은 조건을 구비해야 한다.

㉠ 인장시 파괴강도가 크고 공인이 된 것
㉡ 피로강도가 강한 것
㉢ 부식(corrosion)과 침식(errosion)에 강하여 잘 견딜 수 있는 것
㉣ 상대적으로 가벼운 것
㉤ 주조성이 좋은 것
㉥ 보수가 용이한 것
㉦ 상대적으로 가격이 저렴한 것

실제적으로 사용되고 있는 재료로는 주철, 주강, 청동, 망간(mangan), 청동, 고강도황동, 니켈-알루미늄 합금, 스테인리스강 등이다. 주강은 내식성이 비교적 약하며 주철은 주조성이 좋고 강도가 약해 예비 프로펠러에 흔히 사용된다. 일반 상선에서는 주로 제1종 고강도황동이 사용되는데 이것은 내식성이 우수하고 주조하기도 쉬우나 값이 약간 비싼 단점이 있다. 니켈-알루미늄 합금은 특히 공동현상(cavitation)에 따른 부식 · 침식 등에 강하며, 강도 · 내식성 등이 뛰어나게 좋고 비중이 작아 아주 우수한 재료이지만, 값이 매우 비싸고 주조하기 어려운 것이 결점이다. 쇄빙선과 같은 빙수 중을 항해하는 배에서는 예전부터 주철을 사용하여 왔으나, 요즈음에는 스테인리스강 쪽을 선호한다. 스테인리스강은 프로펠러 재료로서는 내식성과 강도가 모두 황동과 비슷하나 주조성이 별로 좋지 못하고 저온에서 물러지는 성질이 있는데, 빙수 중에서는 이 재료의 저온에서의 성질을 반대로 이용하는 것이다.

3 추진기의 성능과 프로펠러 성능 시험

(1) 추진기 관련 시험

효율이 좋은 추진기를 설계하기 위해서는 이론적인 계산뿐만 아니라 추진기의 실제 작용을 알기 위한 시험이 필요하다. 이러한 시험은 수조(tank) 속에서 실제의 추진기와 닮은꼴(상사)의 모형 추진기를 사용하여 실시한다.

① 프로펠러 단독성능 시험(Open Water Test)
균일 유장에서 프로펠러 단독으로 추진성능을 파악하기 위한 시험으로, 물 속에서의 추진기의 작용을 파악하기 위해 수조에서 모형 추진기를 회전시켜 추진기가 앞으로 나아가게 하면서 추진기를 회전시키는데 요구되는 회전력, 추진기의 회전수, 추진기에 작용하는 추력, 추진기의 미끄럼 등을 측정한다. 추진기만으로 시험하므로 시험이 간단하고 추진기의 성능을 조사하는데 적합하다.

② 추진기 선후 시험(Behind Test)
추진기를 선체의 뒤쪽에 설치하여 회전시키면 선체와 추진기 사이의 상호 간섭에 의한 영향으로 인해 추진기를 단독으로 운전할 때와 비교해 그 성능이 달라진다. 이러한 상태에서의 추진기 성능을 조사하기 위해 모형선에 모형 추진기를 설치하고, 수조 내에서 모형선을 주행시키면서 선체의 저항과 속도, 모형선의 속도와 추진기의 회전수를 다양하게 조합한 상태에서의 추진기 회전력, 회전수, 추력 등을 측정하는 시험이다. 이때 모형선은 외부의 힘으로 예인하여 주행시킨다.

③ 자항 시험(Self Propulsion)
실제의 선박처럼 모형선에 탑재한 전동기 등으로 모형 추진기를 회전시키면서 추진기의 회전에 필요한 회전력, 회전수, 추력, 선속 등을 측정한다. 선체와 추진기를 결합했을 때의 종합적인 추진기 성능을 조사할 수 있다.

④ 공동현상 시험(Cavitation Test)
유체 속에서 운동하는 추진기 날개에 공동현상이 일어나면 추진기의 성능이 급격히 나빠진다. 그런데 모형 추진기의 수조시험에서는 공동현상(cavitation)이 잘 일어나지 않으므로 특별한 장치를 사용하여 공동현상을 조사한다. 장치는 밀폐된 터널과 같고 내부의 유체를 순환시킬 수 있도록 펌프가 설치되어 있다. 모형 추진기는 장치 내에서 주행시키지 않고 어느 한 위치에서 회전만 하게 된다. 장치 내의 유체를 순환시키면서 압력을 떨어뜨리면 모형 추진기

에 공동현상이 일어나게 할 수 있는데 공동(cavity)의 생성과 파괴를 직접 관찰하거나 촬영할 수 있게 되어 있다.

(2) 추진기의 성능

추진기의 성능을 결정하는 요소에는 추진기의 형상, 추진기가 부착되는 위치, 추진기에 동력을 제공하는 엔진의 힘과 대응하는 회전수, 대상선박 특성들(배의 크기와 모양, 운항 속도) 등 여러 가지가 있다. 추진기에서 요구되는 성능은 선속에 해당하는 추력 발생과 엔진마력 흡수, 최고의 추진효율, 날개가 회전할 때 받는 물의 힘을 견디는 강도 등을 만족해야 한다. 그리고 날개가 회전할 때 날개 표면에 발생하는 캐비테이션이 야기하는 문제점들이 최소화 되도록 유체역학적으로 정교하게 설계되어야 한다.

① 추진기의 치수

㉠ 직경 : 추진기의 성능을 좋게 하려면 가능한 한 추진기의 직경을 크게 하는 것이 좋다. 그런데 추진기의 직경을 크게 하는 것은 흘수(draft) 등에 의해 제한되기도 한다. 예를 들면, 선미의 형상은 선박의 종류에 따라 차이가 많이 나고 추진기 끝 부분과 선체 사이의 간극은 추진기의 종류에 따라 달라진다. 또, 유조선(tanker)이나 살물선(bulk carrier)같이 공선으로 항해하는 경우가 빈번한 선박은 공선 상태로 항해시에도 추진기가 완전히 물속에 잠길 수 있도록 추진기의 직경을 정해야 한다. 반면에, 공선 항해가 많지 않은 컨테이너선(container ship)의 경우에는 이러한 제약을 받지 않는다. 이러한 점을 감안해서 유조선이나 살물선은 추진기의 직경이 흘수의 0.65배 이하, 컨테이너선은 추진기의 직경이 흘수의 0.74배 이하가 되도록 하는 것이 일반적이다. 가끔 직경이 12m가 넘는 추진기가 제작되기도 하지만 제작 여건상 추진기의 직경은 8.5m가 넘지 않은 것이 보통이다. 일반적으로 추진기의 직경이 커지면 추진기의 회전수는 작아진다.

㉡ 피치 : 추진기의 직경이 결정되면 추진기에 전달되는 동력의 크기와 추진기의 회전수에 의해 피치가 결정된다. 즉, 추진기의 회전수를 작게 하려면 피치를 크게 해야 하고, 추진기의 회전수를 크게 하려면 피치를 작게 해야 하는데 일반적으로 피치가 클수록 효율이 좋다. 따라서 설계 흘수의 제한 범위 내에서 가능한 한 추진기의 직경을 크게 하는 것이 회전 속도를 낮추고 동시에 추진 효율을 높일 수 있다. 추진기의 반경 방향의 피치 분포는 추진기의 효율에 큰 영향을 미치지 않는데 추진기가 한 개인 경우

에는 점증피치가 약간 효율이 좋아진다.

㉢ 전개면적비 : 전개면적비가 작아지면 추진기를 회전시키는데 필요한 회전력과 추진기가 발생하는 추력이 다 같이 작아지지만 회전력의 감소율이 추력의 감소율보다 커서 추진기의 효율이 좋아진다. 날개의 면적이 너무 작아지면 공동 현상을 일으킬 우려가 있으므로 전개면적비를 너무 작게 하는 것은 곤란하다. 일반적으로 날개의 수가 많아질수록 전개면적비가 커지는데 보통 0.55 정도의 값을 갖는다.

㉣ 보스비 : 추진기의 보스(boss)는 추진축의 회전을 날개에 전달하는 역할만 하는 것으로 추력의 발생과는 관계가 없다. 따라서 보스의 직경은 작을수록 좋다. 그러나 보스의 안쪽은 원추형이고, 축이 회전하면 추진기에 발생한 추력에 의해 앞쪽으로 밀려 쐐기작용을 받으므로 이에 견딜 수 있는 적당한 두께가 필요하다. 보스의 바깥쪽은 앞 뒤 방향의 모양을 유선형으로 하여 저항을 작게 하고 될 수 있는 한 직경을 작게 하는 것이 좋다.

② 날개의 모양

㉠ 윤곽 : 날개의 윤곽에는 전개윤곽(expanded contour)과 투영윤곽(projected contour)이 있다는 것은 앞에서 다루었다. 날개의 윤곽은 전개윤곽으로 날개의 모양을 나타내는 것이 일반적이다. 또, 날개의 모양은 선미에서 선수쪽으로 본 경우의 모양을 말하는데 추진기를 설계할 때 가장 기본이 되는 도형이다. 날개의 전체 윤곽의 모양은 다음 그림에서 보는 것과 같이 크게 타원형, 말광형, 만곡타원형의 세 가지가 있는데 통상 타원형이 많이 사용된다. 날개의 모양에서 폭이 가장 넓은 부분(날개의 단면인 익형에서 익현 길이가 가장 긴 부분)의 위치가 추진기의 성능에 영향을 미친다. 타원형은 날개 길이의 중간 부분에서 폭이 가장 넓고 말광형은 날개의 끝 부근에서 폭이 가장 넓다. 프루드(Froude)의 실험 결과에 의하면 폭이 넓은 부분이 날개의 끝 부분에 가까울수록 추진력이 커진다. 그러나 효율이 나빠지므로 말광형의 날개를 갖는 추진기는 큰 추력이 필요한 선박 이외에는 잘 사용되지 않는다.

타원형은 수변으로부터 공기를 잘 흡입하지 않고 만곡타원형은 공동현상이 잘 일어나지 않는다. 만곡타원형은 날개의 중심선이 수반연 쪽으로 휜 것으로 이 휨을 스큐 백(skew back)이라 한다. 이 스큐에서는 ㉡에서 자세히 다루기로 한다. 이러한 모양의 날개를 갖는 추진기는 단독 운전할 때에는 그 성능의 차이가 나타나지 않으나 선체 뒤쪽에 설치했을 때는 타원형의 날개를 갖는 추진기를 설치했을 때와 비교해 선체와 추진기 날개 사이의 틈이 크게 되므로 선체와 추진기의 상호 간섭에 의한 추력의 변동이 작다. 또한, 선체 진동을 방지하는 효과도 있다. 스큐 백이 너무 커지면 수면으로부터 공기가 흡입되기 쉽고 공동 현상도 일어나기 쉽다.

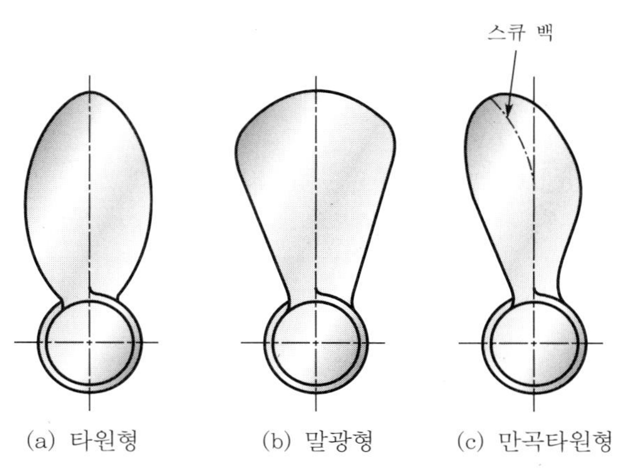

[그림 6.53] 추진기 날개 윤곽의 모양

㉡ 스큐 : 스큐(skew)는 각 날개의 휘어진 정도 즉, 날개단면 기준점이 프로펠러 기준선과 프로펠러 축심으로 이루어진 평면과 이루는 각을 말한다. 스큐를 가진 프로펠러가 사용되는 이유는 다음과 같다. 특정 날개 1개의 입장에서 보면 날개모양이 항공기나 헬기의 회전익처럼 일직선 형태로 되어 있으면 교란된 흐름을 통과할 때 날개의 끝, 중간 및 뿌리가 동시에 교란된 흐름 속을 회전하여 통과하게 되므로, 한 날개 전체가 동시에 진동 및 소음 유발 요소가 된다. 수중의 경우 프로펠러가 반류가 형성되는 반류장에서 캐비테이션의 생성과 소멸에 의해 기진력이 발생되게 되는데 이 때 프로펠러에 스큐를 적용시키면 프로펠러 날개가 프로펠러 상부의 느린 유동장에 동시에 들어가는 것을 피하고 순차적으로 들어가게 된다. 따라서 프로펠러 날개면 위에서 캐비테이션의 기진력을 감소시킬 수 있게 된다. 이 점 때문에 각 날개를 회전방향과 반대방향으로 구부려 놓는 것이 바람직하다. 프로펠러 날개를 회전 방향과 반대로 구부러지게 한 프로펠러를 백스큐 프로펠러(back skewed propeller)라고 하며, 캐비테이션과 진동·소음을 줄일 수 있기 때문에 최근의 잠수함 추진기는 모두 휘어진 날개 모양을 하고 있다. 스큐가 큰 프로펠러를 고스큐 프로펠러(Highly skewed propeller)라고 하는데, 이에는 정해진 각도가 있는 것

은 아니나 보통 스큐 각도가 '360°/날개 수'의 '1/2'보다 크면 고스큐 프로펠러라고 부른다. 즉, 날개 수가 '4'이면 '45도'가 넘어야 하지만 날개 수가 '6'이면 '30도'만 넘어도 고스큐 프로펠러라고 부른다. 이러한 스큐를 결정하는 방법은 이론적으로 아주 어려운 기술에 속한다.

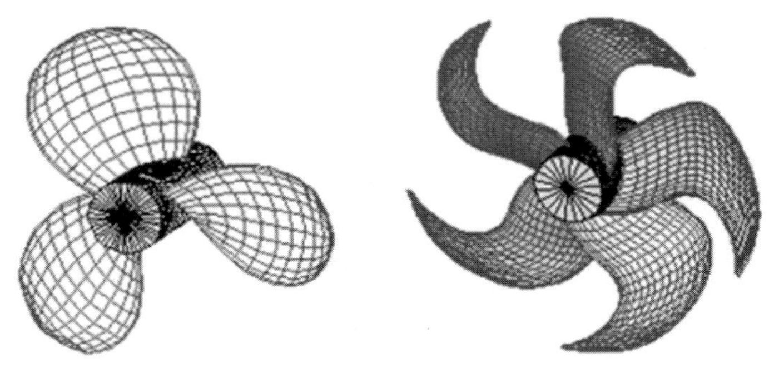

[그림 6.54] 일반 프로펠러와 고스큐 프로펠러

㉢ 경사 : 추진기만 단독으로 운전할 때는 날개의 경사(rake)가 추진기의 성능에 미치는 영향이 별로 없다. 그러나 추진기를 선체 뒤 쪽에 설치하여 운전할 때에는 날개의 경사가 있는 경우가 경사가 없는 경우에 비해 추진기와 선체 사이의 틈이 크게 되어 효율이 좋아진다. 날개의 경사가 너무 크면 추진기의 회전이 빠를 경우 원심력에 의해 경사를 줄이려는 방향으로 모멘트(moment)가 작용하게 된다. 따라서 후방 경사의 경우 경사각은 10~15도 정도이다. 한편 추진기의 회전이 빠른 경우에 날개의 경사를 앞쪽으로 주면, 원심력에 의한 모멘트는 날개를 뒤 쪽으로 일으키는 방향으로 작용하고 추진기에 작용하는 추력에 의한 모멘트는 날개를 앞쪽으로 눕이는 방향으로 작용하므로 원심력에 의한 모멘트와 추력에 의한 모멘트가 상쇄되어 날개의 뿌리 부분에 가해지는 모멘트가 작아진다. 따라서 날개의 두께를 얇게 하여 추진기의 성능을 좋게 할 수 있다.

㉣ 단면 모양 : 프로펠러 날개 단면(propeller blade section)은 프로펠러 날개를 프로펠러 축심과 동심축을 갖는 반지름 r의 원통으로 잘랐을 때 각 반지름 위치에서의 단면이며, 날개 단면 기준점(blade section reference point)을 기준으로 한다. 날개 단면 기준점은 날개 단면의 기준이 되는 점으로서 코드(날개 단면의 앞날과 뒷날을 연결한 직선)의 중앙점으로 설정이 된다. 날개 단면에는 일반적으로 다음 그림과 같이 궁형(ogival section)과 비행기 날개형(aerofoil section) 등이 있는데, 비행기 날개형

으로는 선연형(일본 선박 기술 연구소)와 트루스트 단면(troost section) 등이 있다.

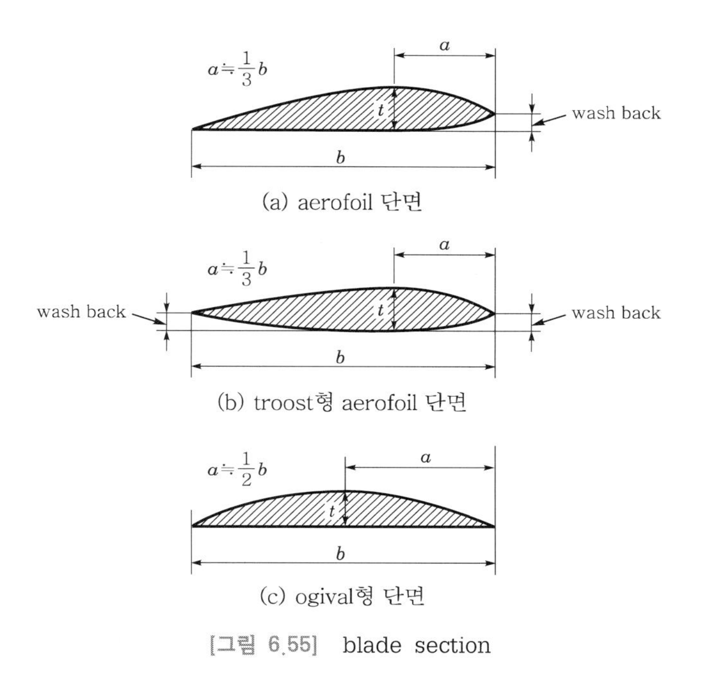

(a) aerofoil 단면

(b) troost형 aerofoil 단면

(c) ogival형 단면

[그림 6.55] blade section

궁형단면은 단면의 모양이 중심에 대하여 좌·우 대칭인데 지금은 잘 사용되지 않는다. 비행기 날개형은 최대 두께를 갖는 부분이 전연으로부터 익현 길이의 약 1/3 근처에 있는데, 날개 단면의 전후부로부터 압력면의 선이 급하게 튀어오른 경우가 워시 백(wash back)이다. 일반적으로 비행기 날개형은 효율의 측면에서는 다른 날개 단면들보다 우수한데 그 이유는 날개가 물속에서 움직일 때 날개의 압력면 쪽에서 배면 쪽으로 미는 양력(lift)이 생기고, 이 때 단면 두께가 가장 두꺼운 부분이 단면의 중앙보다 전연 쪽으로 치우친 모양이 배면 쪽의 유체의 압력이 작아지는 정도가 더 크기 때문이다. 그러나 비행기 날개형의 단면은 날개의 배면 쪽의 압력이 낮으므로 공동현상이 일어나기 쉽다. 비행기 날개형 단면에서 두께가 두꺼운 날개의 경우 압력면의 전연 부분을 조금 깎아내면 이웃한 날개와의 상호 간섭이 작아져 성능이 개선된다. 이와 같이 전연 부분을 조금 깎아낸 것을 워시 백(wash back)이라고 한다. 특히 날개의 두께가 큰 뿌리(root) 부근에서는 비행기 날개가 워시 백으로 된 것이 효율상 유효하지만, 원호형은 공동현상 발생 방지나 공기흡입 현상의 방지의 측면에서 유리하다.

ⓜ 날개의 수 : 추진기 날개의 수는 보통 2~6매 정도인데 일반적으로 선체가 클수록, 추진기의 직경이 클수록, 추진기에 전달되는 동력이 클수록 날개수가 많다. 날개수가 적을수록 날개 사이의 상호 간섭이 작아 추진기의 효율이 높아지지만 날개의 수는 효율보다는 다른 조건에 의하여 결정된다. 추진기의 회전수와 날개수의 곱의 값이 선체 또는 추진 축계의 고유진동수(natural frequency)에 접근하면 진동이 커지므로 이러한 경우에는 날개의 수를 바꾸어 줌으로써 공진(resonance)을 피하여야 한다. 날개의 수가 짝수(4매 또는 6매)인 경우가 홀수(3매 또는 5매)인 경우에 비해 추진기의 회전이 원활하고 추진기를 평형시키기 쉽지만 추력 변동은 오히려 크게 되므로 이로 인해 진동이 일어날 수 있다. 또, 선체의 흘수가 작을 때는 날개가 6매인 경우는 5매인 경우보다, 4매인 경우는 3매인 경우보다 추진기의 직경을 작게 할 수 있으므로 물 위로 나오는 부분이 작고 이로 인한 진동은 오히려 작아진다.

ⓑ 날개 표면의 거칠기 : 날개의 표면이 거칠어지면 마찰이 커지므로 추력은 작아지고 추진기의 회전에 필요한 회전력은 커지므로 추진기의 성능이 나빠진다. 추진기의 재질이 황동인 경우가 주철이나 주강인 경우보다 추진기의 효율이 좋고, 주철제 추진기가 주강으로 만든 추진기보다 효율이 좋은 것으로 알려져 있다. 날개표면의 작은 상처나 돌기는 국부적으로 공동현상을 일으키므로 날개의 표면이 매끄러운 곡선이 되도록 손질하여야 한다. 또한, 오랫동안 선박을 운행하면 추진기 날개의 표면에 조개, 따개비, 해초 등의 해양생물이 달라붙게 되어 표면이 거칠어지고 추진기의 효율이 나빠진다. 따라서 주기적으로 추진기 표면의 부착물을 제거하여 깨끗하게 하여야 한다.

③ 추진기의 설치 깊이

추진기의 깊이(수면에서 추진기 중심까지의 거리)가 얕으면 추력이 작아진다. 추진기의 깊이가 추진기 직경의 0.8배인 경우에는 추진기의 성능이 별로 나빠지지 않으나 추진기 깊이가 추진기 직경의 0.5배가 되면 추진기의 효율이 급격하게 낮아지고, 수면으로부터 공기를 흡입하는 경우에는 추진기 성능이 더욱 나빠지는 것으로 알려져 있다.

(3) 추진기 설계

추진기 설계상의 기본 지침은 다음과 같다.

- 프로펠러 효율 및 추진계수가 가급적 클 것
- 충분한 강도를 가질 것
- 주기 출력을 흡수할 수 있게 강도가 충분할 것
- 공동현상의 발생을 방지할 것
- 진동을 유발하는 기진력의 발생을 최소한으로 억제할 것
- 프로펠러 심도와 날개표면의 조도 및 제작오차를 최적으로 할 것

추진기를 설계하는 방법으로는 ㉠ 계통적으로 모형추진기의 시험 결과에 의거 설계하는 방법, ㉡ 실선의 시운전 결과로부터 얻은 경험값에 의거 설계하는 방법, ㉢ 풍동 시험을 기초로 하여 설계하는 방법의 3가지 방법이 있으나 ㉠의 경우가 비율이 간단함에도 불구하고 대체로 만족할만한 결과가 얻어지므로 자주 사용된다. 그러나 실제로는 시험수조와는 다른 조건에서 추진기가 사용되고 있으므로, 그러한 점을 감안해야 한다.

㉠의 방법은 날개수, 피치, 날개면적비, 날개두께비, 날개 단면 형상 등을 계통적으로 변화시킨 다수의 상사 모형 프로펠러를 프로펠러 단독시험(open water test)을 통하여 그 결과를 도표화한 것을 이용하는 방법이다. 현재 가장 널리 이용되는 것이 Troost의 도표인데, 이 계열은 날개단면이 비행기 날개형이다. 날개 단면 형상이 원호형인 것으로는 Taylor의 도표가 많이 이용된다. 일본에서는 선연형의 날개를 사용한 일본 운수성 선박 연구소의 도표도 많이 이용하고 있다. 이들 도표는 상사성을 반영한 무차원수 또는 그에 해당하는 계수들의 정의가 조금씩 다르기는 하나, 뜻하는 내용은 공통성을 지녔으므로 서로 변환시킬 수 있다.

1933년의 국제회의에서는 다음과 같은 무차원계수를 사용하도록 결의하였다. 각 무차원 계수들은 전진속도, 추력, 회전력 등의 매개변수(parameter)를 무차원화한 계수로 추진기 직경 d, 추진기 회전수 n, 물의 밀도 ρ 등을 사용하여 나타내었다.

① 전진 계수(advance coefficient, J_A)

추진기 전진속도 V_A를 무차원화하기 위해 추진기 전진속도를 추진기 직경과 회전수의 곱으로 표시되는 값으로 나눈 것으로 다음과 같이 정의한다.

$$J_A = \frac{V_A}{n \times d} \tag{6.67}$$

② 추력 계수(thrust coefficient, K_T)

추진기가 주위의 물에 전달한 추력 T를 무차원화한 것으로 다음과 같이 정의한다.

$$K_T = \frac{T}{\rho \times n^2 \times d^4} \tag{6.68}$$

③ 회전력 계수(토크 계수, torque coefficient, K_Q)

추진기에 전달된 회전력 Q를 무차원화한 것을 회전력계수라고 하고 다음과 같이 정의한다.

$$K_Q = \frac{Q}{\rho \times n^2 \times d^5} \tag{6.69}$$

④ 추진기 효율(프로펠러 효율, propeller efficiency, η_0)

추진기 효율 η_0는 추진동력 P_T와 전달 동력 P_D의 비를 말하므로 위에서 언급한 추진기 계수를 사용하여 다음과 같이 나타낼 수 있다.

$$\begin{aligned}\eta_0 &= \frac{P_T}{P_D} = \frac{T \times V_A}{Q \times 2\pi \times n} = \frac{T}{\rho \times n^2 \times d^4} \times \frac{V_A}{n \times d} \times \frac{\rho \times n^2 \times d^5}{Q} \times \frac{1}{2\pi} \\ &= \frac{K_T}{K_Q} \times \frac{J_A}{2\pi}\end{aligned} \tag{6.70}$$

위와 같이 추진기에 관한 매개변수를 무차원화한 추진기 계수를 사용하면 추진기의 회전속도의 변화에 관계없이 추진기의 특성을 일정하게 나타낼 수 있다. 다음 그림은 무차원화한 추진기 계수(전진 계수, 추력 계수 및 회전력 계수)를 사용하여 추진기 계수와 추진기의 효율 사이의 관계를 보이는 추진기 특성 곡선의 한 예를 나타낸다.

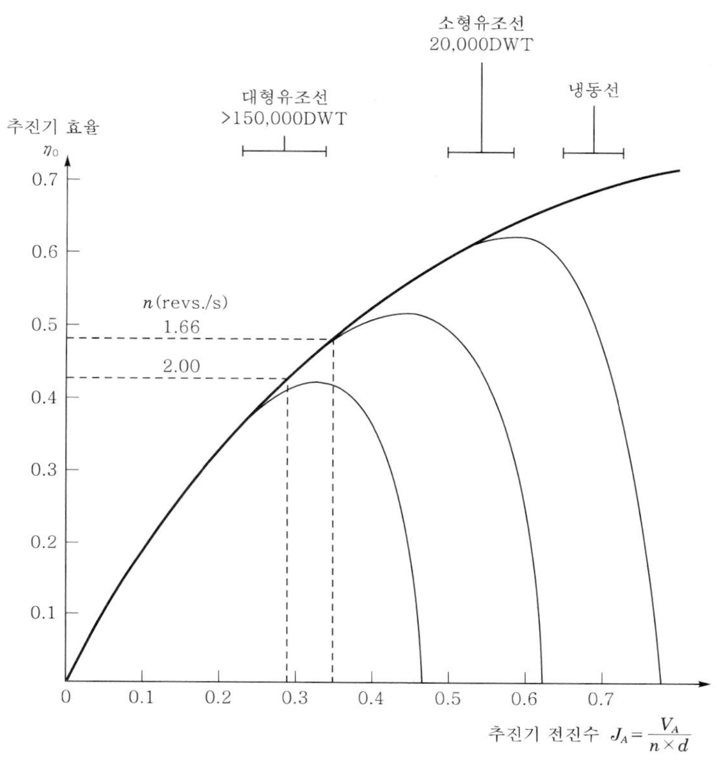

[그림 6.56] 추진기 특성 곡선

ⓛ의 방법은 해상 시운전 성적이 양호했던 실선의 결과를 해석해 둔 후 그것을 이용하는 방법이다. 이 방법으로는 프로펠러의 일반 형상을 명확히 결정하기 어려우므로, 설계 초기에 주요 치수의 개략적인 값을 얻는 데 도움이 될 정도이다.

ⓒ의 방법은 프로펠러의 작동원리에서 설명한 순환이론에 의거하는 방법이다. 이론 자체도 난해한 수준이거니와 설계 계산 과정도 매우 복잡하다.

(4) 추진기의 운동

① 미끄럼률

나선형 추진기(screw propeller)는 물 속에서 회전하여 앞으로 나아가는데 이는 너트(nut) 속에서 볼트(bolt)를 회전시키면 볼트가 감기는 것과 같다. 그런데 물은 고체가 아니므로 추진기가 회전하면 추진기 뒤쪽으로 가속되어 흐르게 된다. 추진기가 회전해서 이론적으로 전진한 거리가 1회전인데, 피치 p(m)

만큼 전진한 거리이므로 추진기의 회전수를 n(rpm)이라고 할 때, 1분 동안 $p \times n$(m)인 거리를 전진한다. 즉, 추진기의 전진속도가 $p \times n$(m/min)이다. 그러나 실제로는 군함의 저항 때문에 전진거리가 $p \times n$(m)보다 짧아지면서 약간 속도가 느려진다. 따라서 다음 그림에서 보이는 것과 같이 나선형 추진기는 한바퀴 회전하더라도 추진기 피치만큼 전진하지 못하고 미끄러진다. 그러므로 실제 추진기의 운동속도는 추진기의 피치 p와 회전수 n의 곱보다 작아지고 이는 배의 전진속도 V(kts)와 같다.

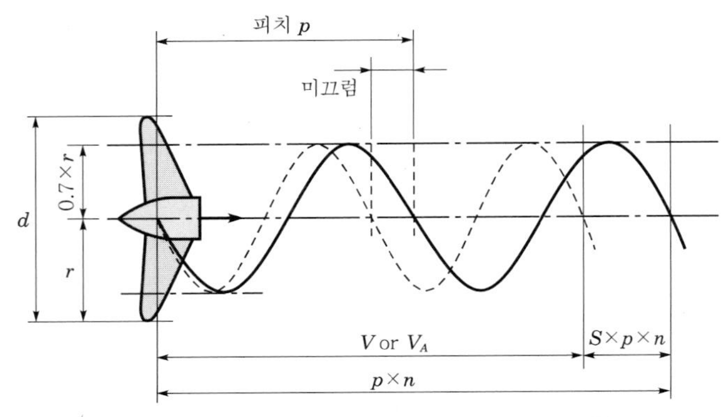

• 겉보기 미끄럼률 : $S_A = \dfrac{p \times n - V}{p \times n} = 1 - \dfrac{V}{p \times n}$

• 참 미끄럼률 : $S_R = \dfrac{p \times n - V_A}{p \times n} = 1 - \dfrac{V_A}{p \times n}$

[그림 6.57] 나선형 추진기의 미끄럼

추진기 속도 $p \times n$과 선속과의 차이를 겉보기 미끄럼(겉보기 슬립, apparent slip)이라 하고, 이 미끄럼의 크기와 추진기 속도의 비를 겉보기 미끄럼률(apparent slip ratio, S_A)이라 하는데 다음과 같이 백분율로 나타낸다.

$$S_A = \frac{p \times n - V}{p \times n} = 1 - \frac{V}{p \times n} \tag{6.71}$$

겉보기 미끄럼률은 선박의 운항 상태에 따른 추진기의 부하를 나타내는 지표로 유용하게 사용된다. 예를 들면, 선박이 맞바람을 받으면서 항해하거나, 수심이 얕은 곳을 항해하거나, 선체가 심하게 오손되었거나, 가속할 때는 이 겉보기 미끄럼률이 커진다.

그런데 선체 주위의 물은 선체 표면과의 마찰에 의해 선체의 진행방향으로 움직이고, 추진기는 선체 뒤쪽에 놓여 있으므로 추진기의 운동을 다룰 때 추진기 주위의 물의 추진기 전진방향속도를 고려하는 것이 합리적이다. 추진기 주위의 물의 운동을 고려한 추진기와 물의 상대 속도를 추진기 전진속도 V_A 라 하는데 선속 V보다 작다. 추진기 속도와 추진기 전진속도와의 차이를 참 미끄럼(real slip)이라 하고, 참 미끄럼과 추진기 속도의 비를 참 미끄럼률(real slip ratio, S_R)이라 한다. 이 값은 겉보기 미끄럼률보다 작은데 선속이 '0'일 경우에는 추진기 전진 속도도 '0'이 되므로 두 미끄럼률은 '1'로 서로 같다.

$$S_R = \frac{p \times n - V_A}{p \times n} = 1 - \frac{V_A}{p \times n} \tag{6.72}$$

참 미끄럼률은 추진기 전진속도를 정확히 알아야 계산이 가능한데 실제 선박에서는 선체 주위의 물이 선체와의 마찰에 의해 선체 진행 방향으로 움직이는 속도를 정확히 알 수 없으므로 참 미끄럼률을 사용하지 않는다. 추진기는 물 속에서 움직이므로 추력이 발생하려면 추진기 주위의 물이 가속되어 추진기 뒤로 흘러야 한다. 따라서 다음 그림에 보이는 것처럼 미끄럼률은 반류가 클 경우에는 음의 값으로 나타나기도 한다.

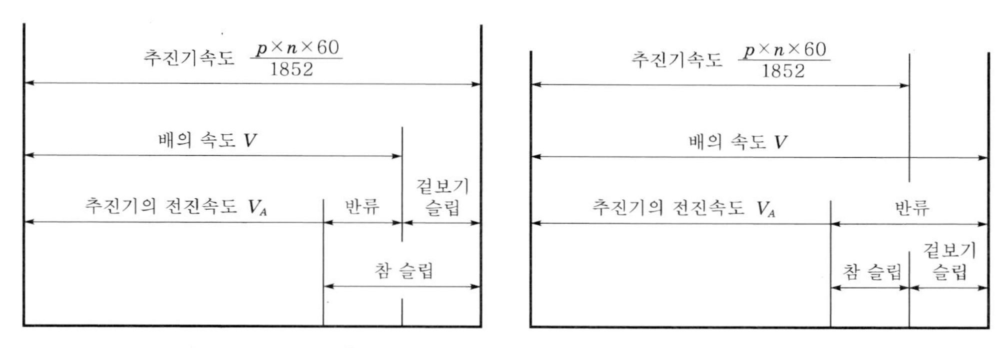

[그림 6.58] 참 미끄럼과 겉보기 미끄럼

② 추진기의 운동과 선체의 운동

추진기의 회전 방향은 우회전과 좌회전이 있고 회전 방향이 선체의 운동에 미치는 영향은 서로 반대이다. 추진기가 회전할 때 아래쪽에 있는 날개가 위쪽에 있는 날개보다 물을 더 많이 끌어당겨 옆 방향의 추력(side thrust)이 생기는데 이러한 현상은 수심이 얕을수록 더 뚜렷하게 나타난다.

다음 그림에 나타낸 것과 같이 우회전 추진기는 선체가 전진할 때 선미를 우현 쪽으로 잡아당기고 선수를 좌현 쪽으로 미는 성질을 갖고 있다. 선체가 후진할 때는 추진기의 회전 방향이 반대가 되므로 선미를 좌현 쪽으로 잡아당기고 선수를 우현 쪽으로 밀게 된다. 좌회전 추진기는 회전 방향이 반대이므로 우회전 추진기와는 반대의 현상을 일으킨다. 즉, 전진시에는 선미를 좌현 쪽으로 잡아당기고 선수를 우현 쪽으로 민다. 후진시에는 선미를 우현 쪽으로 잡아당기고 선수를 좌현 쪽으로 민다.

그런데 가변피치 추진기의 경우에는 선체의 전·후진에 관계없이 추진기의 회전방향이 항상 일정하므로 선체가 전진할 때에는 고정피치 추진기와 같은 현상을 일으키지만 후진시에는 고정피치 추진기와는 반대의 현상을 일으킨다. 즉, 전진시나 후진시 모두 선체의 선회 방향이 같다. 추진기의 피치비 및 직경이 작고 회전이 빠른 경우나 추진기 뒤쪽에 유선형의 타를 설치한 경우에는 추진기의 회전이 선체의 운동에 미치는 영향이 별로 크지 않다. 또한 추진기의 수가 짝수인 경우에는 양현의 추진기 회전 방향을 서로 다르게 함으로써 추진기의 회전이 선체 운동에 미치는 영향을 상쇄시킬 수 있다.

고정피치추진기				가변피치추진기			
우회전		좌회전		우회전		좌회전	
전진	후진	전진	후진	전진	후진	전진	후진

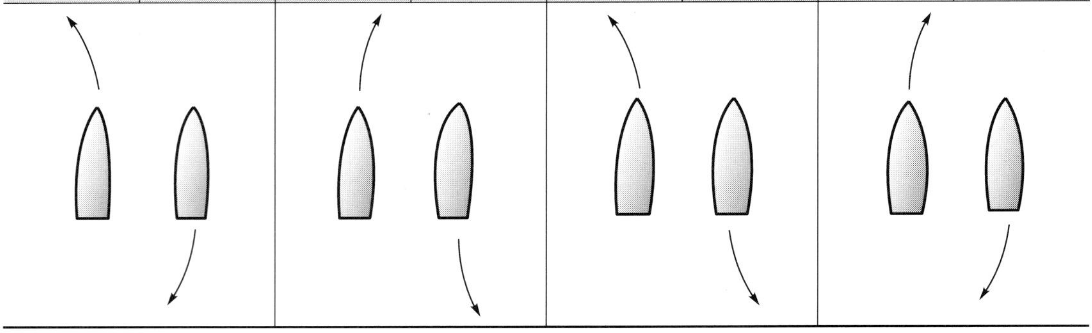

[그림 6.59] 추진기 회전 방향과 선체의 운동

(5) 캐비테이션

선박이 운항하는 상태에서는 추진기 부하상태에 따라 캐비테이션(cavitation) 현상이 발생한다. 보통 대형 선박이나 고속선의 경우에는 통상의 운항 속도에서 추진기에 굉장히 큰 추진력이 요구된다. 이는 추진기 날개면의 앞뒤 양쪽면의 압력차가 매우 커지는 경우에 해당한다. 즉, 압력을 받는 날개면은 압력이 크게 상승하고, 흡입을 받는 날개면은 압력이 상당히 떨어지게 된다. 물과 같은 액체는 온도 변화가 없더라도 압력이 떨어지게 되면 더 이상 액체로 상태를 유지하지 못하고 기체로 끓는 상변화가 일어난다. 물의 경우, 일정온도에서 액체가 기체로 상태변화를 일으키는 압력(15℃에서 약 3kPa)이 존재하게 되는데 이를 수증기압(vapor pressure)이라 부른다.

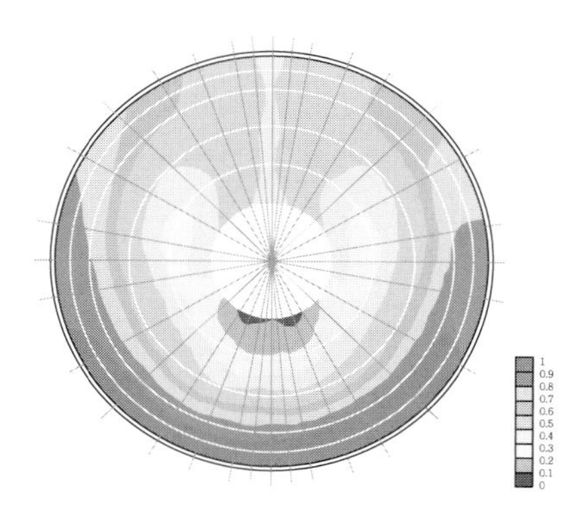

[그림 6.60] 프로펠러 위치에서 불균일한 유속 분포도

대형 선박의 경우에는 보통 운항 상태에서 추진기 날개의 흡입면에서 압력이 수증기압보다 더 낮아지게 되는데 이때 날개 위를 지나던 물이 순간적으로 수증기로 변했다가 다시 압력이 회복되어 수증기압 이상으로 상승하면 물로 변하는 현상이 발생하며, 이를 캐비테이션 현상이라 부른다.

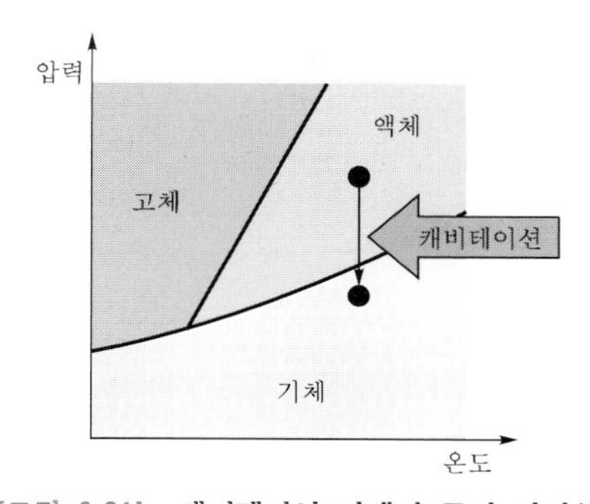

[그림 6.61] 캐비테이션 발생시 물의 상변화

보통 선박의 추진기는 선체 뒤쪽에 위치하기 때문에 운항시 추진기에 유입되는 유동은 선체형상의 영향을 받아 불균일하게 된다. 추진기가 회전할 때 각 회전각도 위치마다 유입 속도가 달라 캐비테이션 현상이 특정 각도 영역에서만 발생한다. 추진기가 회전함에 따라 이러한 캐비테이션이 주기적으로 생성, 성장, 붕괴 및 소멸과정을 반복하게 된다. 추진기 흡입면 날개 위를 지나는 물이 수증

기압보다 낮은 영역에서 수증기인 기포로 변했다가 그 영역을 벗어나 다시 수증기압 이상인 영역에 이르면 기포에서 다시 물로 바뀌면서 캐비테이션이 소멸하게 된다.

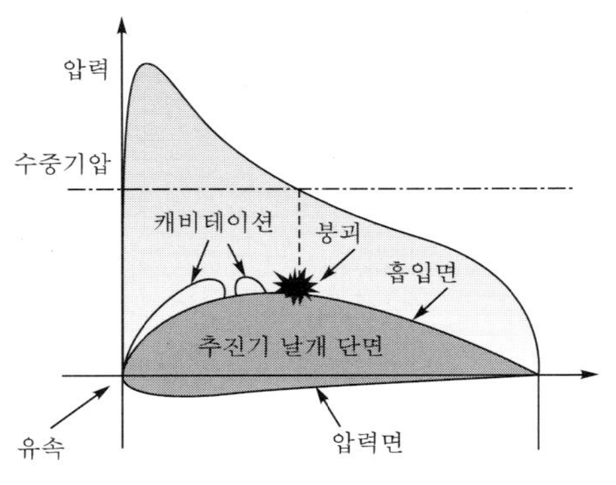

[그림 6.62] 캐비테이션 발생과 소멸

[그림 6.63] 프로펠러 날개에 발생한 캐비테이션

① 캐비테이션이 주는 문제점

이와 같이 캐비테이션 발생 및 소멸 과정이 순간적으로 일어나기 때문에 기포에서 액체인 물로 변하는 과정에서 부피가 갑자기 축소되면서 강한 충격력이 추진기 날개 면에 가해진다. 이러한 충격력은 상당히 크기 때문에 지속적으로 캐비테이션이 발생할 때는 추진기 날개 표면을 침식시키는 피해를 주기도 한다. 심한 경우에는 운항 중에 날개가 부분적으로 파손되거나 날개 자체가 유실될 수도 있다.

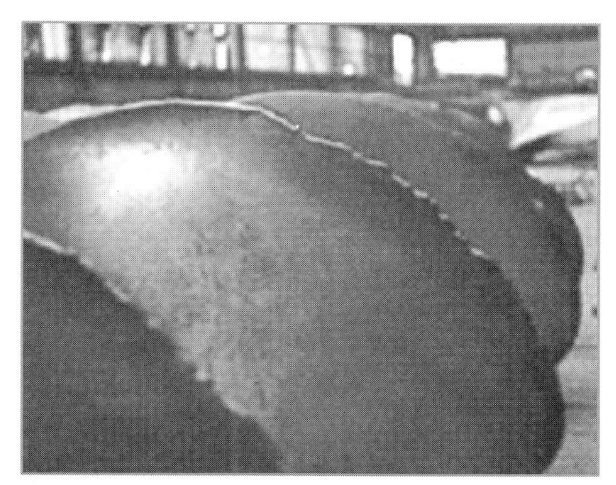

[그림 6.64] 캐비테이션에 의한 날개 가장자리 침식 피해

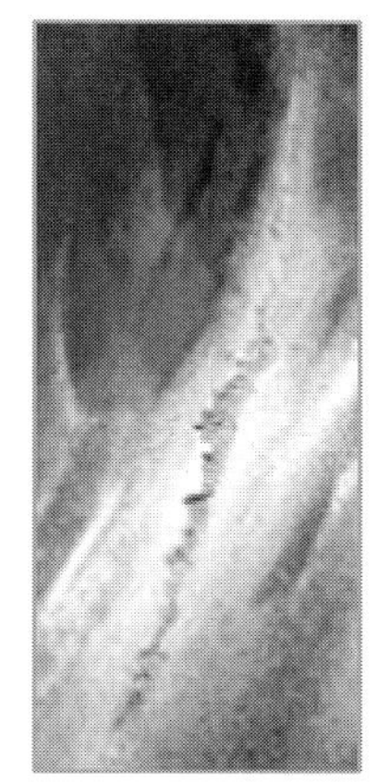

[그림 6.65] 캐비테이션에 의한 프로펠러 날개 뿌리 부분의 침식 피해

추진기 회전에 따라 날개 위에서의 주기적인 캐비테이션 발생과 소멸은 가까이 있는 선체표면에 변동압력을 가하게 되고 이는 선체 진동을 일으키는 주요 원인으로 작용한다. 실제로 컨테이너선, 가스운반선, 탱커선 등에서 캐비테이션 유기 진동으로 선체 일부가 심한 진동을 겪기도 하며, 심한 경우에는 국부적으로 균열을 발생시켜 매우 심각한 경우도 있다. 또한 함정의 경우 고도의 정확도를 요구하는 무기체계 장비들이 심한 진동을 하게 되면 조준성능 저하 등 전술적 측면에서 문제점을 줄 수 있다.

또한 캐비테이션은 수중방사소음을 유발하는데 그 소음 수준이 상당히 커서 선체 내부로 전달되는 소음은 작업 환경을 나쁘게 만들고, 방사되는 소음은 원거리 탐지 장치에 노출된다. 자신이 발생하는 소음을 최소화하여 피탐률을 낮게 함으로써 적의 공격을 피하고, 적이 발생하는 소음은 빨리 정확히 탐지하여 공격해야 하는 함정, 잠수함, 어뢰의 추진장치에서는 매우 중요하게 다루어지는 분야이다.

한편 추진기 날개에 캐비테이션이 과도하게 발생하면 추진효율이 급격히 저하되어 선박 추진성능이 떨어지게 된다. 이러한 캐비테이션 현상은 추진기 날개 위에만 발생하는 것이 아니라 타의 표면, 프로펠러 축을 지지하는 스트럿(strut) 등에서도 발생한다. 이와 같이 선박의 부가물에 발생하는 캐비테이션도 표면 침식, 진동 및 소음을 유발한다.

② 캐비테이션의 종류와 제어

캐비테이션은 발생하는 형태에 따라 여러 가지 종류로 분류된다. 날개 위에 얇게 펴진 형태로 생기는 경우는 얇은막 캐비테이션이라 하고, 방울 형태로 생기는 경우는 방울형 캐비테이션, 구름 형태는 구름형 캐비테이션이라 한다.

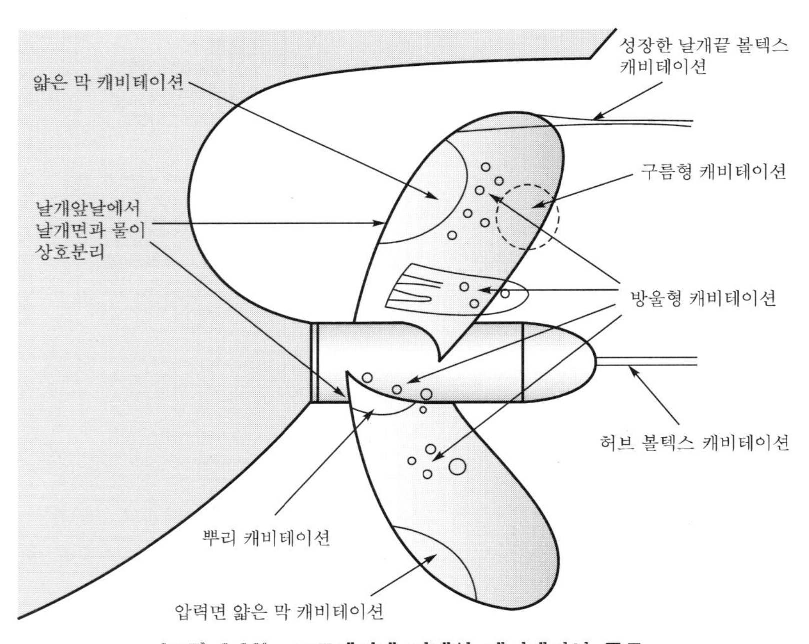

[그림 6.66] 프로펠러에 발생한 캐비테이션 종류

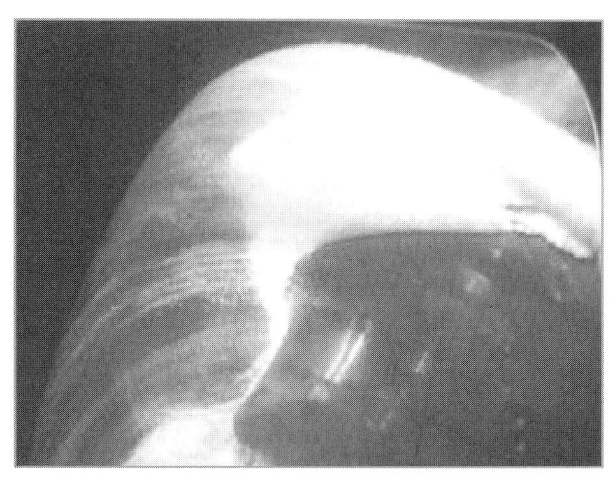

[그림 6.67] 고속 함정의 실선 프로펠러에 발생한 캐비테이션

[그림 6.68] 캐비테이션 터널에서 상선용 모형 프로펠러에 발생한 캐비테이션

발생하는 위치에 따라서도 구분되어지는데, 날개 끝의 와류를 따라 가늘고 길게 생기는 것을 날개 끝 볼텍스 캐비테이션, 날개뿌리 부근에 발생하는 뿌리 캐비테이션, 추진기 축 끝단에서 발생하는 것을 허브 볼텍스 캐비테이션이라 한다. 이러한 캐비테이션 종류에 따라서 추진효율 감소, 날개표면 침식 유발, 수중 방사소음 수준, 선체 진동에 주는 기진력 정도가 다르다. 따라서 발생한 캐비테이션 특성과 대상선의 목적에 따라 캐비테이션 제어기법이 다르게 적용된다.

추진기 설계에 있어서 캐비테이션 성능제어는 매우 중요한 요소로서, 설계 단계에서 추진기의 캐비테이션 성능을 정확히 예측하는 것이 필수적이다. 캐비테이션 특성은 추진기의 형상과 추진기에 유입되는 유동속도 분포를 결정하는 선체형상에 따라 결정된다. 따라서 추진기 설계단계에서 정확한 캐비테이션 성능을 예측하기 위해 모형시험을 병행하여 실시하게 된다. 실선 추진기에 발생하는 캐비테이션 현상을 축소된 모형 추진기에서 재현하기 위해서는 유동 전영역의 압력을 자유롭게 조절할 수 있는 시험 장치가 필요하다.

[그림 6.69] 캐비테이션 터널의 관측부

[그림 6.70] 캐비테이션 터널에서의 캐비테이션

밀폐된 구조로서 압력 조절을 할 수 있고 관측부의 속도를 조절할 수 있는 이런 장치를 캐비테이션 터널(cavitation tunnel)이라 한다. 캐비테이션 터널 관측부에 실선 추진기와 동일한 형상을 갖고 크기만 일정 비율로 축소시킨 모형 추진기를 설치한 후 실선의 운항 상태와 같은 조건(추력상태, 캐비테이션 수)을 설정하여 모형시험을 하면, 실선 추진기의 캐비테이션 현상을 재현할 수 있다. 모형시험을 통하여 발생한 캐비테이션 종류와 안정성 등의 특성을 육안으로 관찰한다. 그리고 변동압력을 계측할 수 있는 센서를 설치하여 모형시험으로부터 실선의 캐비테이션에 의한 변동압력을 예측할 수 있다. 또한 수중 청음기를 이용하여 캐비테이션 발생에 따른 소음특성을 계측하기도 한다. 모형 프로펠러 표면에 얇게 도료를 발라 캐비테이션에 의한 추진기 날개의 침식 여부를 판단할 수 있다. 프로펠러 주위의 유속과 압력분포 등을 계측하여 선체와 추진기 상호간의 작용을 조사하여 추진기 설계에 반영한다.

4 선박 추진장치의 종류

일반적으로 추진장치라 함은 수상 또는 수중에 떠 있는 선박 또는 잠수체를 어떤 속도로 운항할 때 대상체를 밀어주는 추진력을 발생하는 장치를 일컫는다. 오늘날 선박용 추진장치는 선박의 특성과 사용목적에 따라 여러가지 형태로 사용되고 있다.

(1) 고정피치 프로펠러

선박의 추진장치에는 여러 가지 종류가 있는데 그 중에 스크류 프로펠러(screw propeller)가 가장 보편적으로 많이 사용되고 있다. 이것은 가장 일반적인 추진장치로 바다, 강 또는 호수에서 운항하는 선박에서 쉽게 볼 수 있다. 일반적으로 추진효율도 다른 종류의 추진장치보다 비교적 높은 편이다. 선박의 특성과 목적에 따라 다른 종류의 추진기를 사용하기도 하지만, 일반적으로 스크류 프로펠러 추진장치는 소형 어선에서부터 고속 함정, 초대형 컨테이너선 또는 초대형 유조선 등 선박의 크기와 종류에 거의 무관하게 사용할 수 있다. 또한 구조적으로도 비교적 간단하고 제작비 측면에서도 다른 종류의 추진기보다는 유리하다. 이 추진기는 회전축과 연결되는 허브(hub) 부분에 날개(blade)들이 일체로 고정되어 있어서 고정피치 프로펠러(fixed pitch propeller ; FPP)라고 한다. 따라서 축이 회전하면 허브와 날개들이 일체가 되어 동시에 회전한다. 이때 회전하는 날개들의 주위유동으로 날개표면에서 압력변화, 즉 배에서 보이는 날개면(흡입면, suction side)에서는 압력이 낮아지고, 다른 면(압력면, pressure side)에서는 압력이 높아져 배의 전진 방향으로 추력이 발생한다. 배의 속도는 프로펠러 회전수를 조절하여 연속적으로 변화시킬 수 있다.

(2) 가변피치 프로펠러

가변피치 프로펠러(controllable pitch propeller ; CPP)는 고정피치 프로펠러와 유사하게 추진축에 1개의 프로펠러가 장착된다. 고정피치 프로펠러는 날개가 허브에 고정되어 있는 반면 가변피치 프로펠러의 날개는 선박의 운항속도에 따라 날개들이 각각의 날개축을 중심으로 회전하여 날개 자체의 피치각을 조정할 수 있다. 따라서 CPP 허브에 연결된 축계 내부가 비교적 복잡하게 구성되고 유압장치로 날개 각도를 조절할 수 있다. 따라서 축에 연결된 엔진의 회전수를 일정하게 한 상태에서 프로펠러 날개의 피치 각도를 조절하여 추력과 선속을 조절할 수 있다. 이 추진장치의 장점은 엔진 등의 추진 관련 기계장치를 가속과 감속을 하지 않고도 추력을 미세하게 조정할 수 있기 때문에 선박의 조종성능(manoeuverability)과 위치제어 성능을 우수하게 한다. 최근에는 유조선, 산적화물선, 컨테이너선, 중대형 어선 등에도 많이 사용되고 있다. 특히 여객선(passenger vessel), 페리선(ferry), 예인선(tug) 및 해양작업선(offshore vessel) 등에는 대부분 CPP를 사용한다. 앞에서 말한 바와 같이 축계의 구조가 복잡하며 초기비용이 높은 편이다.

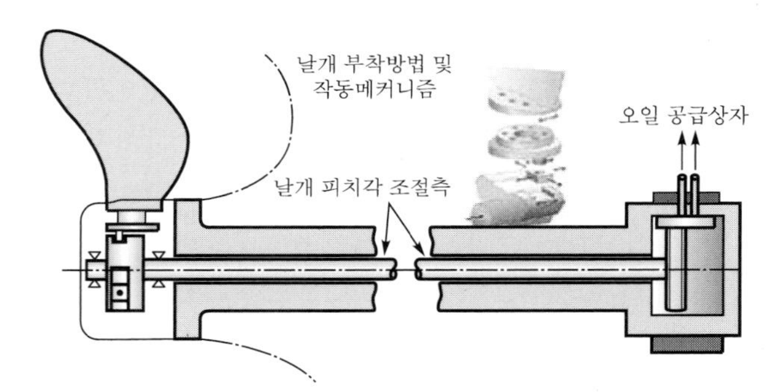

[그림 6.71] CPP 추진기의 날개별 자체회전과 축계시스템 개념도

(3) 상호반전 프로펠러

상호반전 프로펠러(counter-rotating propeller ; CRP)는 동일축 상에 회전방향이 상호반대인 2개의 프로펠러가 장착되는 형태이다. 프로펠러 축은 동일축 상에 있으면서 안쪽에서 회전하는 것과 바깥쪽에서 회전하는 것으로 구성된다. 1개의 프로펠러의 경우에는 프로펠러를 통과한 물이 회전하기 때문에 물의 회전운동에너지를 바다에 버리게 되어 에너지 손실이 발생한다. 그러나 CRP 추진장치는 전방 프로펠러와 후방 프로펠러의 유체역학적인 상호작용을 이용하여 프로펠러에 유입되는 물이 2개의 프로펠러를 지나고 난 후의 회전운동에너지를 최소

화할 수 있다. 따라서 바다에 버리게 되는 에너지를 회수함으로써 일반 상선에 적용 시에는 추진효율을 약 6~7% 향상시킬 수 있다. 그리고 CRP는 더 작은 직경으로도 고정피치 스크류 프로펠러와 동일한 추진력을 얻을 수 있으므로 프로펠러와 선체와의 간격을 크게 할 수 있다. 이런 상호 간격의 증가는 프로펠러 캐비테이션으로 발생하는 변동 압력이 선체에 미치는 영향을 감소시킴으로 선체의 진동을 줄일 수 있다.

또 다른 장점은 2개의 프로펠러가 서로 반대방향으로 회전하여 토크 균형(torque balance)을 잡을 수 있기 때문에 직진성이 요구되는 어뢰의 추진장치로 많이 사용되어 왔으며, 최근에는 산적화물선 및 대형 유조선과 같은 대형선박에도 활용되고 있다. 그러나 앞서 설명한 바와 같이 이중구조로 되어있는 회전축 시스템의 복잡성과 초기 투자비가 크기 때문에 활용에 제한이 있어서 주로 특수한 목적을 갖는 선박의 추진장치에 국한되어 활용되고 있다. 이러한 단점들이 보완되면 향후 대형·초대형 선박에 많이 활용될 것이다.

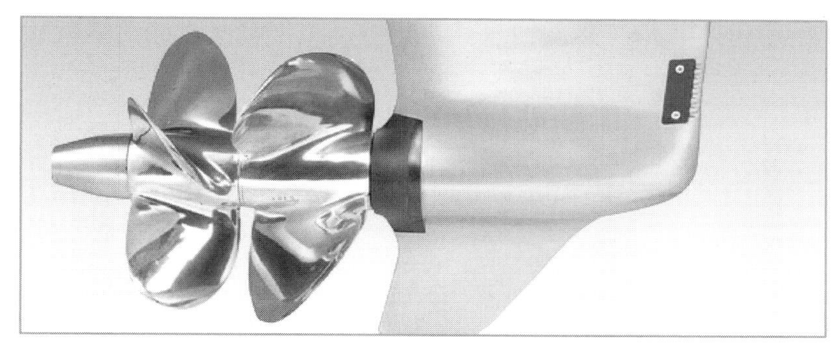

[그림 6.72] 실선에 장착된 상호반전 프로펠러

(4) 워터제트 추진장치

프로펠러형 추진장치가 선체 외부에 돌출되어 있는 반면에 워터제트 추진장치(waterjet propulsion)는 선체 내부에 장착이 되어 있기 때문에 선박으로 하여금 어망, 그물 등의 방해를 받지 않고 저수심에서 고속 항해가 가능하게 한다. 워터제트 추진장치는 고속으로 운항할수록 추진효율이 증가할 뿐 아니라 임펠러가 유도관 내부에서 회전하므로 고속선에서 사용되는 일반 프로펠러에서 문제가 되는 캐비테이션 제어 관점에서도 매우 유리한 추진장치이다. 따라서 선체의 진동과 소음을 감소할 수 있어서 여객선, 고속함정, 어선, 소형 고속선(high speed craft), 수륙양용 장갑차 등에 매우 다양하게 활용되고 있다. 최근에는 대형 선박 및 초고속선의 추진장치로 활용이 급속히 증가하고 있다.

워터제트 추진장치의 구성은 『그림 6.73』에서 보는 바와 같이 흡입구(배 바닥면에 물을 빨아들이는 부분), 유도관(흡입구에서 펌프위치까지 이르는 관로), 펌프(축에 연결되어 회전하는 임펠러와 정지한 채로 물의 흐름을 좋게 하는 스테이터로 구성), 노즐(물을 배의 뒤쪽으로 분사하는 부분), 조향장치(노즐에서 분사되는 제트유동의 방향을 바꾸어 배의 진행방향을 조절하는 장치) 그리고 이를 제어하는 각종 유압 제어장치로 구성된다.

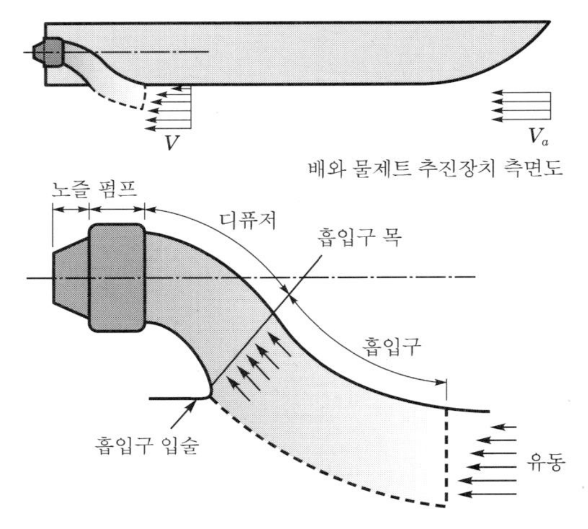

[그림 6.73] 워터제트 추진기 구성부분 명칭

[그림 6.74] 워터제트 추진기 사진

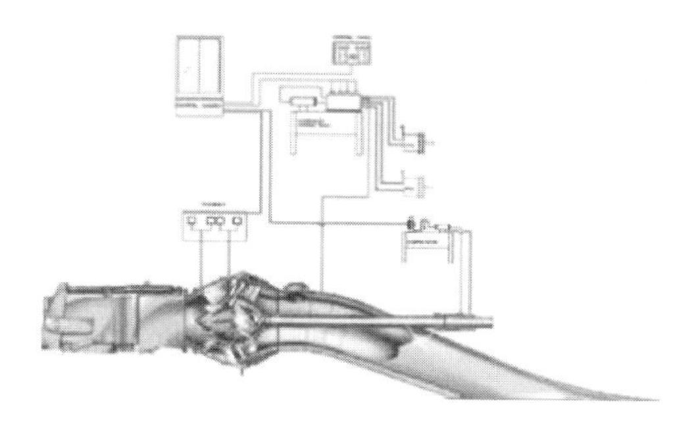

[그림 6.75] 워터제트 추진장치의 펌프, 축계, 유도관, 조향, 제어장치 개념도

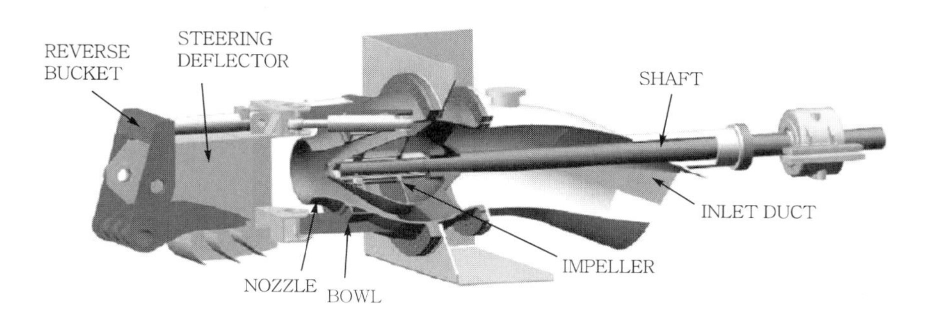

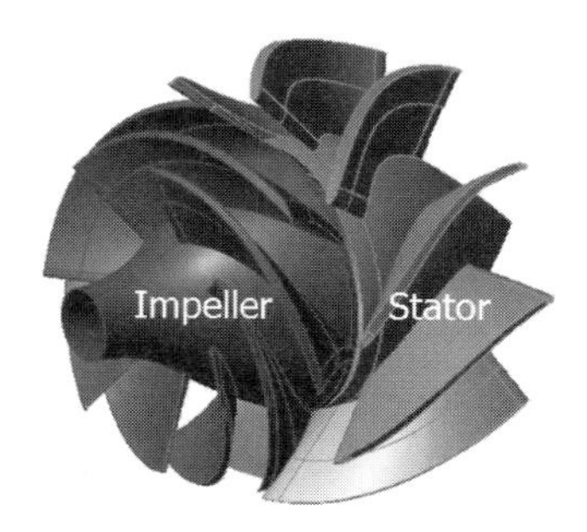

[그림 6.76] 워터제트 추진장치의 형상(위), 펌프 임펠러와 스테이터(아래)

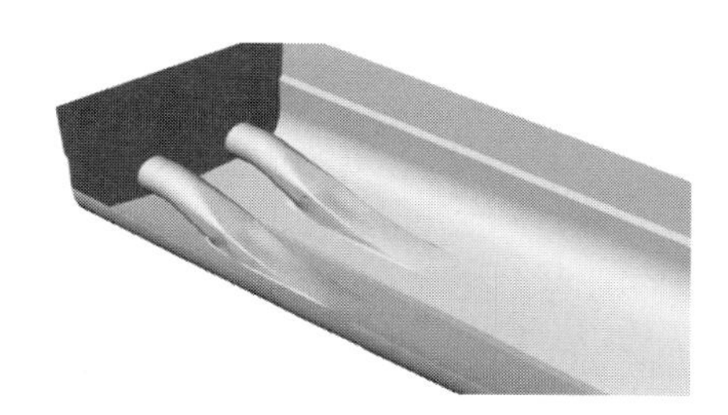

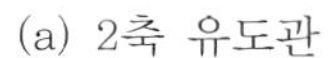

(a) 2축 유도관

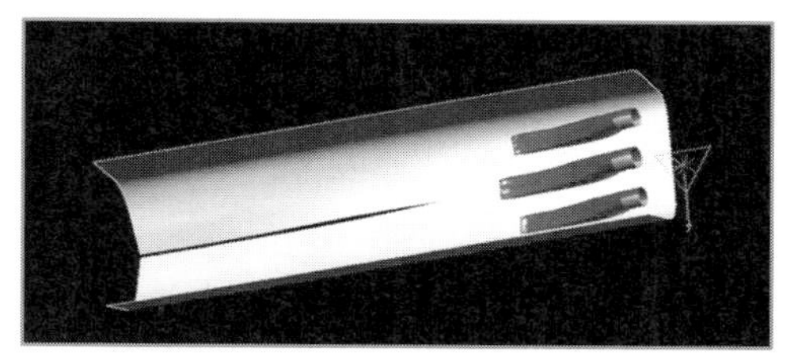

(b) 3축 유도관

[그림 6.77] 워터제트 추진장치의 선체 유도관 수에 따른 분류

(a) 2축 흡입구

(b) 고속상태 2축 추진

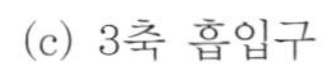

(c) 3축 흡입구

(d) 정지상태

(e) 37 Knots 3축 추진

[그림 6.78] 2축 · 3축 워터제트 추진장치 모형선 시험

프로펠러 추진방식과 비교할 때의 워터제트 추진방식의 장 · 단점은 다음과 같다.

[표 6.3] 워터제트 추진기와 프로펠러 추진방식의 장 · 단점 비교

구 분		waterjet propulsion	propeller propulsion
장점	추진효율	고속영역 우수(25kts 이상)	저속영역 우수(25kts 이하)
	조종성능	전 속력 범위에서 우수, 노즐의 방향을 360° 회전 가능하여 선박의 조향이 가능	제한적 범위에서 양호, 저속에서는 불리
	특수성능	캐비테이션 발생이 적어 수중방사 소음 및 진동이 적음	캐비테이션 발생에 의한 수중방사소음 및 진동 발생
	제동거리	짧음(선체길이 정도)	긺(선체길이의 5~10배)
	부가저항	선저 부가물이 없어 적음	선저 부가물로 인해 저항이 큼
	구조	타(rudder)와 축계(shaft)가 필요없어 간단	타(rudder)와 축계(shaft)로 인해 복잡
	설치공간	작음	큼
	저수심 운항	운항가능, 어망 및 그물에 걸리지 않아 프로펠러로 인한 사고가 없음	저수심에서 운항 불가
	엔진 수명	프로펠러 추진방식에 비해 과부하가 적어 엔진에 무리를 주지 않아 엔진 수명이 증대	보통
단점	유지보수	보통	용이
	견인기능	상대적으로 떨어짐	좋음
	후진기능	반응속도가 늦음	반응속도가 빠름

각국의 워터제트 추진기 주요 생산현황은 다음과 같다.

[표 6.4] 각국의 워터제트 추진기 생산현황

국가	제작사	주요현황
스웨덴	KAMEWA	세계 중 · 대형 waterjet 시장의 30% 이상 공급 • 생산 : 1400 waterjet UNITS(250만kW) • large size : max 26000kW
네덜란드	LIPS	세계 중 · 대형 waterjet 시장의 25% 이상 공급 • 생산 : 1200 waterjet UNITS(210만kW) • large size : max 26000kW
뉴질랜드	HAMILTON	세계 중 · 대형 waterjet 시장의 20% 이상 공급 • 생산 : 2000 waterjet UNITS(600만kW) • large size : max 3000kW
미국	R-R	자국 군함 및 해양경찰정에 공급 • large size : max 20000kW
영국	ULTRAJET	세계 군사용 소형선박 및 수륙양용 궤도차량용으로 90% 이상 공급(직경 450mm 이하 소형 waterjet)
일본	MHI	일본의 monohull ferry 및 super shuttle용 waterjet 생산적용(1992년 2125kW급)
	KHI	1993년 국산화 개발(515kW급) 이후, 1994년 2795kW급 양산

한편 대한민국 해군은 2007년 6월 28일 기존 고속정(PKM)을 월등히 능가하는 무장과 최첨단 전투체계를 갖춰 향후 서해 북방한계선(NLL) 수호를 주력임무로 수행할 해군의 유도탄 고속정(PKG) 1번 함인 '윤영하함'을 진수시켰다. 이어서 2009년 9월 23일에는 2 · 3번함을 진수시켰는데, 지난 2002년 서해교전에서 전사한 해군 장병들의 이름을 따서 각각 한상국함, 조천형함으로 명명되었다. 한국형 유도탄 고속정은 기존 고속정에 비해 대함 · 대공전, 전자전, 함포지원사격 능력 및 장거리 타격능력, 자동 전투시스템 등이 월등히 향상되었지만 무엇보다도 한국형 유도탄 고속정이 갖는 가장 큰 특징은 프로펠러를 없애고 물을 내뿜어 추진력을 얻는 '워터제트' 방식을 도입한데 있다.

정부 투자를 받아 두산중공업과 해양연구원이 공동 개발한 27000마력의 워터제트 추진기를 장착, 건조기술 측면에서 한 단계 발전됐다는 평가를 받고 있다. 최대시속 40노트(74km)를 자랑하는 한국형 유도탄 고속정은 어망이 많고 갯뻘, 저수심 지역이 많은 서해안에서 대간첩작전 등의 임무를 수행하기에 적합한 함정이라 할 수 있다.

[그림 6.79] 윤영하함(위)과 한상국함(아래)의 워터제트 추진장치

(5) 보이스 슈나이더 프로펠러

보이스 슈나이더 프로펠러(Voith-Schneider propeller)는 배의 밑바닥에 원판을 수면에 거의 평행으로 설치하고 각각의 날개가 원판에 수직하게 설치된다. 원판이 1회전하는 동안에 각각의 날개들은 자신의 축 주위를 1회전한다. 각 날개들이 원판의 회전각도 위치에 대하여 자신의 회전각도는 C점의 위치에 따라 달라지면서 각 날개들에 작용하는 힘의 합력 방향으로 추력이 발생하게 된다(『그림 6.81』).

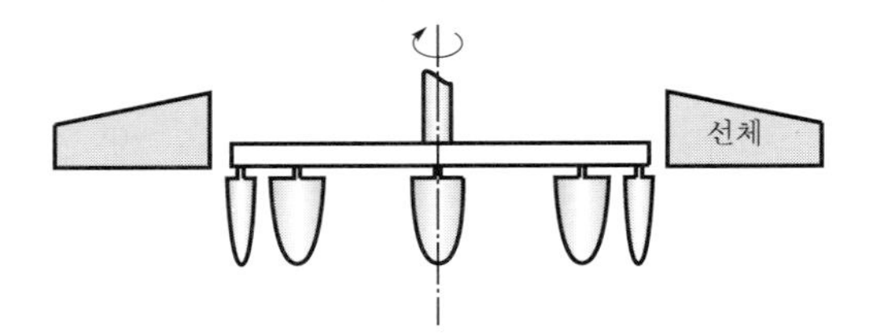

[그림 6.80] 보이스 슈나이더 추진기가 선체에 장착된 측면도

다음 그림은 이 프로펠러가 반 시계방향으로 균일한 각속도 ω로 회전하면서 배가 왼쪽으로부터 오른쪽으로 균일한 속도 V_0로 전진하는 상태에 각 날개에 작용하는 힘의 방향을 보여준다. 여기서 T는 각 날개에 작용하는 추력, N은 각 날개에 걸리는 법선력을 나타낸다. 『그림 6.81(a)』는 날개에 작용한 힘의 합이 배의 진행방향으로 된 상태이고, 『그림 6.81(b)』는 후진방향으로 추력이 발생한 상태이며, 『그림 6.81(c)』는 배의 우현방향으로 추력이 작용하는 상태이다. 이와

같이 중심점 C의 위치를 조절하여 추력의 방향과 힘의 크기를 조종할 수 있어서 주기관을 멈추거나 역전시키지 않고도 배를 멈추거나 배의 속도와 방향을 조종할 수 있는 장점을 갖고 있다. 이런 특징은 혼잡하고 협소한 지역에서 저속으로 움직이면서 우수한 조종성능을 발휘해야 하는 배에 매우 적합하다.

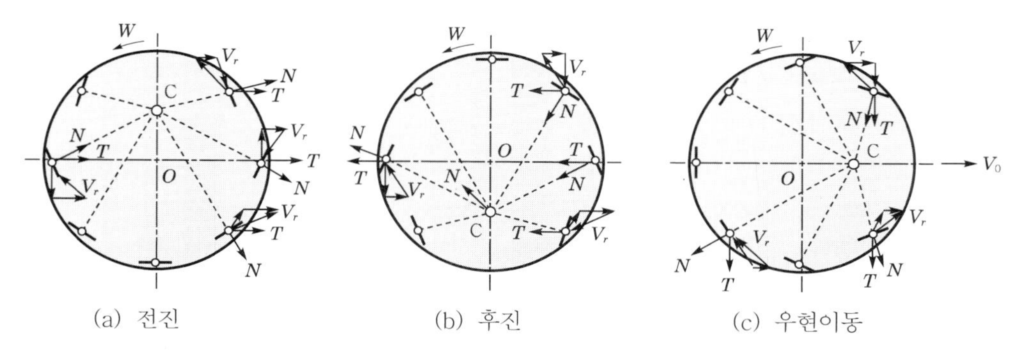

[그림 6.81] 보이스 슈나이더 추진기의 작동원리

(6) 덕트 프로펠러

덕트 프로펠러(duct propeller)는 노즐 내부에 프로펠러가 있는 형태로서 가속형 덕트 프로펠러와 감속형 덕트 프로펠러가 있다. 이 추진장치는 프로펠러의 부하가 큰 경우에 노즐을 사용해서 효율의 증가를 얻을 수 있다. 가속형 덕트 프로펠러는 덕트의 형상이 유속을 가속하도록 되어 있어서 프로펠러의 부하가 큰 경우 또는 프로펠러의 직경이 제한되는 경우에 사용된다. 가속형 덕트는 부하가 큰 프로펠러의 효율을 증가시키는 수단으로 사용된다. 감속형 덕트 프로펠러는 덕트의 형상이 유속을 감속하도록 되어 있어서 노즐 내부에서, 즉 프로펠러에서의 정적압력이 증가하도록 되어 있다. 따라서 이 추진장치는 캐비테이션 발생을 지연시킬 수 있기 때문에 함정의 추진장치로 사용되고 전술상 중요한 캐비테이션 소음을 줄일 수 있다.

[그림 6.82] 실선에 장착된 덕트 프로펠러

(7) 전류고정날개 추진장치

전류고정날개 추진장치의 모습은 고정피치 프로펠러의 바로 전방에 프로펠러와 유사하게 생겼으나 회전하지 않는 스테이터(stator)가 장착된다. 이 스테이터의 역할은 배에 의하여 발생하는 불균일한 물의 흐름을 잘 정류하여 프로펠러로 유입되도록 함으로써 추진시스템 하류로 빠져나가는 물의 회전운동에너지를 최소화여 추진장치의 효율을 향상시킨다. 이 추진장치는 주로 대형선박에 효과적으로 적용될 수 있으며, 에너지절약 추진장치로 각광을 받고 있다. 특히 이 추진장치는 기존의 선박 추진장치에 스테이터를 추가적으로 장착이 가능하므로 적용이 비교적 용이한 편이다. 현재 해외에서는 실용화 단계에 있다.

[그림 6.83] 모형선 선미에 장착된 전류 고정날개 추진기

(8) 선회식 전기추진기

기존의 일반적인 추진시스템의 동력전달체계 및 추진방식이 「주기관(동력원) → 감속기어 → 축계 → 프로펠러」인 반면에, 선회식 전기추진장치는 「주 기관(동력원) → 발전기(generator) → 제어기(driver) → 전동기(electric motor) → 프로펠러」 방식을 채택하고 있다. 여기에 사용되는 프로펠러는 고정피치 프로펠러와 상호반전 프로펠러로 2가지 유형이 있다. 선회식 전기추진장치는 선체 외부에 설치되고 추진장치 자체가 좌우로 회전하므로 조종성능이 우수하고, 축계 및 타가 필요치 않아 기존 선박의 축계에 의한 동력전달방식의 제한에서 벗어날 수 있다. 따라서 주기관 등 선체 내부배치의 유연성 증가로 선형의 단순화가 가능하고 선박의 생산성이 유리하다. 또한 선체저항 및 추진기의 성능이 향상되어 운항효율이 제고되며, 조종성능과 진동 및 소음 성능이 매우 양호하여지는 장점을 갖고 있다. 반면에 시스템 전체의 중량이 커지고 제조원가가 높은 단

점을 갖고 있어서 조종성능, 토크 특성, 응답성 등의 우수한 성능과 기능을 필요로 하는 쇄빙선, 해양조사선, 해저 석유굴착선, 함정, 잠수함과 같은 특수 목적의 선박에 주로 적용되어 왔다. 요즈음에는 호화여객선, 컨테이너 피더선, LNG선, 컨테이너선, ROPAX 등의 다양한 선박에 사용되고 있다.

[그림 6.84] 실제 선박의 선미에 설치된 선회식 전기추진장치

(9) 초전도 전자추진기

초전도 전자추진 시스템(superconducting electro magneto-hydro-dynamic propulsor, 일명 'MHD 추진기')은 기계적 동력을 이용하여, 프로펠러 등 장치의 회전운동을 통하여 추력을 얻지 않고, 전자력을 이용하여 물의 흐름을 가속하여 추진력을 얻는다. 이 시스템의 추력발생 과정은 「기관(원동기) → 직류 발전기 → 초전도 전자석 → 전자력발생 → 추력발생」이다. 초전도자석에 의하여 해수 중에 강한 자장을 형성하여, 그 자장 중에 전류를 흘림으로써 발생하는 전자 유체력을 직접 추진력으로 이용하는 방법이다. 이것은 플래밍의 왼손법칙(Fleming's left hand rule)에 따르는 것으로 자장에 교차해서 전류를 흘리면 자장과 전류가 만드는 면에 수직방향으로 힘이 발생한다. 즉, 왼손의 검지를 자장으로, 중지를 전류의 방향으로 향하고, 이들의 직각방향으로 엄지를 펴면 엄지 방향이 힘의 방향이 된다. 이 힘을 '로렌츠 힘(Lorentz force)' 또는 '전자력'이라 부르며 배를 전진시키는 추진력이 되는 것이다. 따라서 물 속에서 프로펠러를 돌려서 추진력을 얻던 기존의 방식과는 전혀 다른 추진시스템으로, 프로펠러 축계(shaft)와 프로펠러가 필요하지 않게 된다.

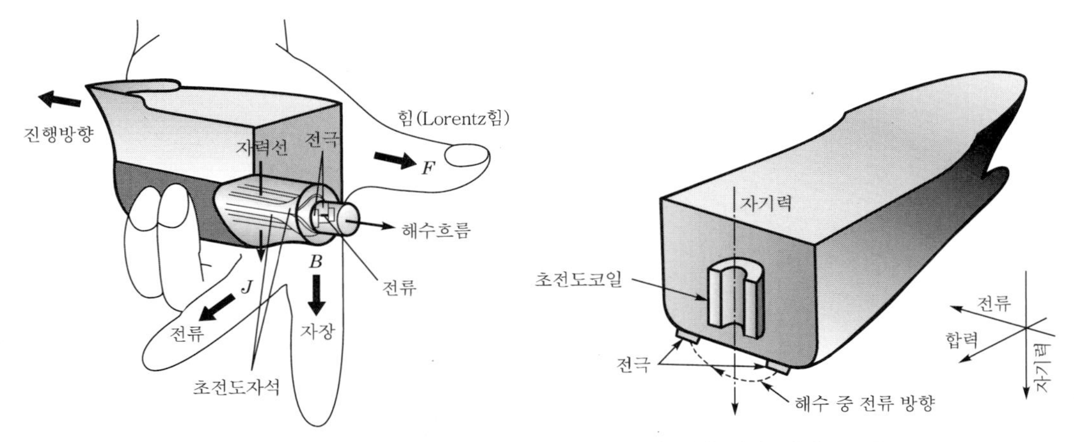

[그림 6.85] 플레밍의 왼손법칙(왼쪽)과 MHD 추진력 발생 원리(오른쪽)

이 추진시스템의 장점은 회전장치를 통하지 않고 해수에 힘을 직접 전달하므로 진동과 소음이 거의 없다. 선체반류에 의한 비정상 힘이 없고 선체저항을 감소시킬 수 있다. 또한 순발력이 뛰어나고 역전을 포함하여 속도제어가 용이할 뿐만 아니라 전자력의 작용범위를 키워 높은 효율을 얻을 수 있으며 고속화가 가능하다. 현재로서는 저속에서 시험단계에 있으나 향후 초전도재질 및 초전도 전자석 개발, 시스템 경량화, 고밀도 전류용 코일, 자기 차단시스템, 저온유지 시스템 등의 주변 핵심기술이 개발되면 초전도 전자추진선의 실용화가 이루어질 것이다. 적용 대상선박으로는 초고속 화물선, 고속여객선, 수상함, 잠수함, 어뢰 등으로 크게 활용될 것으로 기대된다.

[그림 6.86] 초전도 전자추진 쌍동여객선 개념도

초전도 자석(超傳導磁石)

전자석에 보통 사용하는 동이나 알루미늄 코일은 전기저항이 크므로 고밀도 전류를 흘릴 수가 없다. 코일 감는 수를 많이 하여 대형화 할지라도 자장발생률이 나쁘다. 따라서 보통 재질의 코일(coil) 사용은 한계가 있다. 이 때문에 극저온에서 전기저항이 '0'이 되는 물질, 즉 초전도 재료를 이용한 코일로 전자석을 만들어야 한다. 이렇게 만들어진 전자석을 '초전도 자석'이라고 한다.

(10) 원자력 추진장치

대륙 간 물동량의 증가와 물자 수송시간 단축을 위해서는 선박의 대형화 및 고속화는 필수적이며 지구촌이 보유하고 있는 화석 연료량도 한정적이기 때문에 대체에너지로 원자력 이용은 필연적일 것이다. 원자력 추진장치를 장착한 선박을 원자력선이라고 부른다. 현재까지의 원자력 추진장치는 주로 미국, 영국, 프랑스, 러시아, 중국에서 잠수함과 수상함정에 많이 활용하고 있으며, 상선에는 소수의 쇄빙선에 적용하고 있고 일부의 시험선에 적용하여 사용하고 있다.

원자력선은 일반 선박에서 주기관으로 사용되는 디젤 또는 증기기관 대신에 원자력 기관을 주기관으로 한다. 원자력 기관은 원자로에서 가열된 1차계 냉각수를 열 교환기를 거쳐 2차계 냉각수를 증기로 하여 터빈을 돌려 추진축의 회전력을 얻는다. 원자력선의 장점은 연료중량이 매우 적어서 대마력 선박, 장거리용 선박과 가동률이 높은 선박일수록 유리하다. 연료유 탱크, 연료유 이송계통장치의 최소화가 가능하여 선박의 화물적재량을 높일 수 있다. 그리고 연소시 공기가 필요치 않아 선박의 잠수화가 가능하여 북극점을 경유하는 신항로 개척이 가능하다. 더욱이 연소배기 가스(CO_2, SOx, NOx 등)가 배출되지 않기 때문에 지구온난화 방지, 자연환경 파괴 등 환경보호 측면에서 유리하다. 반면에 방사선 및 방사성 물질이 존재하므로 원자력 기관의 안전을 확보하는데 건조비 및 운항경비가 높아지는 단점이 있다.

Chapter
07

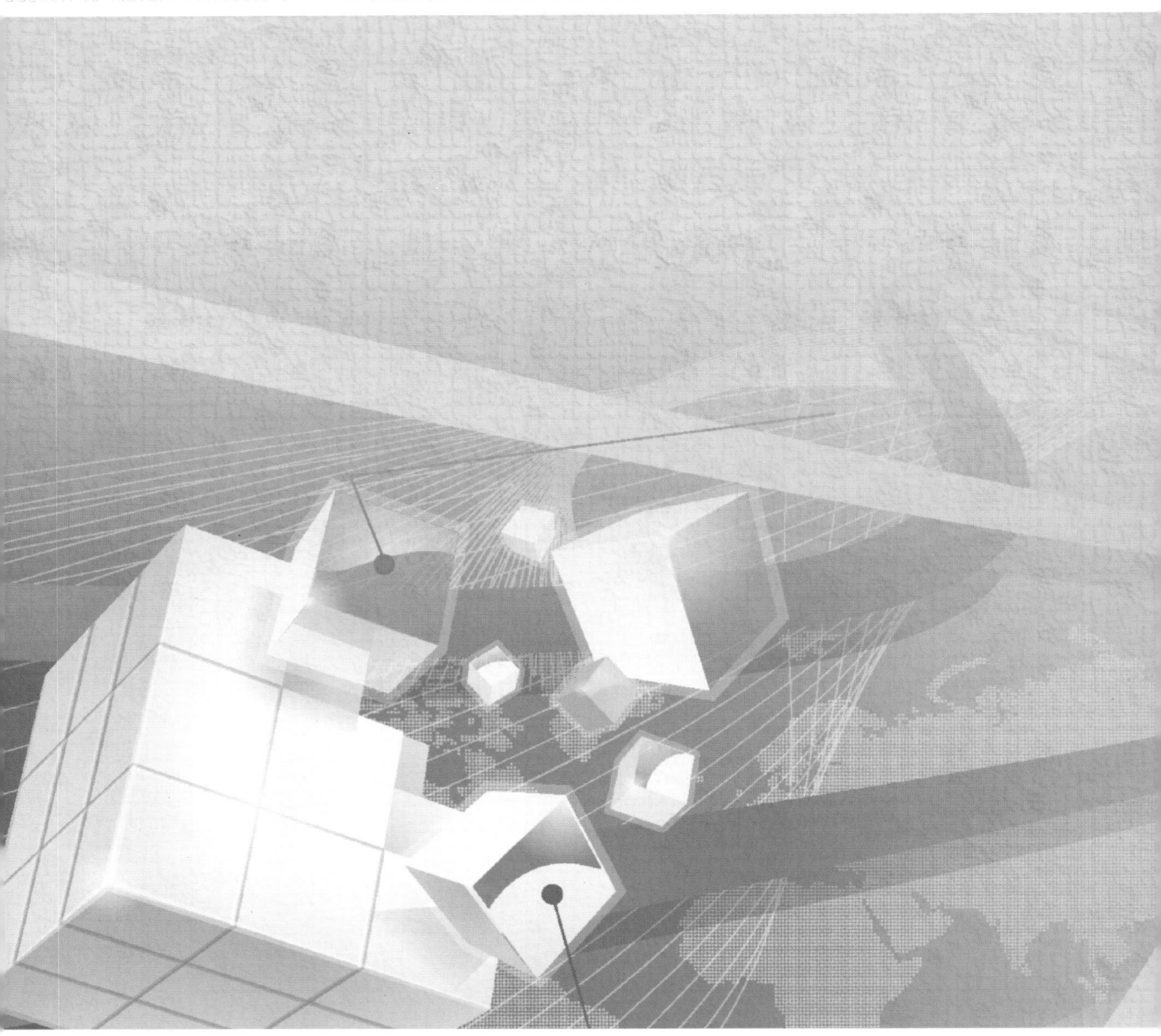

선박의 설계

Chapter >>> 07 선박의 설계

선박은 사람과 화물을 운송할 수 있는 수상구조물이며, 설계란 어떤 계획을 구체화하는 작업이라고 말할 수 있다. 그러므로 선박설계란 사람과 화물을 운송할 수 있는 수상구조물의 건조를 계획하고 이 계획을 구체화하는 작업이 된다.

선박설계시 고려하게 되는 일반조건들은 배의 종류, 선급, 국적, 재화중량, 적하물의 종류, 비중, 흘수, 그밖의 선체치수의 외적 제한, 주기관의 종류, 항해속력, 항속거리, 하역장치, 승선원 정원, 납기 등이며 이것들에 관한 내역은 주로 선박의 건조를 의뢰하는 선주(발주자)로부터 제시된다. 주어진 선박설계의 조건들을 감안하면서 진행되는 설계과정은,

로 편의상 구분할 수가 있고, 설계에 관한 것 못지않게 중요성을 갖는 각종 의장품에 대한 의장설계도 넓은 범위에서는 선박설계에 포함된다.

한편, 선박은 그 용도와 형상에 따라 폭넓게 분류할 수가 있다. 특히 일반상선을 제외한 특수선(군용선, 어선, 조사선, 여객선 등)에서는 각각의 특수한 용도에 따라 설계조건도 다르고 설계내용도 달라지게 된다. 뿐만 아니라 같은 대상선에 대해서도 선박을 건조하는 각각의 조선소에 따라서 이들 조선소별로 갖고 있는 시설물의 배치와 크기 및 조선소 자체의 위치와 면적 등에 따라 설계 및 건조의 내용이 달라지게 된다.

7.1 개요

1 견적설계

견적설계란 선주의 요구조건에 따라 극히 개략적인 구상을 세우는 작업을 말하며, 이 때 선주의 요구조건으로는 일반적으로 배의 종류, 건조 척수, 선급, 국적, 화물의 종류, 재화중량, 선체치수의 외적 제한의 유무, 주기의 종류, 항해속력, 납기, 그밖의 특별한 요구 등을 들 수 있다. 견적설계의 내용은 다음과 같이 정리할 수 있다.

① 주요 요목 결정, 개략적인 요목표와 시방서 작성
② 선체부, 기관부, 전기부에 대한 재료표 작성
③ 일반배치도 작성

설계부에서 작성된 재료표와 초기 설계도는 영업부로 보내지고 이를 바탕으로 영업부는 예상되는 환율, 경제전망 등을 참조하여 선가 흥정을 위한 상정을 한다. 따라서 견적설계의 결과는 개산적인 것이며 모든 것을 상세하게 나타내진 않지만 매우 중요한 과정이 된다.

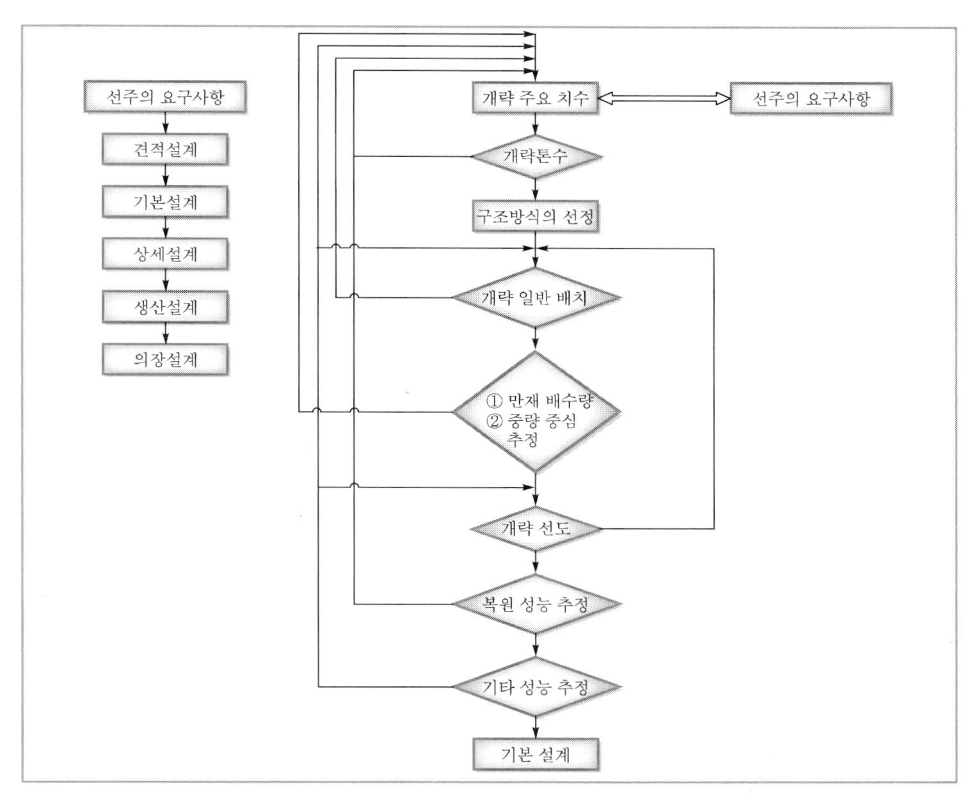

[그림 7.1] 견적설계 설계과정 흐름도

2 기본설계

조선소가 제시한 선가, 선박의 완성 시기, 개략적인 주요 요목 등이 선주의 마음에 들어 양자가 좀 더 자세한 시방을 의논하게 되는 때부터 상세설계 전까지의 작업이며, 기본설계의 내용은 다음과 같다.

① 주요 요목 결정
② 시방서 작성
③ 일반배치도 작성
④ 중앙 횡단면도 작성
⑤ 선도의 결정
⑥ 기관실 배치도의 작성
⑦ 성능관계의 제계산
⑧ 주요 기기의 요목 결정
⑨ 재료표의 작성, 주요 구입품의 주문 요령서 작성

이 기간 동안 시방서, 일반배치도, 기관실 배치도 등이 합의되면 다시 선가를 조정한다.

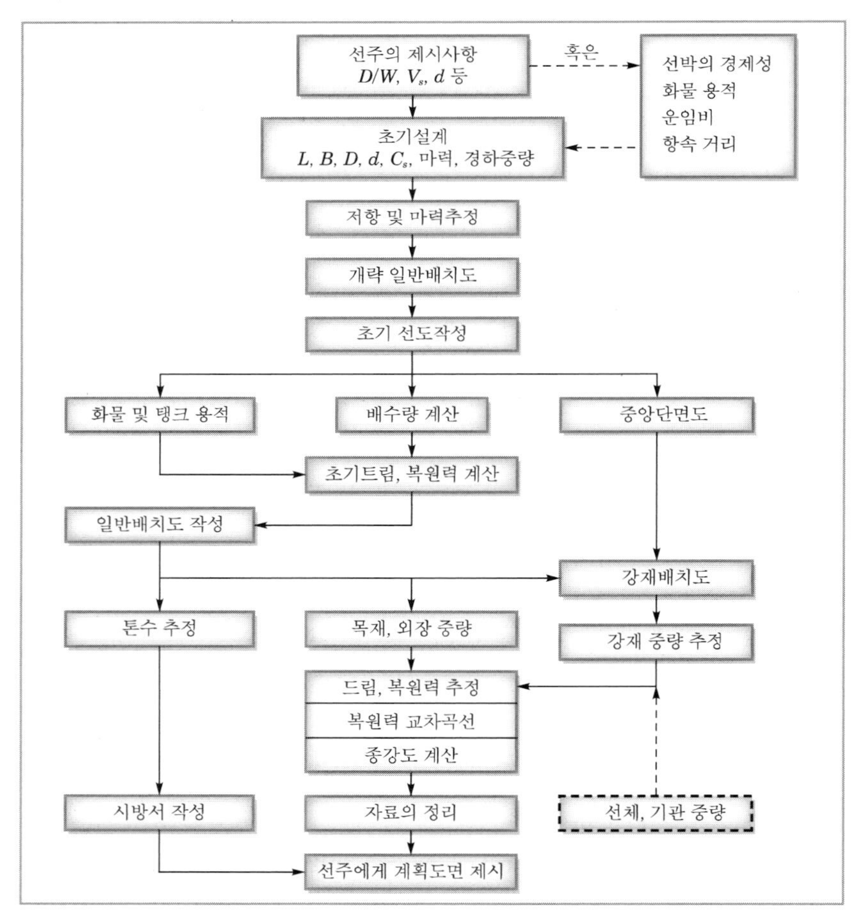

[그림 7.2] 기본설계 설계과정 흐름도

3 상세설계

건조 선박에 대한 실제 공사용 도면을 작성하는 작업으로, 기본설계의 설계도를 인계받아 시방서와 일반배치도를 검토하고 선박계산을 위주로 한 전반적인 성능계산과 선각구조의 상세설계를 행하는 과정이다.

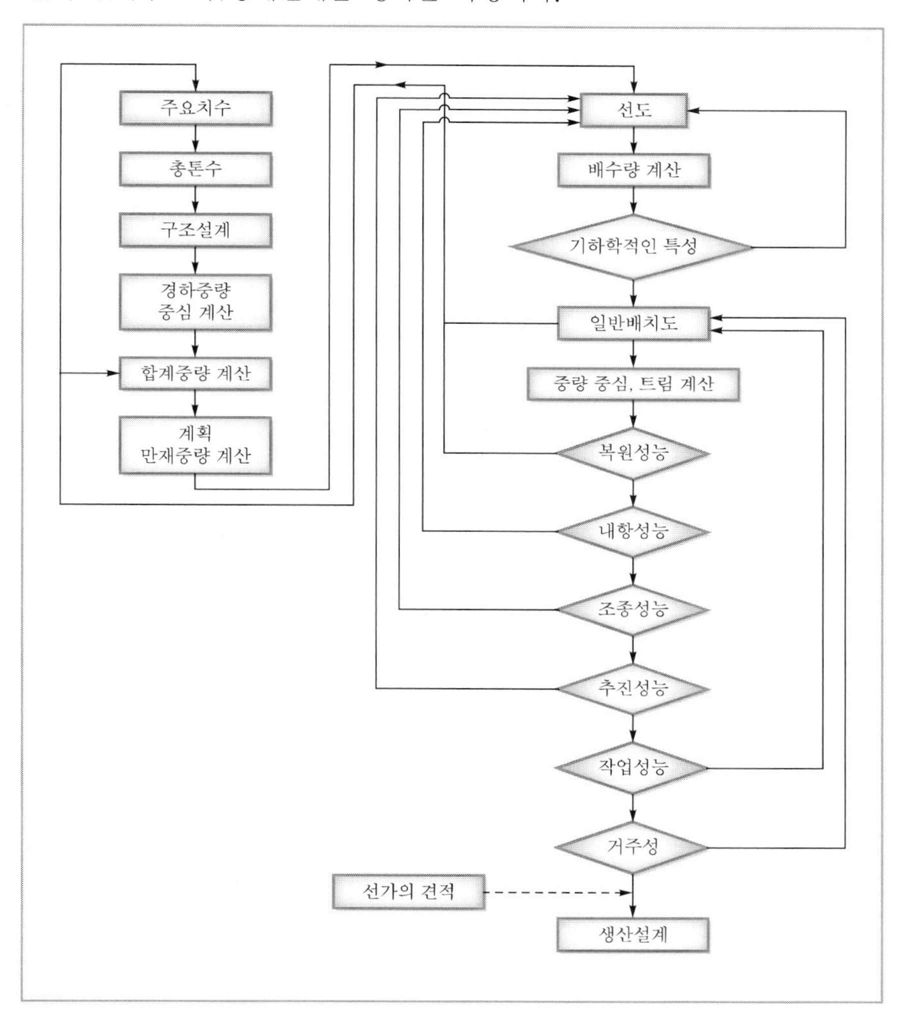

[그림 7.3] 상세설계 설계과정 흐름도

4 생산설계

건조선의 공작에 모든 부재의 가공을 위한 일품도(각 부재마다의 상세도)와 취부도(의장품의 취부치수 상세도) 등을 작성하는 설계과정이다.

5 의장설계

선박의 기능상 요구되는 제반 장치인 의장의 상세설계 과정이며 선체의장, 기관의장, 전기의장의 3부분으로 구성된다.

6 선박설계와 법규

선박은 사람과 화물을 싣고 긴 시간을 항해하는 거대한 해상구조물이므로 선체의 구조를 비롯하여 기관과 여러 가지 의장품에 이르기까지 그 안전을 보장하는 일정한 기준을 넘을 것이 요구되며, 엄격한 검사를 거쳐 안정성이 확인된 뒤에야 비로소 항해할 수 있게 된다. 따라서 배의 설계에 있어서는 국제적으로 정해지거나 각국 또는 선급에서 규정한 규칙들이 필수적으로 준수되어야 하며, 대표적으로 다음과 같은 조약과 규칙이 있다.

(1) 국제조약기구와 국제조약

선박에 관련된 각국의 정부규칙들을 국제간에 조정하기 위하여 국제조약기구를 두고, 선급협회 규칙과는 별도로 인명과 배의 안전에 관계되는 중요한 사항들과 세계적으로 통일해야 할 규칙, 세계적으로 규제가 필요한 사항들을 규정하고 있다. 상세한 부분에 대해서는 각국 정부에 위임하고 있으므로 각 정부마다 자국용의 규칙을 제정하고 있다.

① 국제조약기구

㉠ IMO(International Maritime Organization, 국제해사기구) : 설립취지는 해난구조, 항해시설, 해상충돌방지, 해양오염방지 등의 전 지구적 문제해결을 위한 국제적 협력을 도모하는 것이며, 활동분야는 톤수 측정, 복원성 및 만재흘수선 관계, 구명·구조설비 등이다.

㉡ ILO(International Labour Organization, 국제노동기구) : 설립취지는 노동조건을 개선하고 노동자의 생활과 복지를 향상시키는 것이며, 활동분야는 노동조건의 국제적 기준 마련, 개발도상국의 원조활동, 노동문제 해결 등이다.

② 국제조약

㉠ SOLAS(International Convention for the Safety of Life at Sea, 해상에서의 인명안전을 위한 국제조약) : 승조원 및 여객의 생명을 보호하기 위한 각종 설비의 국제적 통일과 배의 안전 확보

㉡ MARPOL(International Convention for the Prevention of the Sea by the Oil, 기름에 의한 해수오염 방지를 위한 국제조약) : 유조선 수의 증가에 따른 기름의 유출에 의한 바다의 오염 방지

㉢ ICLL(International Convention on Load Lines, 만재흘수선에 관한 국제조약) : 화물의 다량 수송시 건현이 작아지면 그만큼 예비부력이 줄어들기 때문에 만재흘수선에 제약을 두어 항상 규정된 건현을 확보함으로써 배와 인명의 안전 확보

(2) 각국 정부기관과 규칙

선박은 취득하고자 하는 국적에 따라 그 나라의 국내규칙을 만족하도록 건조되어야 한다. 그러나 각국의 국내법규는 동일한 국제조약에 기초를 두고 꾸며진 것이지만, 각국의 특수성을 고려하여 출입항로와 하역에 관련된 자체적인 규칙도 마련하고 있으므로 그 내용이 조금씩 다르고, 경우에 따라서는 배의 건조비가 상당히 높아질 수도 있어 건조 경험이 없는 국적의 배를 설계하는 경우에는 그 나라의 법규를 충분히 조사할 필요가 있다. 다음은 선박 설계시 자주 적용되는 주요 국가들의 규칙이다.

① 영국 규칙

선박안전법에 해당하는 영국 규칙으로 DOT(Department of Trade, 상역부)가 발간한 상선규칙이 있으며 화물선 건조, 구명기구, 소화기구, 무전장치 등 및 신호, 선원 거주설비, 만재흘수선, 톤수에 관해 항목별로 분책되어 있다.

② 노르웨이 규칙

선박안전법에 해당하는 규칙은 SFD(Sjøfarts Direktorated, 노르웨이 해사본부)가 발간한 노르웨이 선박규제법이다.

③ 미국 규칙

미국 USCG(United States Coast Guard, 연안경비대)가 발간한 규칙으로 배의 오수처리 장치, 해양오염 방지 대책, 미국 항구의 출입항 제한에 관한 규칙을 주로 규정한다.

(3) 선급협회

정부가 인정한 법인 조직으로, 선체의 구조를 비롯하여 선체기관 및 전기의장이나 주요 재료와 공작법 등 기술적인 것에 대한 상세한 규칙을 마련하고 설계,

재료, 공작 등이 그 규칙대로 지켜지고 있는가를 검사하여 모든 것이 일정한 기준에 합격한 배에 대하여 일정한 자격을 부여할 수 있는 권한을 갖는 기관이다. 주요 선급협회의 명칭은 『표 7.1』과 같다.

[표 7.1] 세계의 주요 선급협회

국 명	명 칭	약 칭
한국	한국선급(Korean Register of Shipping)	KR
일본	일본해사협회(Nippon Kaiji Kyokai)	NK
영국	Lloyd's Register of Shipping	LR
미국	American Bureau of Shipping	ABS
노르웨이	Det Norske Veritas	DNV

7.2 주요 요목의 결정

1 주요 요목

주요 요목이란 배의 크기와 성능을 나타내는 기본적인 수치로서 배의 기본계획을 세울 때 가장 먼저 결정되며, 다음과 같은 항목들을 포함하고 있다.

① 전길이 L_{OA}(length overall)와 수선간 길이 L_{BP}(length between perpendiculars)

② 형폭 B_{mld}(moulded breadth), 형깊이 D_{mld}(moulded depth) 그리고 형흘수 d_{mld}(moulded draft)

③ 선형계수 또는 비척계수(coefficient of fineness) : 배의 수선 아랫부분의 모양을 수치적으로 나타낸 무차원수로서 0~1 사이의 값을 가진다. 특히 배의 추진성능, 복원성능 등과 밀접한 관계가 있다.

④ 중량과 톤수 : 경하중량(LWT), 재화중량(DWT), 만재배수량, 순톤수(NT), 총톤수(GT) 등이 있다.

⑤ 화물창용적 또는 화물 유조용적

⑥ 주기관의 출력과 출력의 크기 : 연속최대출력(MCR), 상용출력(NOR), 제동출력(BHP), 축출력의 크기 등이 있다.

⑦ 속력 : 항해속력(V_S)과 시운전 속력(V_T) 등이 있다.

2 주요 요목을 결정하기 위해 고려해야 할 기본조건

배의 주요 요목을 결정하기 위해서는 선형, 재화중량, 흘수 제한, 항해속력, 하역장치 등의 조건들을 고려하여 주요 요목을 결정한다.

(1) 선형(type of ship)

선형은 갑판실을 제외한 배의 측면형상과 기관실 및 선각의 위치 등에 따라 분류된 배의 형상을 말하며 다음과 같은 종류들이 있다.

① 측면현상에 따른 선형의 종류

㉠ 평갑판선(flush decker)

㉡ 선수루붙이 평갑판선(flush decker with forecastle)

㉢ 오목갑판선(well decker)

㉣ 선미루붙이 평갑판선

㉤ 삼도형선(three island ship)

② 기관실 및 선루의 위치에 따른 선형의 종류

㉠ 선미선루–선미기관실형(aft bridge, machinery room located at aft) : 선미에 선루와 기관실을 가진 선형. 유조선이나 벌크화물선 등의 전용선, 부정기화물선 등의 속력이 느리고 C_B가 큰 배에 적당한 선형으로, 배의 크기에 비해 주기의 출력도 작고 선미가 뚱뚱하기 때문에 기관실을 선미에 배치하고 중앙부를 화물공간으로 유용하게 활용 가능하다.

㉡ 중앙선루–중앙기관실형(midship bridge, machinery room located at midship) : 배의 중앙에 선루와 기관실을 가진 선형. 고속선형으로 선미가 홀쭉하여 기관실을 선미에 배치할 수 없는 정기화물선이나 고속 대형컨테이너선에 적합한 선형이다.

㉢ 준선미선루–준선미기관실형(semi–aft bridge, machinary room located at semi–aft) : 중앙부 부근에 선루와 기관실을 가진 선형으로 보통 기관실의 앞쪽에 선창이 3개, 뒤쪽에 2개가 있는 배치를 말하며 고속선형에 적합하다.

(2) 재화중량과 주요치수

재화중량은 그 배가 계획 만재흘수에서 실을 수 있는 최대중량을 말하며, 재화중량이 정해지면 지금까지 건조된 배의 실측치를 이용하여 배의 주요 치수가 대체로 결정된다.

(3) 흘수, 그 밖의 선체치수의 외적 제한

흘수의 제한값은 배의 주요 요목 결정에 매우 종요하며, 같은 재화중량이라도 흘수가 커지면 선체치수가 감소하게 되어 선가가 절감된다. 또 흘수를 크게 잡으면 선체치수가 같은 경우 재화중량이 증가하여 수송원가가 내려가므로 경제적인 배가 되지만, 선주의 입장에서 볼 때 출입항이 가능한 항구수가 줄어서 범용성을 잃게 된다. 그 밖의 선체치수에 관한 제한 요인으로는 출입항만의 사정, 파나마 운하, 수에즈 운하, 센트로렌스 수로, 말라카 해협 등의 운하나 협수로, 유조선의 하역항의 송유 연결관 높이나 벌크화물선의 격벽 기중기 높이 등이 있다.

(4) 항해속력

항해속력의 크기가 주요 요목 결정에 미치는 영향은 크며 항해속력과 L/B 및 C_B와 사이에는 서로 밀접한 관계가 있다. 이를 무시하고 극단적으로 큰 C_B를 선정하면 항해속력 유지를 위해 소요마력이 현저하게 증가하거나 선미에서 물의 흐름이 불규칙하게 되어 진동 발생의 원인이 된다.

(5) 하역장치

하역장치의 유무에 따라서 경하중량이 달라진다. 하역장치는 건조선의 취항항로에 크게 좌우되며 유조선의 경우, 배관에 의해 송유되므로 하역장치가 간단하여 주요치수 결정에는 거의 영향을 끼치지 않는다. 파나막스 이상의 벌크화물선은 일반적으로 공업국의 현대화된 항구를 이용하므로 보통 하역장치를 필요로 하지 않는 반면, 5000톤 이하 중소형벌크 화물선의 경우는 하역설비가 미비한 항구의 이용 가능성이 높으므로 하역장치를 필요로 하는 경우가 많다.

3 주요 요목 결정을 위한 성능 기준

선박의 주요 요목 결정을 위한 성능 기준의 대표적인 것으로는 저항과 추진성능, 복원성, 조정성 등을 생각할 수 있다.

(1) 저항과 추진성능

선박이 이동성을 갖기 위해서는 선주의 요구에 합당한 최소한의 항해속력을 가져야 하며, 이러한 항해속력은 저항을 이기기에 충분한 기관의 마력을 통해서 얻어진다. 따라서 각종 선박에서 발생하는 전저항을 추정하고 그에 해당하는 유효마력을 계산한 후 적절한 동력의 여유를 고려하여 주기관을 결정하게 된다. 경제적이고 공학적으로 효율적인 주기관을 결정하는 데 있어서는 저항과 추진성능이 주요 요목의 결정기준이 된다. 저항과 추진성능을 추정하는 데에는 모형실험에 의한 방법, 이론계산에 의한 방법, 통계해석에 의한 방법이 있다. 전저항이 결정이 되면 이로부터 계산된 유효동력으로 건조선의 추진기관을 선택하게 되는데, 일반적으로 추진효율이 좋은 선박을 설계하기 위해서는 추진성능과 주요 요목의 관계에 대한 선행 검토가 있어야 한다. 추진성능은 주로 프로펠러와 선체의 상호작용에 따른 영향에 의해 결정되며, 추력감소계수, 프로펠러 효율과 같은 요소가 있다.

(2) 복원성

복원성은 경사한 배가 원위치로 복귀할 수 있는 능력을 말하며, 인명의 안전에 중요한 요인이므로 SOLAS와 같은 안전조약에 명시된 규정을 준수하여 설계되어야 한다. 결정된 선형에 대하여 얻어진 유체정역학적 자료들을 사용하면 초기복원력을 계산할 수 있다. 이와 같이 계산된 복원력이 불충분한 것으로 판명되면 일반적으로 배의 폭을 늘려야 한다.

(3) 조종성

배가 대형화됨에 따라 L/B가 작아져서 주요 요목을 결정하는 경우에는 추진성능 뿐만 아니라 조종성능을 검토해야 하는데, 이때 검토 항목으로는 선회반지름, 침로 안정성, 변침 성능 등이 있다. 변침성능은 조타가 발령된 후 배가 선회를 시작할 때까지 걸리는 시간을 말하며 침로 안정성은 똑바로 항주할 수 있는 성능을 말한다.

4 주요 요목의 결정방법

배의 주요 요목의 결정방법은 설계자에 따라 여러 가지가 있을 수 있고, 그 결과로 얻어지는 주요 요목도 다소 차이가 생기는 것이 보통이다. 여기서는 일반적으로 사용되는 Design spiral, Parametric study, Optimum design을 살펴본다.

(1) Design Spiral

어떤 가정 하에서 주요 요목 결정을 하기 위한 각 수치를 설정하고, 그것으로 검토를 밀고 나가서 합당하지 않으면 처음에 설정한 값을 수정하여 다시 검토함으로써 주요 요목을 결정하는 설계진행방법이다. 1960년대 중반까지 기본계획단계에서 많이 활용되었으며 『그림 7.4』와 같이 수행된다.

Design spiral 법을 바탕으로 재화중량, 만재흘수, 항해속력, 화물의 재화계수, 하역장치의 유무, 항속거리 등의 주요 요목 결정조건이 주어져 있는 경우에 경하중량이 가볍고 주기동력이 낮고 또 건조비가 최소인 주요 요목 결정절차를 살펴보면 다음과 같다.

① 만재배수량 추정

재화중량의 요구값으로부터 실적자료를 이용하여 만재배수량을 추정한다. 재화배수량 Δ로부터 부가물배수량을 추정하고 Δ와의 차를 계산하여 형배수량 Δ_n을 구한다. 이를 식으로 표시하면 다음과 같다.

형배수량 = 재화배수량 − 부가물배수량

② L, B, D, C_B 검토

형배수량 Δ_n을 만족하는 몇 개의 주요 치수와 짝 결정은 다음과 같은 경험식을 이용한다.

- B 결정

$$\Delta_n = L \times B \times d \times C_B \times 1.025$$

$$B = \left[\frac{\Delta_n}{(L/B) \times d \times C_B \times 1.025} \right]^{0.5}$$

- L 결정

$(L/B) \times B$

- D 결정

벌크화물선 − 화물창용적 = 재화계수 × 화물중량

이때, 주요치수와 C_B는 추진성능과 조타성능의 관점에서 문제가 없고, 항만이나 운하의 제약을 만족하며 화물창용적을 만족시키도록 결정한다.

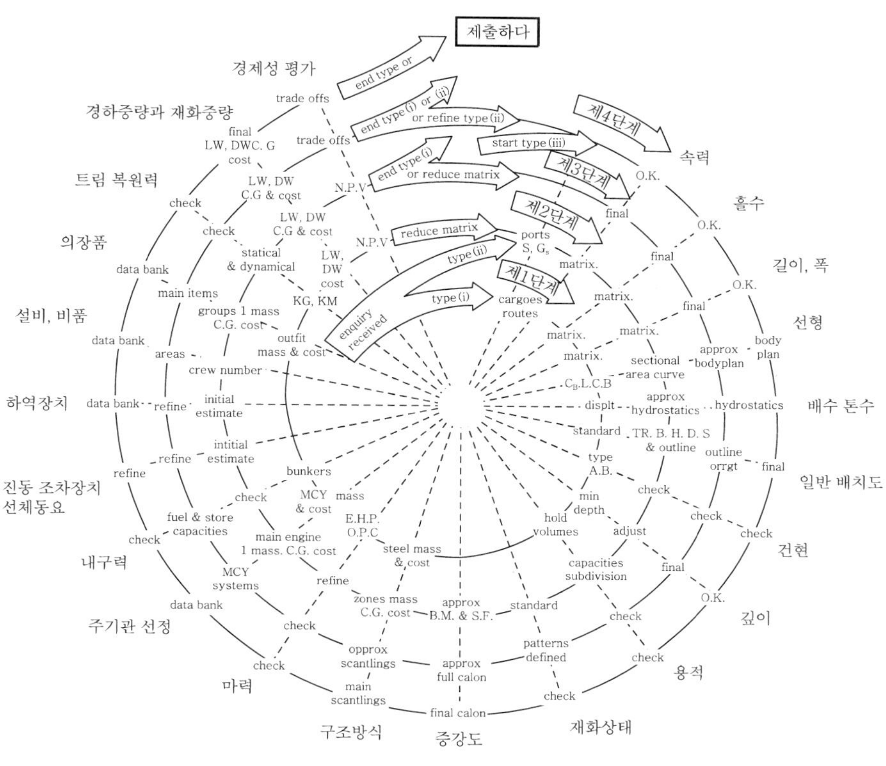

[그림 7.4] Design spiral

③ 주기동력 추정

만재배수량과 속력, 소요동력의 관계를 나타내는 실적자료로부터 주기동력을 추정한다.

④ 경하중량 추정

재화중량은 만재배수량에서 경하중량을 뺀 수치이다. 그런데 만재배수량의 수치는 거의 변화가 없으므로 경하중량의 계획시와 완성시 차가 그대로 재화중량의 변화량이 된다. 재화중량은 운항 채산상 특히 중요한 부분이므로 계약수치에 대하여 기준값 이하의 부족이 생길 때는 위약금을 물지 않는다는 유보역을 설정하고 그것을 넘어서는 부족이 생길 경우 계약금의 몇 %를 위약금으로 선주에게 지불하게 되는 수가 많다. 따라서 재화중량은 항상 보증되어야 하고, 재화중량을 보증하기 위해서는 경하중량을 보증범위 내에서 추정하여야 한다.

여기서는 경하중량을 몇 개의 항목(선각 중량, 선체 의장, 기관부, 전기부)으로 분류, 추정하여 합계한 뒤 적당한 여유를 더해서 계획 경하중량으로 잡는다.

선각중량에 영향을 끼치는 요소로는 주요치수비, 늑골간격, 고장력강 사용 유무 등을 생각할 수 있다.

먼저, 주요치수비는 선각중량의 견지에서 가장 유리한 수치 L/D를 선택하고, 늑골간격은 좁아지면 중량이 증가하고 넓어지면 강도가 약화되므로 5m 내외로 한다. 또 고장력강은 연강에 비해 인장강도, 항복점이 커서 판두께를 얇게 할 수 있으며, 가격은 높으나 강재 사용량 감소로 재화중량도 증가하므로 사용 유무에 대한 결정 역시 신중히 고려되어야 한다. 또한, 벌크화물선에 재화중량이 큰 광석을 적재할 경우, 이중저의 하중이 증가하고 이로 인해 화물창 사이의 전단력도 증가하므로 선체강도의 증가가 요구되며 따라서 선각중량이 커지게 된다.

일반 배치시 세로굽힘 모멘트가 커지면 단면계수를 증가시켜야 하고 화물창 수가 늘어나면 격벽의 수가 증가하므로 선각중량이 증가하게 된다.

중앙횡단면도가 결정되면 선각중량은 화물창부 또는 화유조부 중량(W_{HO}), 선수미부 중량(W_E), 선수루 중량(W_F), 갑판실, 선미루 중량(W_{DP})을 더함으로써 $W_H = W_{HO} + W_E + W_F + W_{DP}$와 같이 계산된다.

다음으로, 선체 의장중량은 계략적으로 같은 $L(B+D)$에서도 선체 의장에 대한 시방의 내용이 다르면 중량이 달라지게 된다. 따라서 개략적인 의장중량이 결정된 후에 기준선의 자료를 사용하여 시방의 차이에 따른 중량의 차를 가감하여 추정한다. 또 기관부 및 전기부 중량은 기술 발달에 의해 주기관의 형식이 바뀌고 시방의 정도에 따라 달라지므로 표와 자료, 선주의 요구사항에 의존하여 추정한다.

계획단계에서 경하중량을 추정하는 경우에는 적당한 중량 여유를 가산한다. 이 때 중량 여유를 과대하게 잡으면 배의 완성시 재화중량이 과대하게 되고, 또 과소하게 잡으면 소정의 재화중량이 확보되지 못하는 경우가 생기므로 기준선이 있고 시방도 거의 같은 경우 그 여유를 경하중량의 약 10%로 잡고 새로운 선형에 대해서도 1.5~2%로 잡는 것이 적당하다.

⑤ 만재배수량 결정

경하중량의 추정값에 재화중량의 요구값을 합쳐서 만재배수량이 계산되면, 실적자료로부터 추정된 만재배수량과 비교하여 최초의 추정값과 일치하지 않으면 추진 저항상 허용되는 범위 내의 C_B를 수정하면서 비교 검토하여 결정한다.

⑥ 동력 계산

결정된 주요치수의 각각의 짝에 대해 동력을 계산하고, 가정한 주기동력으로 요구되는 항해속력이 얻어지는가를 검토한 후 반복수정에 의해 항해속력을 만족하고 선각중량이 가장 가벼운 수치를 결정한다. 이 때 마력 계산방법으로는 Admiralty 계수에 의한 방법, 수조시험에 의한 방법, 계산도표에 의한 방법, 유사선의 자료에 의한 방법 등이 있다.

⑦ 화물창용적 추정

재화계수나 화물의 비중을 알면 필요한 화물창용적은 재화중량으로부터 쉽게 계산된다. 주요치수가 가정되면 그 주요치수로 화물창의 길이와 중앙횡단면의 형상을 상정하고, 화물창의 길이와 중앙횡단면의 화물창부 면적으로부터 화물창용적을 추정한다.

계획의 초기단계에서는 물론 주요치수와 간단한 배치밖에 모르므로 그것만으로 각종 도표를 이용하여 화물창의 용적을 추정하게 되는 것이다.

⑧ 건현 계산

운항 채산성을 높이기 위해 배에 화물을 너무 과다하게 실으면 건현이 작아지고 그만큼 예비부력이 줄어들므로 배 자체와 화물의 위험성은 물론 생명의 안전까지 위협하게 된다. 따라서 국제 만재흘수선 조약(ICLL)은 항상 규정된 건현을 확보하게 할 목적으로 각종 선박에 따른 해당 최소건현을 지정하고 있으며, 이에 따른 건현의 계산은 배를 A형과 B형으로 나누고 그들 각각에 대한 다음과 같은 최소건현의 계산방법으로 규정되어 있다.

A형 선박(A type ship)은 유조선과 같이 액체 화물만을 운송하도록 설계된 배로, 노출갑판에 있는 창구의 넓이가 작아서 해수가 들이치는 데 대하여 안전하다. 또 화물탱크는 통상 가로방향 뿐만 아니라 세로방향으로도 칸막이가 되어 있어 구획의 수가 많고 만재 상태에서 해수가 화물탱크 구획에 침수해도 액체화물이 해수와 바꾸어질 뿐이므로 화물구획의 침수에 따른 흘수의 증가가 적어 비교적 작은 건현이 허용된다.

B형 선박(B type ship)은 A형 선박 이외의 모든 배를 말하며, 노출갑판 창구로 인한 침몰 위험이 크므로 일반적으로 A형 선박보다 큰 건현이 요구된다.

이와는 달리 최근의 경향으로서 표준선형의 주요 요목의 결정에 표준선 혹은 기준선방식이 채용되고 있다. 조선소에서 선박 시장의 요구조건을 검토한 뒤 스스로 개발한 선박인 표준선을 이용한 표준선의 방식의 경우에는 L, B, D, d가 고정된 주요치수가 되지만, 선주의 요구조건에 따라 모듈을 변경 또는 교환가능한 선종별, 크기별로 축적된 모형인 기준선을 이용한 기준선 방식의 경우에는 배의 폭과 선수미의 선도를 교정하고 모선형의 평행부의 길이와 흘수를 조정함으로써 선주가 요구하는 재화중량과 흘수 등을 만족시키도록 해야 한다.

(2) Parametric study

설계변수(길이, 폭, 넓이, 깊이, 흘수, 속력)들을 체계적으로 변화시켜 각각의 변수들에 대한 경제성 계산을 수행하고 최고의 경제성을 갖는 설계변수, 즉 주요 요목을 결정하는 방법이다. 1960년대 후반 이후 설계에 수반되는 여러 계산들을 전산 프로그램화하여 선박설계 업무를 체계화하고 능률적인 설계를 신속정확히 수행하려는 노력의 결과로 많은 프로그램들이 개발되었다. 그러나 Parametric study 방법은 그 과정이 간단하다는 장점이 있기도 하지만, 설계변수의 수가 증가하면 결과에 대한 시각적인 도시가 어려워지고 수행해야 하는 계산량이 방대해지는 단점을 가진다.

(3) Optimum design

Optimum design(최적화 설계)는 Parametric study의 단점을 보완한 보다 효율적이고 신뢰도 높은 방법으로, 결정할 주요 요목을 설계변수로 하고 이들 설계변수로부터 비교, 평가의 기준이 되는 목적함수와 설계변수에 대한 제한조건들을 수학적으로 modeling 한 후 적절한 최적화 기법을 이용하여 최적 설계변수를 결정하는 방법을 말한다. 특히, 주어진 상황이 복잡하고 검토할 비교대상이 많은 경우에 편리하며, 개념설계 혹은 초기설계에서 주요 요목 결정 등에 적합하다.

7.3 일반배치도의 결정

일반배치도는 선체의 개략적 형상이나 배의 성능과 관계 깊은 기관실, 화물창, 화유 탱크, 연료유 탱크, 청수 탱크, 밸러스트 탱크 등 제반설비의 기본배치를 나타낸 것이다. 다음은 45,000ton DWT급 벌크화물선의 개략 일반배치도이다.

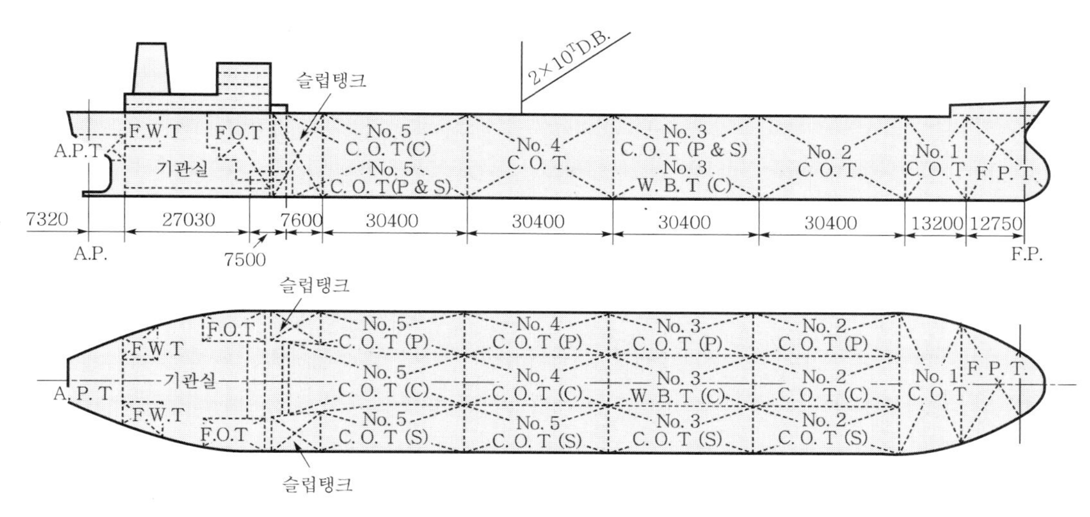

[그림 7.5] 45,000ton DWT급 벌크화물선의 개략 일반배치도

1 일반배치도를 결정하기 위해 고려해야 할 조건

(1) 초기설계에 있어서 일반배치도는 주요치수가 결정되는대로 바로 작성되어야 한다. 일반배치의 결정에서는 항상 결정의 기본조건과 세부적 사항이 고려되어야 하며, 기본조건의 내용은 다음과 같다.

① 선박의 유효한 작업에 필요한 모든 활동과 기능을 고려한다.
② 각 시설에 대하여 그 기능과 작업 또는 활용위치를 정확히 파악하여 적절한 위치를 결정한다.
③ 일반배치가 운항경비에 미치는 영향을 고려한다.
④ 충분한 강도를 가지면서 최소중량이 되도록 배치시킨다.
⑤ 일반배치는 적하의 모든 상태에 있어서 적당한 복원력을 가지도록 해야 한다.
⑥ 집중을 요하는 시설은 되도록 가깝게 설치한다.

(2) 한편, 일반배치 결정조건의 세부사항은 다음과 같다.
① 법률, 규정, 관습 및 전통에 의해 요구되는 조건(안전설비)을 준수한다.
② 면적과 용적 이외에 그 적합성에 영향을 주는 장소의 모양을 결정한다.
③ 통로를 결정한다.
④ 좋지 못한 영향(소음, 진동, 취기, 먼지 및 오물)으로부터 격리되어야 할 정도를 고려한다.

⑤ 위험(화재, 유류, 배관에 의한 누실, 도난)으로부터 보호해야 할 정도를 고려한다.

2 일반배치도의 결정기준

일반배치의 결정기준은 선주에 의해 정해지기보다는 주로 법규나 선급규칙에 따르며, 벌크화물선이나 유조선의 일반배치의 경우 다음과 같은 항목들이 주로 검토된다.

(1) 건현과 구획침수(ICLL 규정)

액체화물을 운반하는 A형선에 대해서는 비교적 작은 건현(A형 건현), 즉 깊은 흘수가 허용되고, 상갑판에 창구가 있는 일반화물선인 B형선에 대해서는 상갑판 창구로 인한 침몰 위험에 대비하여 큰 건현(B형 건현)이 요구된다. 또 100m 이상의 B형선 중, 규칙에 요구되는 1구획 침수의 경우 손상시 복원력 조건을 만족시키는 선형에 대해 A형선과 B형선의 중간건현(B_1 또는 B_{60})을, 2구획 침수의 경우 손상시 복원력 조건을 만족시키는 선형에 대해서는 A형선과 동일한 건현을 취하도록 허용된다.

여기서 손상시 복원력 조건은 침수 후 경사각이 15도 이하이고 GM 이 '0' 이상일 조건을 말한다.

(2) 항속거리

그 배가 가지고 있는 연료유로 항해할 수 있는 거리를 항속거리라고 하며, 이에 따라 연료유 탱크의 용적이 결정되므로 개략 일반배치의 중요한 항목이다.

(3) 트림

배의 선수미의 흘수차를 트림(trim)이라고 하며, 이것은 화물창이나 화유탱크 및 각 탱크에 의해 조절된다. 트림 계산은 만재 상태와 밸러스트 상태의 각각 출입항에 대하여 계산되며 각 탱크의 배치에 의해 조절된다.

만재상태의 경우 선미 기관실형의 배는 선수트림으로 선미 추진기의 잠김률이 감소하고 조타 상으로도 좋지 않기 때문에 입출항 모두 평흘수(even keel) 또는 약 30cm 이내 선미트림이 요구되는데, 이러한 선수트림을 방지하기 위해서는 부심위치를 선수방향으로 이동하거나 기관실 길이를 짧게 하여 화물 중심이 선미 쪽으로 오도록 배치한다.

밸러스트 상태의 경우는 만재배수량의 50% 전후 상태로 1~2%L 정도의 선미 트림이 되도록 조정한다.

(4) 세로굽힘 모멘트

배를 길이방향으로 굽히려는 힘으로써 부력과 중량분포의 상태에 따라 중앙부에서는 중량이 크고 선수미에서는 부력이 큰 새깅(sagging) 상태와 중앙부에서는 부력이 크고 선수미에서는 중량이 큰 호깅(hogging) 상태의 두 가지 극단적인 경우를 생각할 수 있다. 이들 경우는 항로에 따라 예상되는 일반배치의 결정 요건에 영향을 미치게 된다.

(5) 낟알 복원력

화물창에 곡물을 낟알로 적재하면 만재하지 않은 경우뿐만 아니라, 만재 적재 시에도 배의 동요로 화물의 부피가 점점 줄어들어 화물창 상부와 곡물 사이에 빈 공간이 생기게 되고, 배의 운동시 화물이 유동하여 중심위치 이동에 따른 경사 모멘트를 발생시키게 된다. 이 때 발생된 경사 모멘트를 낟알 복원력이라고 한다.

3 일반배치도의 결정 방법

벌크화물선의 일반배치도는 『그림 7.5』에서 보는 바와 같이 결정된다. 주요 요목이 결정되면 주요한 격벽의 위치, 연료유 탱크, 청수 탱크, 밸러스트 탱크 등의 여러 탱크의 배치를 상정하여 우선 개략적인 일반배치도를 작성한다. 이후에 용적계산과 그밖의 여러 계산을 수행하여 주요 치수에 문제가 없는지를 검토한다.

먼저, 기관실의 길이에 따라 앞뒤 격벽의 위치를 결정하고 벌크화물선과 유조선에 따라 각각 화물창 및 여러 탱크를 배치한다. 벌크화물선의 화물창은 배의 크기에 따라 수밀횡격벽에 의해서 나누어지고 『그림 7.6』은 배의 길이와 화물창의 수를 나타내고 있다. 화물창의 길이가 너무 짧으면 창구의 크기가 작아져서 하역에 지장을 초래하며, 너무 길면 이중저의 강도에 문제가 야기되므로 선급협회 규칙을 만족시키는 화물창 수를 적절히 결정한다.

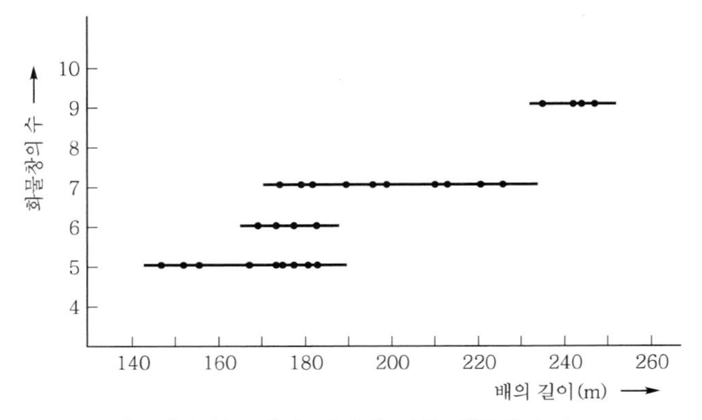

[그림 7.6] 배의 길이에 따른 화물창의 수

화물창의 수가 결정되면 다음으로 늑골간격을 결정하며, 이 간격도 역시 선급협회 규칙으로 규정된 횡늑골의 표준간격, 이중저의 늑판배치, 호퍼부의 트랜스버스의 배치와 관련해 정한다.

다음에 중앙부 화물창의 단면형상을 결정한다. 먼저, 벌크화물을 적재했을 때 항해 중 배의 동요로 화물이 유동하지 않도록 『그림 7.7』과 같이 30° 이상의 경사를 가진 어깨 탱크(Top side wing tank)를 설치하고, 이중저의 양쪽에는 양하시에 화물이 자연히 낙하하도록 40~50° 경사를 붙인 호퍼부를 설치한다. 또한 창구덮개의 배치와 관련시켜 결정해야 하며, 하역능률 향상면에서 될수록 큰 것이 바람직하고, 창구단과 횡격벽과의 수평거리는 일반적으로 5~6늑골 간격 이하로 하는 것이 요구된다.

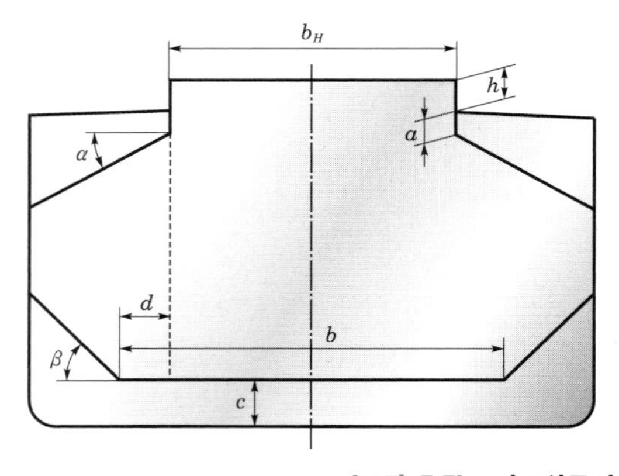

여기서, a : 상갑판창구 옆거더의 깊이
b_H : 창구폭
b : 내저판의 폭
c : 이중저의 높이
d : 창구측면으로부터 이중저 호퍼의 경사판이 시작되는 곳까지의 거리
h : 창구연재의 높이
α : 어깨탱크의 경사각
β : 이중저 호퍼의 경사각

[그림 7.7] 벌크화물선의 중앙단면 형상

벌크화물선의 여러 탱크의 배치는 어깨 탱크, 이중저 구획탱크, 그 밖의 구획의 탱크로 나누어 각각에 대해 검토하고 결정한다. 유조선의 화유 탱크 및 여러 탱크의 배치는 재래형 배치와 SBT 방식이 있으며, 각각의 선급규칙에 맞추어 최적의 위치로 배치하고 MARPOL과 선급의 규칙에 위배되지 않는지를 검토해 본다.

이와 같이 여러 탱크의 배치가 결정되면 기관실 배치도의 작성과 용적계산에 필요한 개략적인 정면도(body plan)를 작성하고, 그 정면도를 이용하여 흘수와 배수량, 부심위치 등의 관계를 계산하여 배수량 등곡선도(hydrostatic curves)를 만든다. 요구되고 있는 항속거리에 따라 연료유와 청수 등의 소요량이 계산되면 정면도와 개략 일반배치도를 사용하여 화물창, 연료유 탱크, 청수 탱크, 밸러스트 탱크 등의 용적을 계산하고 화물창, 연료유 탱크 등이 요구된 만큼의 용적을 확보하고 있는지를 검토한 후 각종 성능을 계산한다.

먼저, 만재 상태와 밸러스트 상태의 각각에 대한 트림을 계산하고 단면계수가 최소값을 갖게 하기 위하여 화물창의 길이와 배치 및 여러 탱크의 배치를 재검토하여 세로 굽힘모멘트가 될수록 소정의 크기 이내에 들도록 해야 한다. 또한 화물 또는 연료유의 적재방법을 바꾸든가 화물창의 길이나 단면형상을 수정하여 SOLAS에서 요구하는 낱알 복원력을 만족하도록 하고 구획 침수계산을 하여, 침수 후의 경사각과 G_0M 등이 요구조건을 충족하는지를 확인한 후 계산 결과 부적당하면 화물창의 길이나 탱크의 구획을 수정한다. 그리고 중앙횡단면도를 작성한 뒤, 그것에 따라 화물창 구획의 중량을 계산하고, 또 선수미 구획, 갑판실, 선루의 중량을 실적 자료로부터 추정하여 선각중량을 계산하여 경하중량을 재검토한다.

7.4 생산설계 · 의장설계

(1) 생산설계의 개요

생산설계는 상세설계에서 확정된 건조선의 구조와 배치에 따라 조선소의 능력에 맞게 효율적인 생산작업을 할 수 있도록 축척 현도작업과 네스팅(nesting)작업 및 절단도면의 작성과 각각의 부재에 대한 작성 및 각각의 부재에 대한 일품도와 취부도 등을 작성하는 작업이다. 『그림 7.8』은 부재의 일품도와 취부도를 보여 주고 있다.

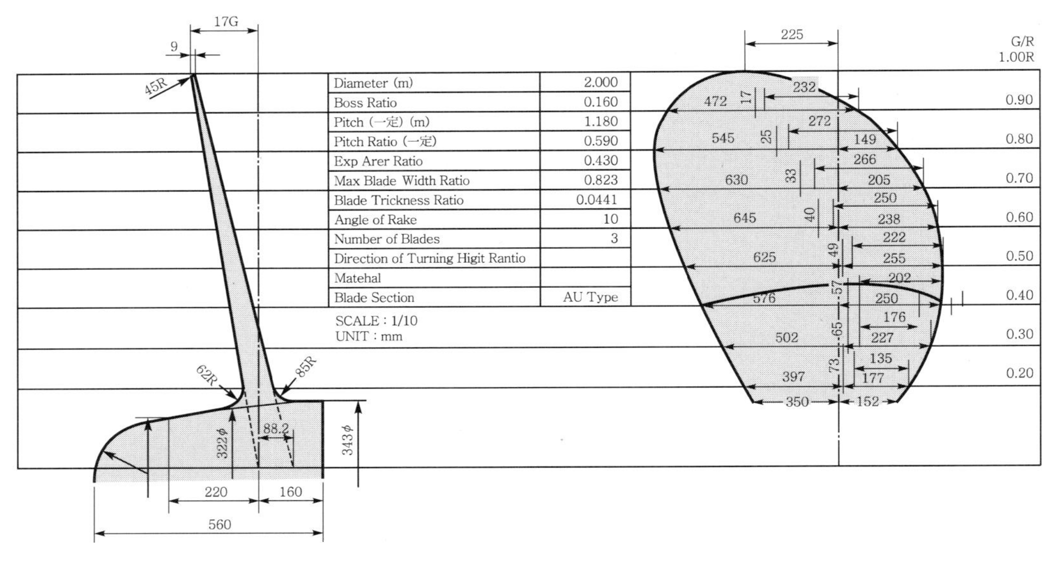

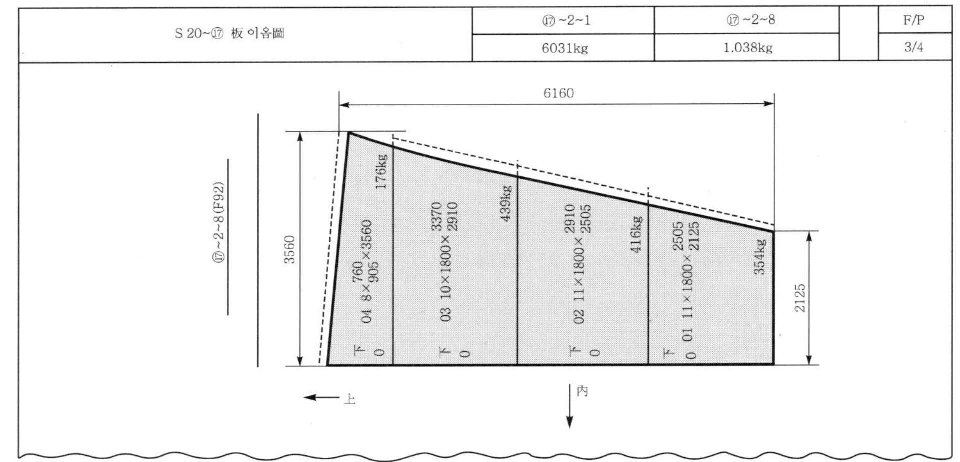

[그림 7.8] 부재의 일품도와 취부도

선박건조 작업은 조선소 자체의 배치, 시설장비의 현황과 조선소의 작업량 및 공사 일정 등에 따라 적합한 공사용 도면(공작도)에 의해서 이루어지며, 모든 부재의 가공은 생산설계에서 작성되는 절단도와 일품도 및 취부도에 의해 이루어지므로 조선소에 따라서는 생산설계를 생산작업의 한 과정으로 분류하는 경우도 있다.

생산설계에서는 건조선의 모든 부재를 구조별, 형태별, 작업순서별로 분류하고, 강재의 효율적인 이용을 위해 같은 두께를 갖는 부재들을, 같은 두께를 갖거나 그보다 더 큰 두께를 갖는 규격 강판 위에 조밀하게 배치하는 네스팅 작업으로 정리한 후 절단도를 작성하고 일품도를 만들어 강재리스트와 함께 현장 생산 작업으로 보낼 수 있게 해준다. 이때 생산작업에서 만들어지는 선각구조의 어떤 부분이라도 설계자의 의도대로 정확히 만들어져야 하며, 이를 위해서는 현장작업자와 혼동 또는 착오를 배제한 생산설계 도면이 필수적으로 요구된다.
생산설계에서 작성하는 절단도는 가공설비와 건조선의 특성에 따라,

① N/C film
② Projector film
③ 치수도면

등으로 절단작업 수행을 나누게 되며, 컴퓨터의 발전에 따른 현장 자동절단의 비율 증가로 N/C 절단의 비중이 높아지고 있다. 절단도상의 잘못, 특히 Projector film에 의한 자동절단은 실재 부재의 절단에 확대된 영향을 미치므로 정밀한 도면작성을 필요로 한다.

(2) 생산설계의 기준

① 설계자의 의도를 정확히 반영하는 생산작업을 위해 생산설계에서는 공사용 도면인 공작도의 작성에서와 마찬가지로 다음과 같은 항목의 적절한 기재 여부를 검토한다.
㉠ 구조별 기호 : 배의 각 구조별 위치에 따라 기호를 부여하는 것
㉡ 부재 기호 : 배의 구조를 이루는 모든 부재에 기호나 번호를 주어서 그 번호에 따라 분류되고 가공되며 조립될 수 있게 하는 것
㉢ 공작에 필요한 기호 : 현장에서 생산작업시 필요로 하는 여러 공작기호, 예를 들어 판두께 방향에 대한 기호, 여유값(Margin) 기호 등
㉣ 부재별 작업량의 지시사항 : 간략한 기호표시를 통한 작업의 각 단계 지시
㉤ 용접 및 개선 기호 : 용접각장, 용접기기별 구분 등의 기재
㉥ 부재표 : 부재의 재질, 수량, 크기 및 주의사항 등의 기재
위 항목들을 생산설계의 기준으로 삼아 해당 사항의 누락 여부 또는 모호한 사용 여부를 검토한다.

② 생산설계의 작성 혹은 검토 기준으로는 다음과 같은 점들을 들 수 있다.
㉠ 공사용 도면인 공작도의 구성은 완벽한가?
㉡ 도면작성 소요시간은 생산작업에 지장을 주지는 않는가?
㉢ 불필요한 기호나 치수의 기입은 없는가?

㉣ nesting plan은 효율적인가?
㉤ 강재 및 자재의 분류는 표준화를 구축하여 효율적인가?
㉥ 건조선에 대한 가공정도 개선을 위한 방안을 검토하는가?
㉦ 공통부재를 효율적으로 정리하는가?
㉧ 전산화 생산도면의 가능성은 없는가?
㉨ 도면 정보의 시각화를 검토했는가?
㉩ 도면의 단순화를 검토했는가?

(3) 의장설계의 개요

배의 성능을 발휘하기 위해 요구되는 선각 이외의 여러 장치의 상세설계 과정으로, 의장에는 선체의장, 기관의장, 전기의장의 3부분이 있다.

의장은 선각구조에 비해 부분적인 것이지만 직접 승조원의 생활과 관련되는 사항이 많고, 또 그것으로 배 전체를 평가하는 일이 흔히 있어 배의 수익에 따른 영향이 커지므로 신중히 다루어야 할 부분이다.

(4) 의장설계의 기준

① 내진성 : 배는 장기간에 걸쳐 계속되는 진동을 받는다. 따라서 선체와 의장품들은 각기 다른 진동을 하게 되고 특히 배관이나 배선계통의 연결부에 미치는 영향이 크므로, 설계시 각 부품의 고유 진동수나 연결부의 내진성에 대한 고려가 요구된다.

② 동요시 성능에 미치는 영향 : 항해 중 악천후로 인한 동요로, 기기에 미치는 영향은 육상에서 충분한 사용실적이 있는 기구라도 특별한 고려를 요한다.

③ 해수에 대한 고려 : 해수의 영향에 의한 강재의 침식은 육상에서의 그것과는 비교할 수 없을 만큼 빠르다. 특히 해수와 공기가 번갈아 접하는 갑판상 노출기기들은 그리스 등을 발라 침식을 방지하기도 하며, 재질이나 윤골 방법을 충분히 검토하여 대처해야 한다.

④ 드레인에 대한 배려 : 공기 중의 수증기에 의해 선체 위벽이나 기기의 표면에 물방울이 생기는데, 이것이 점점 많아지면 드레인이 되어 고이게 된다. 따라서 기하학적으로 드레인이 고이지 못하게 기기를 설계하거나 완전히 공기를 차단한다.

⑤ 자외선 등 가혹한 기상조건에 대한 배려 : 해상에 노출되는 의장품은 이를 고려한 재료를 선택하고 특히 패킹이나 호저의 사용은 주의를 요한다.

⑥ 수리를 위한 배려 : 의장품은 비전문가도 쉽게 다룰 수 있는 간단한 구조가 바람직하며, 세계 어느 곳에서도 입수가 가능한 부품으로 구성되어야 한다. 또한 서비스망을 완비한 메이커 제품을 선정하는 것이 좋다.

⑦ 그 밖의 주의 사항 : 선수부 의장품의 방파 장치, 소음이 적은 기기 선택, 전기부 축의 길이방향 배치, 각 검사에 합격된 의장품의 선택 등이 있다.

Chapter
08

선박 건조

Chapter >>> 08 선박 건조

8.1 개요

배의 건조는 일반적으로 강재로 된 배의 구조물을 만드는 선각공정과 기관, 기기, 설비 등 의장품을 제작 혹은 설치하는 의장공정으로 구분된다. 그러나 두 공정 중 선각공정이 우선적으로 진행되며 공사의 특성상 선각공정 중심으로 전체공정이 형성되고, 의장공사는 선각공사에 부가하여 그 공정이 이루어지게 된다.

배의 건조방법도 강선, 목선, FRP선 등 사용되는 재료에 따라 부분적으로 다르고, 상선, 어선, 함정 등 배의 종류에 따라 부분적으로 다르나 여기에서는 강재로 된 일반적인 상선을 기준으로 살펴보겠다.

강선이 출현한 후 건조기술은 여러 면에서 꾸준히 발달하여 왔다. 그 중 생산성 향상에 획기적인 기여를 한 건조법의 변화로는 용접기술과 블록건조법, 선행의장이 대표적이다.

(1) 용접기술

먼저 용접기술에 대해서 살펴보면 종전에는 강판의 이음을 두 판을 겹쳐서 리벳(rivet)으로 고착하였으나, 이 방법은 현장 조건에 맞추어 강판에 구멍을 뚫고 리벳을 사용 직전에 가열해야 하고 이음새의 수밀작업을 해야 하는 등 여러 가지 어려움을 안고 있었다. 제 2차 대전 후 용접이음이 가능해져 판이음 작업이 훨씬 단순하게 되고, 그 후 용접기술의 계속적인 발전으로 자동용접, 특히 1회 용접으로 판이음의 앞면과 뒷면을 동시에 접합시키는 반면용접법의 활용으로 건조작업의 능률을 획기적으로 높일 수 있었다.

(2) 블록(block)건조법

목선시대에서 시작하여 강선 출현 후에도 건조방식은 일품탑재식이었다. 이 방법은 선대 위에 용골을 먼저 깔고 그 위에 늑골을 순차적으로 세워 배의 골조를 먼저 완성한 후 외판을 한 장씩 순차적으로 붙여 나가는 것으로, 작업이 어려울 뿐 아니라 모든 작업이 직렬로 이루어지기 때문에 건조 기간이 매우 길어질 수밖에 없었다. 이러한 방법으로는 수십만 톤 되는 요즘의 대형선박을 건조하기는 거의 불가능했을 것이다. 1950년대에 들어 본격적으로 개발된 블록건조법은 이러한 결함을 해결하기 위한 것으로 현재의 건조법의 기초를 이루고 있다.

블록건조법은 우선 선체를 수십 개 혹은 수백 개의 블록으로 분할하여 그 개개의 블록들을 지상에서 조립 제작하고 제작된 블록들을 순차적으로 선대 위에 탑재하여 하나의 선체로 조립해 내는 방법으로서, 이 방법이 가능하게 된 것은 판이음을 용접으로 행하게 된 데 있다. 이 방법을 채택함으로써 다음과 같은 구체적인 이점을 얻을 수 있다.

① 선대상의 높은 곳에 행하여질 많은 고소작업을 지상에서 안전하고 쉽게 행할 수 있다.
② 이 작업을 공장 내로 유치함으로써 작업을 기후의 영향으로부터 보호할 수 있다.
③ 공장 내로 유치된 작업은 여러 가지 자동화가 용이해진다.
④ 선대작업량을 감소시킴으로써 선대 기간을 단축시키며, 블록 조립공사를 병행하여 수행함으로써 전체 건조 기간을 크게 단축시킬 수 있게 된다.
⑤ 블록 조립을 선대공사에 선행하여 행하게 됨으로써 다음에 소개할 선행의장 등 신기술의 도입이 가능하게 된다.

이와 같은 이점으로 인하여 거의 모든 조선소는 체계화된 조립공장을 갖추고 있다.

(3) 선행의장

원래의 배의 건조는 선대에서 선체를 먼저 건조하여 진수한 후 배를 물 위에 띄워놓은 상태에서 의장공사를 수행하여 배를 완성시키는 방식으로서, 모든 의장품이 개별적으로 탑재될 뿐 아니라 선각공사 기간과 의장공사 기간을 합한 기간이 전체 건조 기간으로 되어 건조 기간이 길어질 수밖에 없었다. 획기적인 건조기술이라 할 수 있는 선행의장이라 함은 의장품을 선각블록이 선대 상에 탑재되기 전에 선각블록에 미리 설치하는 것을 말하며, 의장공사가 보다 더 쉬워질 뿐만 아니라 진수 후의 의장공사 기간을 단축시킴으로써 전체 건조 기간을 단축시키게 된다. 따라서 선행의장의 범위를 최대로 확장하는 것이 생산성을 높이는 척도가 된다.

이 선행의장의 개념을 더욱 확대, 선각과 의장을 통합하여 생산하는 방법이 진행되고 있다.

8.2 건조공정

앞에서 언급한 바와 같이 선박의 건조는 블록건조법을 사용하게 되고, 또 블록 조립공정을 세분화하게 됨으로써 배의 건조공정은 보다 복잡하게 되었다. 배의 생산의 흐름을 건조공정이라고 하며, 배의 건조공정을 크게 구분하여 현도, 가공, 조립, 탑재 및 진수로 볼 수 있는데 이들을 선박 건조의 5대 공정이라고 한다.

(1) 현도공정

현도공정은 강재를 사용하는 실제 작업을 위한 준비 단계로서, 설계 과정에서 만들어진 배의 선도를 원척으로 수정하여 공사용선도를 작성하여 실제 강재를 절단하고 굽히고 부착하는데 필요한 자료 및 형(template)을 제작하는 일들을 하게 된다. 따라서 원래 이러한 일들을 수행하기 위해서는 배를 원척으로 그릴 수 있는 넓은 면적의 현도장을 필요로 하였으나, 현재는 그 작업의 대부분을 컴퓨터를 이용하거나 부분적으로 1/10 축척으로 행함으로써 현도장의 면적과 업무량이 많이 축소되었다.

(2) 가공공정

가공공정은 강재를 사용하는 실제 작업의 첫 공정으로서 강재 표면에 절단, 굽힘, 부착 등에 필요한 선을 그리고 기호 등을 기입하는 마킹(marking)작업, 강재를 필요한 부재모양으로 잘라내는 절단작업과 부재를 필요한 형상으로 굽히는 굽힘작업으로 구성된다. 절단작업은 주로 가스절단으로 이루어지며 굽힘작업은 프레스와 롤러 등을 사용하게 된다. 따라서 가공공정에는 여러 종류의 많은 기계장비를 필요로 하며, 이들을 보호하기 위한 건물이 필수적이다.

(3) 조립공정

조립공정은 가공공정을 거쳐서 제작된 부재들을 조립하여 선각블록을 만드는 공정이다. 하나의 블록을 만드는 일도 소요되는 부재를 하나씩 붙여 나가는 것보다 부분적으로 따로 조립하여 블록에 붙이는 것이 능률적이다. 거의 모든 블록이 이러한 필요성을 가지고 있어 이런 작은 단위의 조립을 별도의 공정으로 설정하는 것이 시설의 활용 등 여러 면에서 유리하게 된다. 따라서 조립공정은 소조립공정과 대조립공정으로 분리되며, 크고 복잡한 블록의 경우는 그 사이에 중조립공정도 필요로 하게 된다. 소조립은 주로 판재부재에 보강재(stiffener)와 같은 간단한 골재를 붙이는 일이 되며, 대조립은 부재 및 소조립 블록들을 결합하여 최종단위의 블록을 완성하는 일이 된다.

부재와 부재를 결합하는 일도 용접으로 이루어지며, 그 작업량이 실제로 큰 비중을 차지하므로 능률적인 용접을 위한 노력이 중요하다.

조립공정은 부재 및 블록을 운반할 천정 크레인이 필요로 하며, 작업을 보호하기 위하여 대개 건물을 세우게 되고, 이 건물은 원래 용접작업을 비와 바람으로부터 보호하기 위한 것이라 하여 용접공장이라 부르기도 하였으나 요즘은 대개 조립공장이라 부른다.

(4) 탑재공정

탑재공정은 완성된 블록들을 선대 상에 탑재하여 하나의 선체로 만들어 내는 공정이다. 블록은 미리 계획된 순서에 따라 탑재되며, 선형을 정확하게 유지하기 위하여 블록의 위치를 조절하여 블록간의 이음부를 가용접하여 놓았다가 완전용접하여 선체구조를 완성하여 나간다. 용접이 완료된 부분에 대하여는 구획별로 에어 테스트 또는 수압 테스트 등으로 용접부위를 확인하여 선각공사를 마무리한다. 탑재공사를 위해서는 경사진 표면으로 된 선대와 블록을 탑재할 수 있는 대형 크레인이 필수적이며, 요즘은 특히 대형 선박을 건조하기 위하여 선대 대신 선거(building dock or dry dock, 건조 도크)를 사용하는 조선소가 대부분이다.

탑재공정에는 선각공사만 이루어지는 것이 아니고 여러 가지 의장공사도 같이 진행되며, 건조기간을 단축시키기 위하여 가급적 많은 의장공사를 탑재기간 중에 하는 것도 중요하다. 특히 추진기, 추진축, 프로펠러 등 축계장비는 진수 전에 설치하지 않으면 안 된다.

의장공사는 선행의장을 하는 경우 탑재공정 전에도 이루어지며, 요즘은 선행의장의 범위가 매우 넓어져서 조립공정과 탑재공정 사이에 선행의장공정을 별도로 설정하기도 한다.

(5) 진수공정

진수공정은 선대 위에서 완성된 선체를 물 위에 띄우는 공정으로, 진수는 수초 동안 진행되지만 이를 위한 여러 가지 준비 작업이 필요하게 된다.

이상에서 검토한 바와 같이 배의 건조공정은 실제로 여러 단계로 되어 있으며, 강재가 가공공정에 투입되어서부터 탑재공사에 이르기까지 개개의 부재는 매우 복잡한 경로를 따라 흐르게 되고 건조공정은 합하여 하나의 커다란 조립공정을 형성하게 된다. 이 건조공정에서의 생산의 흐름이 중단되지 않고 연속적으로 이루어지도록 생산의 계획과 관리를 수행하는 일이 중요하게 된다.

8.3 건조방식

조립공정에서 생산된 블록을 결합하여 하나의 선체를 제작하는 탑재공정에 있어서는 조립공장의 블록 생산능력과 그 면적, 건조기간, 선대 또는 도크의 수와 규모, 배치의 조정 등 많은 생산 조건을 만족시키기 위하여 블록 탑재 순서나 건조 개시점 위치와 그 수 등을 변화시킴으로써 여러 가지 건조법이 개발되어 있다.

(1) 층식 건조법과 윤절식 건조법

가장 대조적인 건조법으로서 층식 건조법과 윤절식 건조법이 있다. 층식 건조법은 전후 방향으로 전개하여 가는데 주안점을 둔 건조방법이고, 윤절식 건조법은 상하 방향으로 전개하여 가는 데 주안점을 둔 건조방법이다. 이 두 가지 건조 방식의 장단점은 서로 상반되고 있다.

① 층식 건조법에 있어서의 장점

㉠ 탑재 초기에 비교적 다수의 작업원을 흡수할 수 있다.

㉡ 내업에서 선대까지의 각 공정에 있어서 어떤 기간 동일 작업자가 동일한 작업을 계속하여 행할 수 있으므로 전문화에 의한 능률 향상이 가능하다.

② 층식 건조법에 있어서의 단점

㉠ 탑재된 블록의 용접 순서를 적절하게 행하지 않으면 선체의 변형, 특히 선수미의 코킹업(cocking up)이 커진다.

㉡ 구획별 통합이 늦어져서 각종 검사, 의장공사가 늦어질 염려가 있다.

㉢ 탑재 초기부터 넓은 선대 면적을 필요로 하여 잉여 면적의 활용이 불가능한 점이 있다.

이 두 방식의 장점을 살리고 단점을 보충한 중간적인 것으로서 피라미드 건조법이 있으며, 이 방식이 가장 많이 사용되고 있다. 실제의 건조공정에 있어서는 순수한 층식 건조나 윤절식 건조가 행하여지는 경우는 매우 드물다.

(2) 다점 건조법

탑재 기점 수는 하나로 하는 경우가 많지만, 건조기간의 단축을 위하여 2개소 또는 3개소 이상으로 기점을 취하는 때도 있다. 이러한 건조방식을 다점 건조법이라고 부르고, 탑재 기점을 수개소로 취하여 출발 시기에는 다소 차이가 있더라도 각 그룹으로 분할하여 공사를 시공하여 최후에 각 그룹 간을 결합하는 방법이다.

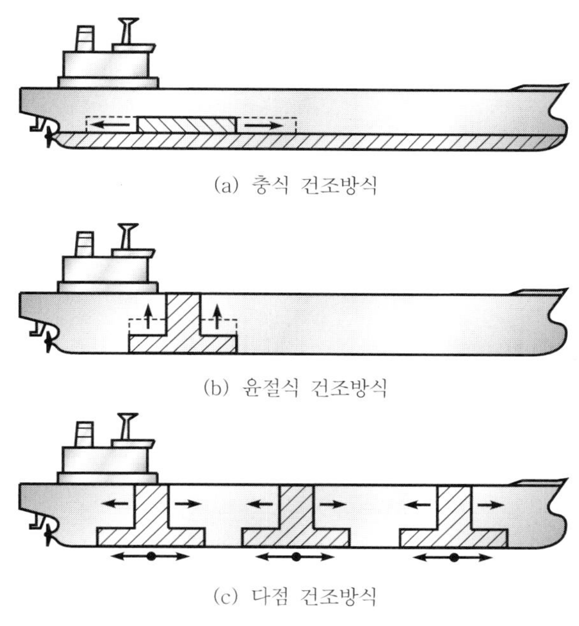

[그림 8.1] 여러 가지 건조방식

(3) 선행탑재법

선행탑재법은 조립 완료된 블록들을 선대 옆에 운반하여 2~4개씩 지상에서 미리 결합하여 보다 큰 단위로 탑재하도록 하는 방법으로, 선대상의 작업량을 줄여 선대 기간을 단축시킬 뿐만 아니라 선행의장을 촉진시키는 효과를 발휘하게 된다.

(4) 선행건조법

선행건조법은 보통 세미탠덤(semi-tandem) 방식으로 불리어진다. 이 세미탠덤 방식은 건조도크(dry dock)를 사용하여 건조할 때 적용할 수 있는 것으로, 선체를 선미 부분과 선수 부분으로 분리하여 선미 부분을 건조도크의 한쪽에서 선대 가공에 앞서 미리 건조한 후 선수 부분을 계속하여 건조함으로써 건조도크 내에 항상 1.5척의 배가 건조 상태에 있도록 하는 것이다. 이렇게 함으로써 한 척의 건조기간은 차이가 없으나 건조도크의 활용도는 1.5배가 되며, 1척 단독 건조시에 생기는 진수·가공 전후 기간의 작업량 감소가 해소되어 선대 인원의 활용도를 높이게 된다.

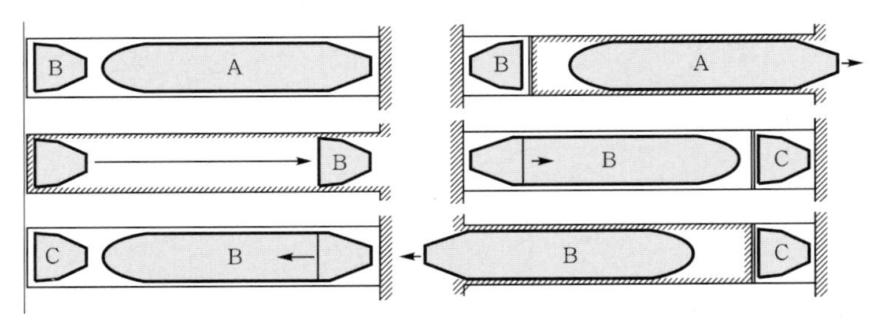

[그림 8.2] 세미탠덤 방식

(5) 분할건조법

분할건조법은 선체를 선미부와 선수부로 분할하여 개별적으로 건조하여 해상, 건조도크에서 둘을 결합하는 것으로, 대개 한 선대를 사용하여 선미부를 진수하여 기관실 및 선실 구역의 의장공사를 진행하는 기간에 선수부를 건조하게 된다. 이 방식은 세미탠덤 방식과 같은 효과를 기대할 수 있으나, 두 선체를 결합하는 일의 어려움과 소요 시간 때문에 보편적으로 사용되는 방법은 아니며 보유하고 있는 선대의 길이가 배의 길이보다 짧은 경우 편법으로 사용되는 정도이다.

(6) 압출식 건조법

압출식 건조법은 블록탑재시설을 선대의 머리 부분에 고정해놓고 블록을 탑재하여 배를 한 블록 길이만큼 뒤로 이동시킨 후 다음 블록을 탑재하는 것을 반복하여 나가는 방식으로서, 우수한 성능

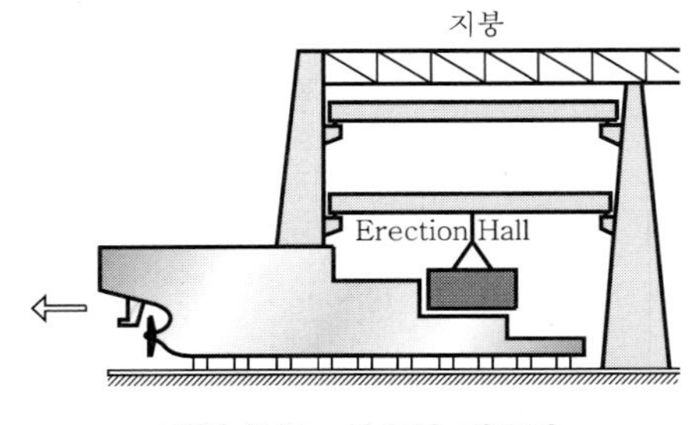

[그림 8.3] 압출식 건조법

의 시설과 장비를 한 곳에 집중 배치하여 이의 활용도를 높일 수 있다. 이 방식은 대형 선박에는 사용이 곤란하다.

(7) 육상건조법

선박을 건조하기 위해서는 선대나 건조도크를 이용해서 건조를 해야 하지만 최근에는 육상에서 선박을 건조하는 육상건조공법이라는 새로운 공법이 개발되었다. 현대중공업에서 2004년 10월에 세계 최초로 육상건조공법을 이용하여 선박을 제작하는데 성공하였다. 유압시스템을 이용하여 마치 물에 떠 있는 것처럼 어디에서나 동일한 압력이 가해지도록 100여 개의 기둥을 이용하여 선체의 무게를 받치고 있어 선박의 바닥은 육상에서 1m 쯤 떠있게 된다. 바다에서 먼 쪽의 야드(yard)에서는 소형 블록을 제작하고 제작된 소형블록을 모아 대형블록을 만들고, 어느 정도 대형 블록이 만들어지면 골리앗 크레인으로 블록을 들어 가운데 자리로 옮겨 조립을 한다. 가운데에서 선박의 외형이 만들어지면 배를 수평으로 밀어 바닷가 쪽으로 옮긴다. 배 밑에는 육상에서 수평으로 움직일 수 있도록 8개의 레일(rail)이 설치되어 있다.

육상건조공법의 핵심은 완성된 거대한 선박을 휘거나 균열이 생기지 않게 바다에 진수하는 것으로 스키딩(skidding) 방법과 반잠수식 바지선 시스템을 이용하여 안전하게 진수할 수 있다. 질소 등 가스를 배 밑에서 뿜어 배를 1mm 정도 공중에 띄운 후에 옆에서 미는 방법이다. 균일하게 압력을 가할 수 있어서 배를 옮길 때 휘지 않는다는 장점이 있다. 이렇게 옆으로 옮긴 선박은 반잠수식 바지선에 실리게 되는데 반잠수식 바지선이 수심 20m의 바다로 나가면 바지선은 잠수를 하고, 바지선에 실려 있던 선박은 물에 뜨고, 이를 다시 안벽으로 옮겨서 마무리 의장공사를 하게 된다.

육상건조공법의 장점이라고 한다면 추가적인 도크 건설비용 없이 선박을 제작할 수 있다는 것이다.

[그림 8.4] 육상건조공법과 레일(rail)

(8) 메가블록(Mega-Block) 공법과 기가블록 공법

육상 도크를 새로 마련하지 않고도 선박 건조량을 늘릴 수 있는 방법으로, 삼성중공업에서 개발한 플로팅 도크(floating dock)를 이용한 메가블록(mega-block) 공법이 있다.

메가블록 공법은 기존의 블록보다 5~6배나 큰 2500톤 이상의 초대형 블록으로 조립한 뒤 해상크레인을 이용해 플로팅 도크에 탑재하는 방식으로 설비의 효율을 높임과 동시에 건조기간을 획기적으로 단축시키는 결과를 가져왔다.

예를 들어 10만톤급 유조선 1척을 건조하는데 들어가는 블록이 이전에는 약 90여 개에 달했으나 메가블록으로 만들어 건조할 경우에는 단지 10개의 블록으로 만들 수 있어 도크 내 건조기간을 단축할 수 있다. 또한, 메가블록 공법을 발전시킨 기가블록, 테라블록 공법을 개발하여 현재 선박 건조에 적용하고 있다.

기가블록 공법이란 메가블록 2개를 결합해 5000톤 규모의 초대형 블록으로 제작한 뒤 이를 2기의 해상크레인으로 이동해 도크에 탑재하는 공법이며, 테라블록 공법은 선박의 절반 크기에 해당하는 길이 150m, 무게 10000톤 규모의 초대형 블록을 육상에서 만든 뒤 도크에서는 단 2개의 블록만으로 선박을 완성하는 신공법이다.

[그림 8.5] 플로팅 도크(floating dock)를 이용한 메가블록(mega-block) 공법

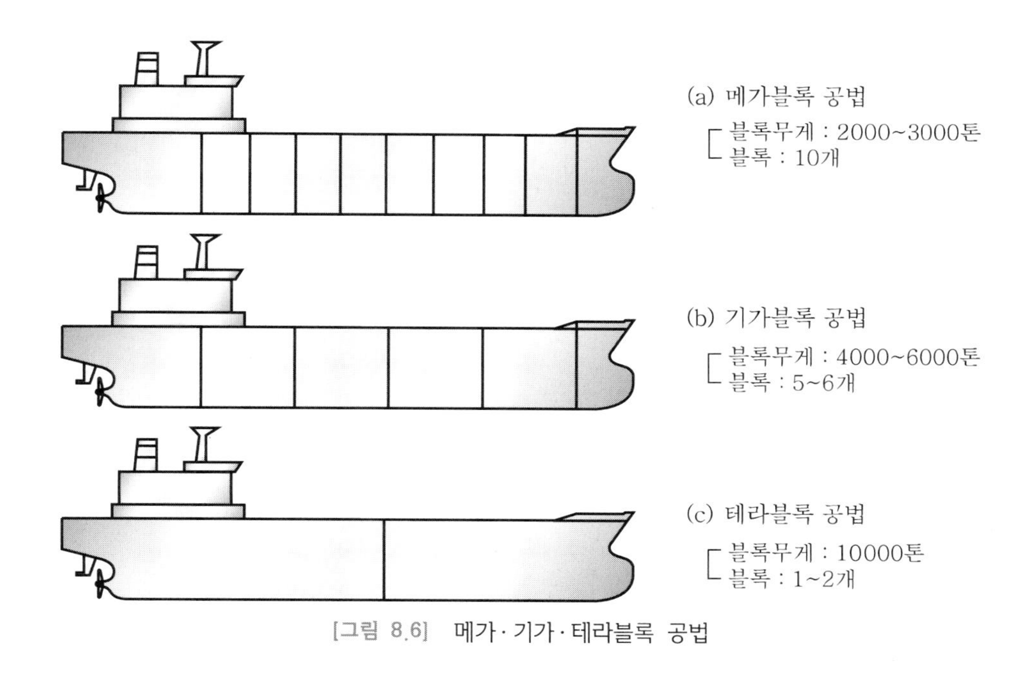

[그림 8.6] 메가·기가·테라블록 공법

8.4 진수

진수(launching)란 육상에서 건조한 선체를 처음으로 수상에 띄우는 것으로써, 신조선의 탄생을 축하하여 성대한 진수식(launching ceremony)이 거행된다. 선대 상에서 건조된 선박의 중량은 선체 밑의 여러 반목이나 지주에 의하여 지지되어 있다. 진수 작업은 작은 것은 수십 톤에서부터 큰 것은 수만 톤에 이르는 중량을 단시간 내에 진수대 상에 이동한 뒤, 수십 초에 지나지 않는 짧은 시간에 물속으로 활주시키는 대단히 거창한 작업이다. 따라서 진수에 대하여서는 상세한 계산이 필요하고, 이것에 과거의 경험을 응용하여, 또 숙련된 작업원에 의하여 집행되지 않으면 안 된다.

진수 방법으로는 다음과 같은 것이 있다.

(1) 종진수(end launching)

1/18~1/22 정도의 경사에서 배를 길이방향으로 선미 쪽으로 진수시키는 방법이다. 일반적으로 선박은 선수를 육지 쪽으로 하여 건조되고 선미 쪽으로 진수시키는데, 그것은 선미 쪽이 빨리 부력을 얻을 수 있고 몰입부 부양 때 발생하는

과대한 압력에 대하여 선체구조상 선수부보다 선미 쪽이 안전하여 적당하며, 선미골재, 프로펠러, 타 등의 운반 설치가 해면 측에 있는 편이 편리하기 때문이다.

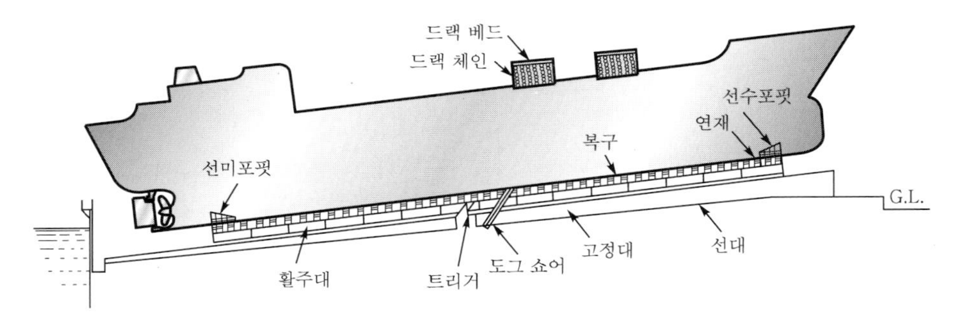

[그림 8.7] 종진수

(2) 횡진수(side launching)

1/6~1/10 정도의 경사에서 선체를 해안과 평행하게 건조하여 가로 방향으로 활주시켜서 진수시키는 방법으로 종진수보다 급하고 위험도가 높아서 전방의 수면이 좁은 하천 등 불가피한 경우 이외에는 잘 사용되지 않는다.

[그림 8.8] 횡진수

(3) 건조도크(dry dock)

선박 건조 설비를 가지는 건조도크(dry dock) 내에서 건조하여 단순히 선거 내에 물을 서서히 주입시켜 선박을 부양시키는 진수 방법이 최근에 많이 사용되고 있으며 가장 번거롭지 않은 진수 방법이다. 이 건조도크는 축조에 막대한 경비와 장기간의 시일이 필요로 하고 상당한 유지비가 소요되는 등의 결점도 있으나, 최근의 선박의 대형화 경향은 건조도크의 건설을 불가피한 것으로 만들고 있으며, 대형 조선소는 거의 이러한 건조도크 설비를 갖추고 있다.

[그림 8.9] 건조도크(dry dock)

(4) 플로팅도크(floating dock)

최근에는 바다 위의 선박 건조시설이라고 불리는 플로팅도크(floating dock)를 이용하여 선박을 진수하기도 한다.

선박을 건조할 때는 지상에서 건조를 하고 선체를 유압을 이용하여 안벽에 설치한 플로팅도크에 밀어서 옮긴 후 예인선박을 이용하여 플로팅도크를 수심이 일정한 깊이 이상이 되는 곳으로 이동한 다음 도크에 물을 채워 선박을 가라앉혀서 진수하는 방법이다.

일반 선박처럼 도크 내부의 밸러스트 탱크에 물을 넣고 빼면서 선박을 도크 내에서 밖으로 진수를 하기도 하고, 수리 선박 같은 것을 도크 위에 정치시킨 다음 물을 빼어 물 위로 올린 다음 수리를 하기도 하고, 지상의 선대에 올려놓기도 하는 방법이다. 이 플로팅도크의 장점이라고 하면 물을 넣고 빼는데 건조독보다 짧은 시간 내에 할 수 있으며, 경제적이다. 하지만 선박의 크기에 제한을 받으며 선박을 선대에서 플로팅도크로 이동시키는데 높은 기술력을 필요로 하는 단점이 있다.

『그림 8.10』은 세계에서 가장 큰 플로팅도크의 모습이다. 거제 대우조선해양 조선소에서 2009년 9월 9일에 준공한 플로팅도크로서, 길이 438m, 폭 84m, 높이 23.5m로서 여의도 63빌딩 두 개를 이어 붙인 것만큼 길고, 면적은 축구장 5개 크기에 이른다. 초대형 컨테이너선(길이 365.5m, 중량 45800톤) 2척을 한 번에 띄울 수 있다.

[그림 8.10] 플로팅도크(floating dock)

8.5 시운전

선체와 의장공사가 완성에 가까워지면 시운전이 시작되고, 시운전이 완전히 끝나면 선박을 선주에게 인도하게 된다.

시운전의 목적은 선주, 관청 또는 선급 협회의 감독 입회하에 신조선의 여러 가지 성능을 검정함과 동시에 조선소로서는 장래의 계획자료가 되는 여러 자료를 얻는 것에 있다. 시운전은 최근 선박의 대형화, 여러 기능의 복잡화 등에 의하여 그 항목이나 시운전 내용에 대하여서도 변천을 가져오고 있다.

공식 운전은 신조선의 경우뿐만 아니라, 수리를 행하였다든지 선체 또는 기관의 일부에 대하여 신설 또는 개조 공사를 시공한 경우에도 시행한다. 공식 운전의 종류는 선박의 종류에 따라서 다르지만, 먼저 일정한 거리의 표주간을 항주하여 그 소요 시간으로부터 속력을 산정하는 표주간속력시험이 있다. 표주간 시험 이외에 항속력 시험과 후진시험이 있다. 또 선박의 운동 성능 시험으로서 타력시험과 선회시험이 있다. 중심산정 시험은 건조 중에 선박의 여러 가지 상태로 행한다. 예를 들면 선각 공사를 완료한 경우에는 선각중심을 계측하고, 완성한 후에는 완성중심 검사를 행한다. 시험 방법은 선상에 준비한 중량물을 좌우현으로 이동시켜서 선박을 경사시켜 그 경사각으로부터 선박의 중심 위치를 산정하는 것으로서 이것을 경사시험이라고 한다. 동요시험도 마찬가지로 선박의 동요 고유 주기를 계측한다. 이 두 가지 시험은 선박의 정지 상태에서 시행한다.

최근에 이르러 선형이 대형 비대화됨에 따라 속력 계측에 사용되는 표주해역의 활주거리가 충분하지 못하게 되어 전파를 이용한 선박의 속도 측정 방법이 개발, 실용화되고 있다. 또한 초대형선이 비대화됨에 따라 선회성능의 저하가 문제가 되어 Z시험 또는 스파이럴 시험 등이 새롭게 실시되는 예가 증가하고 있다.

계류시운전을 시행하기 전에 미리 주기관은 물론 이에 관련이 있는 각 보기류의 정비 상태를 충분히 조사하고, 운전에 있어서는 이들의 작동을 검사하여 그 기능이 충분하다는 것을 확인한다. 계류시운전에 있어서는 선박이 움직이는 것을 멈추는 설비가 필요하다. 이 경우 부하는 1/2~3/4로 한다. 이러한 설비가 없을 때는 후부 샤프트를 분리하여 주기를 회전시킨다.

해상시운전 및 여러 시험은 선주의 승인을 얻은 조선소의 실시 방안에 의하여 시행되는 것이 원칙이다.

최적 속력 시험은 일부 재화상태의 최적 트림(trim)으로 최적 속력을 측정하며, 유조선에서는 만재 상태로 시행한다.

타력 시험은 항주 중 또는 전진 중의 기관을 정지하여 타력에 의하여 선박이 전진하는 거리 및 시간을 측정한다.

정지 및 후진 시험은 전속력으로 전진 중 급히 후진전력을 발령하면 선박은 점차 속력을 감소하여 곧 정지하지만, 선박에는 후진이 걸려 있으므로 점차로 후진을 계속한다. 후진 속력 정정 후 전진전력을 걸면 선박은 후진 속력을 감하여 다시 정지하고 전진을 개시한다. 이때 이들 시간 및 거리를 측정한다. 이들 기록은 선박의 위급 시에, 그리고 운항상 필요하고 중요한 요소이다.

선회권 시험은 전력 항주 중 타각을 좌우 35°로 각 현으로 1회 선회시켜서 선회권을 측정한다. 선회권의 직경, 즉 크기는 선박의 운항상 필요한 것이다.

조타 시험은 전속 전진 중 타중앙으로부터 좌현 35°, 좌현 35°로부터 타중앙으로, 타중앙으로부터 우현 35°로, 우현 35°로부터 좌현 35°로, 좌현 35°로부터 타중앙으로, 각각 전타하여 발령으로부터 전타에 소요되는 시간, 선체의 경사도를 계측한다.

예비 조타 장치의 시험은 속력을 떨어뜨려서 행하는 것이 보통이고, 예비 장치로의 전환 시간을 계측하고 그 때의 속력을 기록한다.

[그림 8.11] 해상 시운전

참고 문헌

- 대한조선학회, 『조선공학개론』, 동명사, 1974.
- 대한조선학회, 『조선해양공학개론』, 동명사, 2003.
- Lewis, Edward V. (EDT), 『Principles of Naval Architecture』, SNAME, 2007.
- Thomas Charles Gillmer and Bruce Johnson, 『Introduction to Naval Architecture』, Naval Institute Press, 1982.
- 대한조선학회, 『선박계산』, 동명사, 2003.
- 오인호, 『선박의 동력 전달과 추진』, 다솜출판사, 1993.
- Gere,J.M., 『Mechanics of Materials, 5th ed.』, Brooks/Cole Thomson Learning, 2001.
- Beer,F.P., Johnston Jr.,E.R., Eisenberg, E.R., and Staab, G.H., 『Vector Mechanics for Engineers, Statics, 7th ed.』, 2004.
- 한국해양연구원, 『선박의 이해(해양과학총서 8)』, 2002.
- 국방기술품질원, 『국방품질 경영지(Defense Quality Management Journal)』, 2009.
- 『두산대백과사전』, 두산동아, 2009.

참고 사이트

- 대한민국 해군 ································· http://www.navy.mil.kr/
- 대한민국 합동참모본부 ······················ http://www.jcs.mil.kr/
- 한국해양연구원 ······························ http://www.kordi.re.kr/
- 국방기술품질원 ······························ http://www.dtaq.re.kr/
- 두산백과사전 ································· http://www.encyber.com/
- 유용원 기자의 군사세계 ····················· http://bemil.chosun.com/

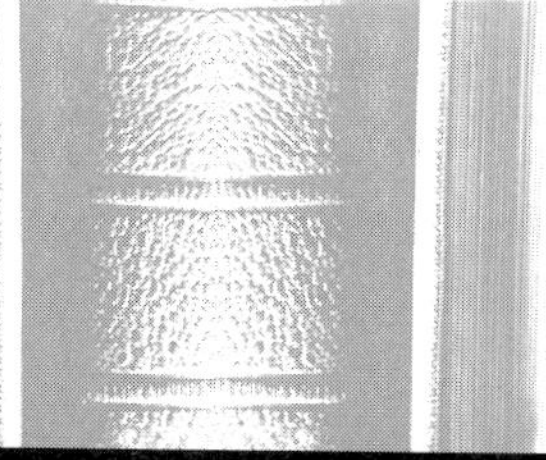

경기도 파주시 교하읍 문발리 출판문화정보산업단지 536-3 TEL:031)955-0511 FAX:031)955-0510

수질환경기사 · 산업기사

장준영 著/4 · 6배판/1,688p/정가 38,000원/부록 CD 1매 포함

- 최근 출제 경향에 맞추어 요점과 문제를 수록하였으며 초보자들도 쉽게 이해할 수 있도록 문제마다 상세한 해설을 붙였습니다.
- 어려운 용어는 이해하기 쉽도록 해설하였으며 해당 그림을 충분히 실었습니다.
- 개정된 환경관계법령에 따라 관련되는 것은 이를 기준으로 집필하였습니다.

신편 폐기물처리 기사 · 산업기사

이승원 · 김성중 · 이미란 共著/4 · 6배판/1,288p/정가 35,000원

이 책은 국가기술검정(환경분야)의 다양한 출제경향과 깊이를 가늠하여 출제경향과 수험서의 이질적 공백을 최소화하는데 전력을 다하였으며, 특히 암기위주의 단편적인 수험서를 탈피하기 위해서 보편적인 원리와 법칙에 입각한 공정의 이해와 수식의 전개과정, 기초개념을 토대로 한 응용과 단위 환산기법에 주력하였습니다.

신경향 건설안전기사 · 산업기사 실기

김희연 著/4 · 6배판/752p/정가 35,000원

이 책은 체계적인 이론 정리를 하였으며, 출제기준을 통해 전체적인 흐름을 파악할 수 있도록 하였습니다.

특히, 다양한 예제와 자세한 해설로 문제에 대한 이해도를 높였으며, 실전문제를 통해 자신의 학습수준을 확인할 수 있도록 하였습니다. 최신 과년도 출제문제와 작업형 문제를 수록하여 실전시험에 대비할 수 있도록 하였습니다.

과년도 승강기기능사

이후곤 著/4 · 6배판/776p/정가 25,000원

이 책은 승강기 기능사 자격 취득에 뜻을 둔 수험생 및 현장 실무자들에게 자격증 취득에 대한 어려움을 돕고자 수년간 출제되었던 모든 문제를 분석하여 최근의 출제 기준에 맞추어 새롭게 구성하였습니다. 충실한 내용정리와 그에 따른 그림을 첨부하고 내용별 관련 문제를 수록하여 출제 경향을 명확히 파악할 수 있도록 하였습니다. 또한, 완벽한 문제 분석과 자세한 해설을 곁들여 쉽게 이해할 수 있도록 하였습니다.

머시닝센타 프로그램과 가공

배종외 著/윤종학 監修/4 · 6배판/432p/정가 15,000원

이 책은 NC를 정확하게 이해할 수 있는 하나의 방법으로 프로그램은 물론이고 기계구조와 전자장치의 시스템을 이해할 수 있도록 경험을 통하여 확인된 내용들을 응용하여 기록하였습니다. 나름대로의 현장실무 경험을 통하여 정리한 이론들이 NC를 배우고자 하는 여러분들에게 도움이 될 수 있을 것입니다.

CNC 선반 프로그램과 가공

배종외 著/윤종학 監修/4 · 6배판/392p/정가 14,000원

이 책은 NC를 정확하게 이해할 수 있는 하나의 방법으로 프로그램은 물론이고 기계구조와 전자장치의 시스템을 이해할 수 있도록 경험을 통하여 확인된 내용들을 응용하여 기록하였습니다. 나름대로의 현장실무 경험을 통하여 정리한 이론들이 NC를 배우고자 하는 여러분들에게 도움이 될 수 있을 것입니다.

생산자동화 기능사

김원회 외 4인 共著/4 · 6배판/484p/정가 15,000원

기계 분야의 공통 과목인 기계 제작법, 기계 재료, 기계 요소 과목 등은 그동안 여러 기능사 종목에서 출제되었던 경향을 분석 · 반영하였고, 생산 자동화 일반에 대해서는 다년간 자동화 분야에서 강의하고 자격 검정 업무를 수행했던 경험을 살려 집필함으로써 자동화를 공부하는 학생과 현장 기술자들에게 좋은 참고 자료가 될 것입니다.

카일렉트로닉스 기능사

이창수 · 김인태 共著/4 · 6배판/580p/정가 20,000원

이 책은 필자의 교단경험과 현장 실무를 토대로 출제 기준에 맞춘 정선된 요점정리와 예상문제로 나누어 구성하였습니다. 자동차 정비에 관한 기능을 가지고 카일렉트로닉스의 점검, 분석, 판단, 정비, 작업관리 및 이에 관련된 업무를 수행할 수 있는 능력을 부여하는 자격 대비서로서 여러분들의 합격을 가장 큰 목적으로 한 최고의 수험서입니다.

※본사의 사정에 따라 정가가 변동될 수 있습니다.

▶▶ 저자 소개

서주노
• 해군사관학교 (1981)
• 서울대학교 기계공학과 (1985, 공학사)
• 미 해군대학원 기계공학과 (1989, 공학석사)
• 미 U. of California (1997, 공학박사)
현) 해군사관학교 기계조선공학과 교수

이기영
• 공군사관학교 (1981)
• 서울대학교 기계공학과 (1984, 공학사)
• 서울대학교 대학원 기계공학과 (1987, 공학석사)
• 미 U. of Utah (1994, 공학박사)
• 공군사관학교 교수 (1987~2008)
현) 해군사관학교 기계조선공학과 교수

정연환
• 해군사관학교 (1993)
• 서울대학교 조선해양공학과 (1997, 공학사)
• 충남대학교 대학원 선박해양공학과 (2005, 공학석사)
• 서울대학교 대학원 조선해양공학과 (2010, 공학박사)
현) 해군사관학교 기계조선공학과 교수

김기준
• 해군사관학교 (2004, 공학사)
• 서울대학교 대학원 조선해양공학과 (2008, 공학석사)
• 해군사관학교 교수 (2008~2009)
현) 해군본부 근무

백재우
• 울산대학교 (2003, 공학사)
• 울산대학교 대학원 조선해양공학부 (2007, 공학석사)
• 해군사관학교 교수 (2007~2010)
현) 현대중공업 특수선사업부 근무

조병구
• 서울대학교 (2005, 공학사)
• 서울대학교 대학원 조선해양공학과 (2007, 공학석사)
현)해군사관학교 교수

구상모
• 서울대학교 (2005, 공학사)
• 서울대학교 대학원 기계공학과 (2007, 공학석사)
현) 해군사관학교 교수 (2007~2010)

함정공학개론

2010. 8. 2 초판 1쇄 인쇄
2010. 8. 6 초판 1쇄 발행

지은이 | 서주노 · 이기영 · 정연환 · 김기준 · 백재우 · 조병구 · 구상모
기획 | 최옥현
진행 | 박경희
교정·교열 | 박경민
편집 | 김수진
표지 | 이지영
제작 | 구본철
펴낸곳 | BM 성안당
펴낸이 | 이종춘
주소 | 경기도 파주시 교하읍 문발리 출판문화정보산업단지 536-3
전화 | 031) 955-0511
팩스 | 031) 955-0510
등록 | 1973.2.1 제13-12호
독자 상담 서비스 | 080-544-0511
출판사 홈페이지 | www.cyber.co.kr

ISBN | 978-89-315-0686-0 (93550)
정가 | 23,000원